工业和信息化普通高等教育"十二五"规划教材立项项目

21 世纪高等院校电气工程与自动化规划教材
21 century institutions of higher learning materials of Electrical Engineering and Automation Planning

Integrated Substation Automation

变电站综合自动化技术及应用

马大中 编著

U0277928

人民邮电出版社

北 京

图书在版编目（CIP）数据

变电站综合自动化技术及应用 / 马大中编著. -- 北
京：人民邮电出版社，2014.3（2023.8重印）
21世纪高等院校电气工程与自动化规划教材
ISBN 978-7-115-33429-9

Ⅰ．①变… Ⅱ．①马… Ⅲ．①变电所－自动化技术－
高等学校－教材 Ⅳ．①TM63

中国版本图书馆CIP数据核字(2013)第286342号

内 容 提 要

本书系统地阐述了变电站综合自动化系统的原理、结构、功能以及实际应用，介绍了相关应用技术和设备，以及具体操作等。

全书共分为11章。主要内容包括变电站综合自动化系统的技术基础；变电站综合自动化系统的装置原理；变电站综合自动化算法；变电站综合自动化微机保护子系统；变电站综合自动化监控系统；变电站综合自动化电压无功控制子系统；变电站综合自动化系统中备用电源自动投入、故障录波、小电流接地系统等二次装置及其他子系统；变电站综合自动化的数据通信系统；变电站综合自动化系统的可靠性问题；变电站综合自动化系统的运行管理、调试与维护；数字化变电站技术。通过对本书的学习可使读者对变电站综合自动化技术及其未来的发展方向有一个完整的、深入的认识。

本书可作为电气信息类专业及其他相近专业的本科教材，也可作为有关工程技术人员的参考用书，还可作为变电站综合自动化系统技术人员的培训教材。

- ◆ 编　著　马大中
　　责任编辑　刘　博
　　责任印制　彭志环　杨林杰
- ◆ 人民邮电出版社出版发行　　北京市丰台区成寿寺路 11 号
　　邮编　100164　电子邮件　315@ptpress.com.cn
　　网址　http://www.ptpress.com.cn
　　北京九州迅驰传媒文化有限公司印刷
- ◆ 开本：787×1092　1/16
　　印张：17　　　　　　　　2014 年 3 月第 1 版
　　字数：424 千字　　　　　2023 年 8 月北京第 13 次印刷

定价：39.00 元

读者服务热线：(010)81055256　印装质量热线：(010)81055316
反盗版热线：(010)81055315

20 世纪 80 年代中期，变电站综合自动化系统在我国开始投入运行，并随着大规模集成电路的制造技术、微计算机的应用技术及网络通信技术等新技术的应用而不断发展和完善。目前，变电站自动化系统具有功能综合化、测量显示数字化、系统构成模块化、结构分布分层化、操作监视屏幕化、通信网络化、运行管理智能化的特点。变电站综合自动化不仅提高了变电站系统自身的自动化水平和管理水平，取得明显的经济效益和社会效益，而且推进了配电网自动化和调度自动化的进展和技术水平的提高。因此，变电站综合自动化是社会经济、技术发展的必然趋势。

本书在取材方面，除力求讲清基本概念、基本理论之外，也注意介绍国内外先进科学技术和本学科发展方向；除尽量保证学科的系统性、完整性之外，也适当述及我国变电站的现状和有关技术政策。本书每章都有一定数量的例题，以便于教师授课和学生学习。

本书紧跟变电站综合自动化系统的发展，系统地阐述了变电站综合自动化系统的功能、原理、理论基础及相关的应用技术。本书是本着重视理论基础、拓展专业知识面和加强理论应用的教学改革需要编写的，内容覆盖变电站综合自动化系统的各个方面。本书的主要特点是以工程应用作为出发点，力求做到深入浅出、通俗易懂，使读者能够对变电站综合自动化系统有完整的、系统的了解与认识。

本书由马大中编著。在本书的编写过程中，得到了孙秋野、刘金海、王占山、王雪粉、崔瑾、梁军胜、郭靖的大力支持，在此表示真诚的感谢。另外，作者在编写本书的过程中参考了大量专家和学者的著作、学术论文及经验总结等，在此向他们表示最诚挚的谢意！

由于新技术的不断发展，加之编者的理论水平和实际开发经验有限，书中难免存在一些不足之处或者错误，恳望读者们和相关专家批评指正。

编　者
2013 年 10 月于东北大学

目　　录

第 1 章 变电站综合自动化系统基础知识

随着我国国民经济的快速增长，电力系统获得了快速的发展，传统变电站已经不能满足现代电力系统管理模式的需求。因此，变电站综合自动化技术在电力行业中引起了越来越多的重视。信息技术、微电子技术、网络通信技术的发展为电网安全可靠地运行提供了技术的支撑。作为电网控制系统基础的变电站综合自动化技术承担着非常关键的作用。

本章将介绍变电站综合自动化系统的基本功能、体系结构、优点和发展过程。论述影响变电站综合自动化系统发展的主要因素以及发展趋势。最后将介绍变电站综合自动化系统的特点及其研究内容。

1.1　变电站综合自动化的基本概念及发展过程

变电站按电压等级分为特高压、超高压、高压及中低压 4 种类型。根据我国变电站的电压等级，1000kV、750kV 电压等级的变电站为特高压变电站；500kV、330kV 的变电站为超高压变电站；220kV、110kV、66kV 的变电站为高压变电站；35kV、10kV 及以下电压等级为中低压变电站。变电站按运行管理模式可分为有人值班站和无人值班站。

变电站在电力系统中是电网中输电和配电的集结点；是电力系统中变换电压、接收和分配电能、控制电力流向和调整电压水平的重要电力设施；是电网能量传递的枢纽；是分布式微网发电系统并入电网的接入点；是电网运行信息的最主要来源；也是电网操作控制的执行地；是智能电网"电力流、信息流、业务流"三流汇集的焦点。由于变电站在电力系统中的重要地位，它们的运行安全与否，将直接影响到电力系统的安全、稳定运行和供电可靠性。为了监视与处理变电站内电气设备的运行状况，及时处理故障与隐患，长期以来，各级电力部门在变电站采取了许多措施，包括装设各种保护装置和各种自动装置，制定各种操作规程和管理规程。但是，随着电力系统电压等级的不断提高、输电容量的不断扩大，电力设备的安全可靠运行问题也更加突出。

变电站是电力生产过程的重要环节，作用是变换电压、交换功率和汇集、分配电能。变电站中的电气部分通常被分为一次设备和二次设备。属于一次设备的有不同电压等级的电力设备，包括电力变压器、母线、同步调相机、并联电抗器、静止补偿装置、串联补偿装置等。

为了保证变电站电气设备安全、可靠、经济运行，在变电站内装有一系列的辅助电气设备，如监视测量仪表、控制及信号器具、继电保护装置、自动装置等，这些设备被称为二次设备。变电站中二次设备相互连接的电路称为二次回路，也称为二次接线或二次系统。

变电站综合自动化是将变电站的二次设备（包括测量仪表、信号系统、继电保护、自动装置和远动装置等）经过功能的组合和优化设计，利用先进的计算机技术、现代电子技术、通信技术和信号处理技术，实现对全变电站的一次设备和输、配电线路的自动监视、测量、控制和保护，以及与调度中心进行信息交换等功能。

变电站综合自动化系统利用多台微机子系统组成自动化系统，代替常规的测量和监视仪表，代替常规控制屏、中央信号系统和远动屏；用微机保护代替常规的继电保护，解决常规的继电保护装置不能与外界通信的问题。因此，变电站综合自动化是自动化技术、计算机技术和通信技术等高科技在变电站领域的综合应用。变电站综合自动化系统可以采集到比较齐全的数据和信息，利用计算机的高速计算能力和逻辑判断功能，可方便地监视和控制变电站内各种设备的运行和操作。

目前，变电站综合自动化技术发展迅速，已进入大面积推广应用阶段。各项新技术的发展为综合自动化系统的实现奠定了技术基础。

1.1.1 变电站综合自动化的发展过程

随着工农业生产的持续发展和人民生活水平的不断提高，各行各业的用电量和家用电器数量的猛增，缺电的局面时常发生。为满足不断增长的用电量的需求，每年有不少新建的发电厂、变电站投入运行，也有不少老的发电厂、变电站需要进行技术改造或扩容。解决问题的方法就是提高变电站的自动化水平，用先进的技术改造变电站。因此，长期以来许多为电力行业服务的技术部门、高等院校和科研单位都在为提高发电厂和变电站的自动化水平而从事各种研究工作和技术改造工作。从变电站自动化技术的发展过程来看，可分为以下几个阶段。

1. 变电站分立元件的自动装置阶段

通常把变电站的设备分为一次设备和二次设备，一次设备主要指变压器、母线、电容器、电抗器、断路器、隔离开关、电压互感器、电流互感器、交流电源和直流电源等；二次设备有自动装置、继电保护装置、远动装置、测量仪表和中央信号等，为了叙述方便，我们把这些二次设备统称为自动装置。这些一、二次设备都是变电站必不可少的基本组成部分。

为了保证电力系统的正常运行，研究单位和制造厂家长期以来陆续生产出各种功能的自动装置，如自动重合闸装置、低频自动减负荷装置、备用电源自动投入装置和各种继电保护装置等。在计算机化以前，这些自动装置因其功能不同，其实现的原理也完全不同。20 世纪60 年代以前，这些装置几乎都是电磁式的。20 世纪 60 年代，开始出现了晶体管继电器，可以代替电磁式继电器，也出现了晶体管式无触点的远动设备。这些晶体管式的自动装置，虽然其功能与电磁式装置相同，但实现的原理不同。它们的主要缺点是抗干扰能力较弱、易受温度影响，可靠性较差。

20 世纪 70 年代，随着微电子技术的发展，不少研究单位和厂家开始研究集成电路的继电保护和远动设备及其他控制装置。这些保护和自动装置的体积比晶体管式的同类装置小，可靠性和抗干扰能力都有所提高。自动装置相互之间独立运行，互不相干，而且不智能化，没有故障自诊断能力，在运行中若自身出现故障，不能提供告警信息，有的甚至会影响电网运行的安全。同时，分立元件装置的可靠性不高，经常需要维修，体积大，不利于减少变电站的占地面积，因此，需要有更高性能的装置代替。

2. 微处理器为核心的智能自动装置阶段

由于微处理器和大规模集成电路制造技术的迅速发展及其显著的优势，因此，美国、日本和欧洲许多国家，从 20 世纪 70 年代开始，迅速将微处理器技术应用到发电厂、变电站和调度自动化等电力系统的许多领域，对发电厂、变电站自动化起到了很大的促进作用。我国微处理器在电力系统的应用研究工作，比日本等国大概晚了将近 10 年。直至 20 世纪 80 年代，微处理器技术和相关产品开始引入我国，吸引了许多为电力行业服务的科技工作者，他们都把注意力放在如何将大规模集成电路技术和微处理器技术应用于电力系统各个领域上。

在电力系统发电厂、变电站自动化方面，首次在保持原有功能的基础上先将原来由电磁式或晶体管等分立元件组成的远动装置、继电保护装置和其他自动装置的硬件结构改为由微处理器和大规模集成电路代替。由于采用了数字式电路，统一数字信号电平，缩小了体积，明显地显示出其优越性。特别是由微处理器构成的保护装置及其他自动装置，利用微处理器的智能和计算能力，可以应用和发展新的算法，提高了测量的准确度和控制的可靠性，还扩充了新的功能；同时还具有一些故障自诊断能力，对提高自动装置自身的可靠性和缩短维修时间很有意义，这也是以前任何电磁式或晶体管式的装置所无法实现的。

这些以微处理器为核心的智能自动装置，虽然提高了变电站自动控制的能力和可靠性，但在 20 世纪 80 年代，基本上还是维持原有的功能和逻辑关系，只是组成的硬件结构由微处理器及其接口电路代替，扩展了一些简单的功能，多数仍然是各自独立运行，不能互相通信，不能共享资源，实际上形成了变电站的自动化孤岛，仍然解决不了变电站设计和运行中存在的所有问题。由于当时国内实际条件的限制，计算机和大规模集成电路芯片价格昂贵，通信技术受限制，因此，该阶段变电站自动化技术的主要特点如下。

（1）由于微机型自动装置从设计原则上几乎都是面向全厂或全站而不是面向每个间隔或元件的，因此，无论是微机继电保护还是微机自动装置、远动装置等，都采用集中组屏方式。

（2）处于发电厂、变电站端的远动设备与控制中心或调度中心的接收设备之间的通信，采用一对一方式。

（3）除了远动装置具有串行通信接口，能与调度中心通信外，多数自动装置和微机保护装置几乎没有对外通信接口，即不具备串行通信功能，因此在发电厂、变电站内各微机自动装置只能各自独立运行，不能互相通信，不能共享资源。

随着数字技术和微机技术的发展，变电站内自动化孤岛问题引起了国内外科技工作者的关注，并对其开展研究和寻求解决的途径。因此，变电站自动化是科学技术发展和变电站自动控制技术发展的必然结果。

3．变电站自动化阶段

国内外变电站自动化系统从 20 世纪 70 年代末开始研制和开发。20 世纪 80 年代末 90 年代初，DSP 技术的应用，使得随一次设备分散布置的分散式测控单元很快发展起来，而且还提供了强有力的功能综合优化手段。比如电压、功率和电能的流量，可以从输电线路、变压器等设备上交流采样，并经过分析、计算不仅可计算出各相电流、相电压的基波和谐波有效值，以及各相有功功率、无功功率、电压等测量的实时数据，还能进一步计算出功率因数、频率以及零序、负序参数等值，并和有关的输入、输出触点一起集成在变电站综合自动化系统中。

随着数字通信设备的发展应用，通信系统的通信容量和可靠性大大提高。同时，通信技术中光纤通信技术正在迅速取代金属电缆和同轴电缆，并用于远距离通信和短距离大容量信息的传输。光纤通信除具有频带宽、信道多和衰减小的特点外，还具有抗强电磁干扰的优点。由于光纤通信实际上几乎不受电磁干扰、浪涌、暂态分量和各端间电位差的影响，非常适用于变电站强电磁干扰的环境，是保护和监控装置最佳的通信信道。随着科学技术水平的不断进步，计算机网络技术和现场总线技术得到了很大的发展，特别是局域网（LAN）技术的迅速发展和应用成为一种潮流。由于它们能很好地满足电力系统一些特殊要求，因此该项技术在变电站综合自动化中得到了广泛的应用。

20 世纪 90 年代，变电站综合自动化系统主要应用在 110kV、66kV 或 35kV 电压等级的变电站中。但在主流产品由于其通信功能不够完善，系统结构主要是集中组屏结构；其远动功能，由以前的"二遥"（遥测、遥信）发展为"三遥"（遥测、遥信、遥控），也有少数可以实现"四遥"；与调度中心的通信通道，通常采用电力载波、微波、公共电信网，只有少量采用光纤。进入 21 世纪，实现变电站综合自动化成为新建变电站和老站改造的首选。

20 世纪末至 21 世纪初，随着大规模集成电路技术、微型计算机技术、网络通信技术，特别是现场总线和网络技术的发展，使综合自动化系统的技术有可能进一步向前发展，主要表现在以下几方面。

① 采用分层分布式的系统结构。

② 采用面向对象的设计理念。

③ 综合自动化系统具备了继电保护、测量和控制等功能。

④ 具备了遥测、遥信、遥调以及遥控的"四遥"远动功能。

⑤ 建立标准化、规范化的通信规约。

⑥ 现场总线技术和网络通信技术的广泛应用。

⑦ 光纤通信应用于发电厂、变电站端与调度中心的通信。

⑧ 变电站综合自动化技术逐步向全数字化、智能化发展。

变电站综合自动化系统的研究、生产和应用之所以会引起这么多科技工作者、生产厂家和电力部门的重视，自动化系统本身技术的发展也如此迅速，其根本原因在于变电站实现综合自动化能够全面提高变电站的技术水平，提高运行可靠性和管理水平。另外，近几年来，复杂可编程逻辑器件（Complex Programmable Logic Device，CPLD）和现场可编程门阵列（Field Programmable Gate Array，FPGA）等大规模集成电路技术和数字信号处理器（Digital Signal Processor，DSP）以及高性能、低功耗的（Advanced RISC Machines，ARM）处理器技术的迅猛发展，给变电站自动化技术注入了新的活力。现场总线技术、网络技术以及通信技术的迅速发展和应用，给广大科技工作者创造了大显才能的机会，促使变电站综合自动化技术向纵深发展。

1.1.2 变电站综合自动化系统的基本要求

变电站综合自动化的"综合"主要包括两个方面。

① 横向综合：利用计算机手段将不同厂家的设备连在一起，替代或升级老设备的功能。

② 纵向综合：在变电站层这一级，提供信息优化、综合处理分析信息和增加新的功能，增强变电站内部各控制中心间的协调能力。例如，借用人工智能技术，在控制中心可实现对变电站控制和保护系统的在线诊断和事件分析，或借助变电站自动化功能，完成电网故障后的自动恢复等。

变电站综合自动化与一般自动化的区别关键在于自动化系统是否作为一个整体执行保护、监测和控制功能。变电站综合自动化系统应满足的基本要求如下。

（1）全面代替常规的二次设备

综合自动化系统应集变电站的继电保护、测量、临视、运行控制和通信于一个分级分布式的系统中。此系统由多个微机保护子系统、测量子系统、各种功能的控制子系统组成，应能替代常规的继电保护、仪表、中央信号、模拟屏、控制屏和运行控制装置，才能提高变电站的技术水平和可靠性。

（2）微机保护的软、硬件设置既要与监控系统相对独立，又要相互协调

由于微机保护是综合自动化系统中很重要的关键环节，因此，其软、硬件配置要相对独立，即在系统运行中，继电保护的动作行为仅与保护装置有关，不依赖于监控系统的其他环节，保证综合自动化系统中任何其他环节故障只影响局部功能的实现，不影响保护子系统的正常工作，但与监控系统要保持紧密通信联系。

（3）微机保护装置应具有串行接口或现场总线接口

通过相应的接口，微机保护装置可以向计算机监控系统或 RTU 提供保护动作信息或保护定值等信息。

（4）系统的功能和配置，应满足无人值班的总体要求

随着我国电力工业进入大电网、大机组的时代，无人值班变电站的实施已成为电网调度自动化深入发展的必然趋势，是电网调度管理的发展方向。传统的"四遥"装置，无论从可靠性、测量精度、传输速率和技术水平等方面，都不能满足现代化电网调度、管理的要求。变电站自动化系统的功能设计，要从电力系统的安全、稳定运行，提高经济效益等综合指标和提高电网基础自动化水平的综合要求出发，其软、硬件的配置必须考虑具备与上级调度通信的能力，必须具备 RTU 的全部功能，以便满足和促使变电站无人值班的实施。

（5）要有可靠、先进的通信网络和合理的通信协议

数据共享是综合自动化系统发展的趋势，只有实现数据共享，才能简化自动化系统的结构、减少设备的重复，降低造价。必须充分利用数字通信的优势，实现可靠的数据共享。

（6）具有高的可靠性和强的抗干扰能力

变电站安全运行是变电站设计的基本要求。为此，在考虑系统的总体结构时，对关键环节要有一定的冗余。综合自动化系统中的各个子系统要相对独立，一旦系统中某部分出现故障，应尽量缩小故障影响的范围并能尽快修复故障。各子系统应有独立的故障自诊断和自恢复功能，任一部分发生故障时，应通知告警主机发出告警指示，并能迅速将自诊断信息送往控制中心。

（7）系统的标准化程度、可扩展性和适应性要好

随着我国经济建设的发展，每年有不少新建变电站要设计、建设和投产，它们需要有技术先进、功能齐全、性能价格比高的自动化系统供选用。此外，每年有大量各式各样的老站需要改造，这些老站由于其投资水平不同，在系统中的地位和原来采用的设备以及基础各不相同，因此，要求自动化设备应能够根据变电站不同的要求，组成不同规模和不同技术等级的系统。新产品应符合国家或部颁标准，使系统开放性能好，也便于升级。

（8）变电站自动化系统的研究和开发工作，必须统一规划、统一指挥

变电站自动化系统是一项技术密集、涉及面广、综合性很强的基础自动化工程。在研究、开发和应用过程中，各专业要互相配合，避免各自为战，整个系统才能协调工作，对系统的信息才能集中管理和共享，避免不必要的重复和相互的干扰。实现变电站综合自动化的目标是提高变电站全面的技术水平和管理水平，提高安全、可靠、稳定运行水平，降低运行维护成本，提高经济效益，提高供电质量，促进配电系统自动化。

1.2 变电站综合自动化系统发展的主要因素及其功能

1.2.1 变电站综合自动化系统发展的主要因素

20 世纪 80 年代以来，微电子技术、信息技术、网络通信技术的成熟与发展，推进了变电站自动化系统的飞速发展，促使变电站自动化技术发展的主要原因在于经济收益、技术能力、功能（性能）需求，三者之间的关系如图 1-1 所示。

图 1-1 表达了这样一种概念：①虚线表达了技术实现能力对于功能需求的满足是一个逐渐发展的过程，对于变电站自动化功能需求的满足必须有技术实现能力的支撑；②表示新的功能需求实现可以为应用带来经济价值，或者说只有符合经济收益的功能需求才是有实现价值的；③表示技术能力是经济收益的基础和保障。

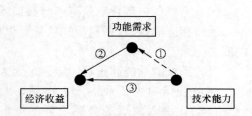

图 1-1 变电站自动化系统发展的因素之间的关系

（1）经济收益

功能的合并使许多功能集成在保护装置内部，减少了硬件投资和维护工作量，同时也减少了网络的数据维护。

供应商越来越趋向于提供标准化的解决方案，提供可配置平台技术，减少系统扩展的未来投资费用。从用户的视角看，意味着可接受对以往系统的兼容性；同时，需要考虑技术发展带来的负效应，如保护的复杂性引起的误整定等。

变电站自动化系统建设至少有两个方面因素需要考虑。

① 系统维护。系统越大维护工作就越关键，维护策略逐渐成了系统初始建设需要考虑的重要组成部分。

② 最大化系统的剩余生命周期。需要考虑系统升级改造方案，对于各种方案，系统的可扩展性成了解决问题的关键要素。

（2）技术能力

20 世纪 80 年代，变电站自动化技术的发展主要得益于两个方面。①智能电子设备（Intelligent Electronic Device，IED）的数字化应用，②局域网通信技术的发展。根据摩尔定律（Moore's Law），单片硅芯片的运算处理能力，每 18 个月就会翻一番，而与此同时，价格则减半。因此，微电子技术的发展使得保护和控制单元具有了成本优化、集成度高的解决方案。在常规变电站自动化系统主/从通信模式的基础上出现了相关的数据通信标准，同时对于 10Mbit/s 的共享式以太网出现了针对冲突机制的专用解决方案。

图 1-2 简要地描述了技术发展对于变电站自动化技术标准带来的影响，每次技术突破将带来技术应用初期的有限调整，然后又进入快速发展期。因此，随着 IEC 61850 标准的发展，伴随着其他成熟技术，如信息安全、数据分析、非常规互感器技术等，将形成变电站自动化应用领域新技术发展的跨越，并在整个电力系统中形成梅特卡夫法则发展效应。

所谓梅特卡夫法则就是指网络经济的价值等于网络节点数的平方，即网络产生和带来的效益将随着网络用户的增加而呈指数形式增长。常规变电站的数据流是按主/从模式实现变电站与电网调度之间的信息交互。由于带宽的限制和应用层传输数据的复杂性，变电站与电网调度之间所传输的信息量是有限的。IEC 61850 标准的应用将成为电网技术发展中梅特卡夫法则效应的催化剂。而 IEC 61850 标准带来了两个基本变化：采取对等通信方式和基于 XML 的变电站配置语言。

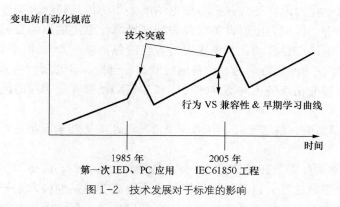

图 1-2　技术发展对于标准的影响

变电站配置语言（Substation Configuration Language，SCL）是基于 XML 的，它可实现不同应用之间的逻辑数据自动连接，有效管理大量数据的传送。这种特性可以延伸到用通用信息模型（Common Information Model，CIM）实现与电网调度之间的信息交互，同时，可以容易实现整定管理、基于状态监视的系统性数据分析等应用。

集成化应用是降低成本的内在驱动力，在变电站自动系统发展过程中出现了物理性集成，如保护测控一体化。未来将进一步推进物理性集成应用，如：保护装置内部实现数字化远方通信功能，消除传统的保护通道接口；具备认证技术的计量功能集成于测控单元；变压器状态监视具有保护或电压调节功能等。

母线电压互感器和分布式应用模式等未来可以容易地被两个数据流所取代：一个是变电站动态网络拓扑信息，另一个是出线和变压器的电压。另外，在变电站与电网调度之间通过XML 实现逻辑集成，可以节省大量人工。

（3）功能需要

从价值链分析的角度看变电站自动化系统处于价值链的末端，对于电网的安全运行起着支撑性的作用。随着变电站自动化技术的发展，电网的安全运行将越来越依赖于控制系统的可靠性和安全性。

根据 Norwegian 调查报告，47%保护不正确动作是由人员责任引起的，因此，用户对于变电站自动化系统运行维护方便的应用需求与日俱增，这也是 IED 功能集成化、应用功能通用化的原因之一，并在装置层面和系统层面的技术规范上均有所体现。

综上所述，成本压力、技术发展、应用需求构成了变电站自动化系统技术发展的内在驱动力，IEC 61850 标准的应用将对变电站自动化系统技术的发展产生更大的影响。

1.2.2　变电站综合自动化的基本功能

变电站综合自动化的内容应包括变电站电气量的采集和电气设备的状态监视、控制和调节，以实现变电站正常运行的监视和操作，保证变电站的正常运行和安全。当发生事故时，由继电保护和故障录波等完成瞬态电气量的采集、监视和控制，并迅速切除故障，完成事故后的恢复操作。从长远的观点来看，还应包括高压电气设备本身的监视信息（如断路器、变压器、避雷器等的绝缘和状态监视等）。

由于变电站有多种电压等级，在电网中所起的作用不同，变电站综合自动化在实现的目标上可分为 220kV 及以下中、低压变电站和 220kV 及以上的高压变电站两种情况来考虑。此外，变电站综合自动化的内容还应包括将变电站所采集的信息传送给调度中心，必要时送给调度科和检修中心等，以便为电气设备监视和制订检修计划提供原始数据。

综上所述，变电站综合自动化系统实现的内容应包括以下几方面。

① 随时在线监视电网运行参数，设备运行状况，自检、自诊断设备本身的异常运行，当发现变电站设备异常变化或装置内部异常时，立即自动报警并使相应的闭锁出口动作，以防止事故扩大。

② 电网出现事故时，快速采样、判断、决策，迅速隔离和消除事故，将故障限制在最小范围内。

③ 完成变电站运行参数在线计算、存储、统计、分析报表、远传和保证电能质量的自动和遥控调整。实现变电站综合自动化的目标是全面提高变电站的技术水平、管理水平和运行水平，降低运行维护成本，提高经济效益，提高供电质量，促进配电系统自动化。

实现变电站综合自动化是实现以上目标的一项重要技术措施。

变电站综合自动化是一门多专业性的综合技术，它以微型计算机为基础，实现了对变电站传统的继电保护、控制方式、测量手段、通信和管理模式的全面技术改造，实现了电网运行管理的一次变革。仅从变电站自动化系统的构成和所完成的功能来看，它是将传统变电站的监视控制、继电保护、自动控制和远动等装置所要完成的功能组合在一起，用一个以计算机硬件、模块化软件和数据通信网构成的完整系统来代替。变电站综合自动化系统的基本功能主要包含以下几个子系统。

① 监控子系统：主要包括数据采集、事件顺序记录 SOE、事故追忆、故障录波、控制及安全操作闭锁、运行监视与人机联系、安全监视报警、数据处理与记录、谐波分析与监视等功能。

② 微机保护子系统：负责全变电站的主要设备和输电线路的保护，主要包括高压输电线路的主保护和后备保护、主变压器的主保护和后备保护、无功补偿电容器组的保护、母线保护、配电线路保护，以及不完全接地系统的单相接地选线等。

③ 自动控制装置子系统：主要包括电压及无功功率综合控制、低频减负荷控制、备用电源自动投入控制、小电流接地选线控制等。

④ 远动及通信子系统：主要包括综合自动化系统内部通信以及综合自动化系统与上级调度的通信。

下面就对这些系统进行简单的介绍。

1. 监控子系统

（1）实时数据采集

变电站需采集的模拟量有各段母线电压、线路电压、电流、有功功率、无功功率，主变压器电流、有功功率和无功功率，电容器的电流、无功功率，馈线的电流、电压、功率以及频率、相位、功率因数等。此外，模拟量还有主变压器油温、直流电源电压、站用变压器电压等。

变电站需采集的开关量有断路器的状态、隔离开关的状态、有载调压变压器分接头的位置、同期检测的状态、继电保护动作信号、运行告警信号等。这些信号都以开关量的形式通过光电隔离电路输入至计算机，但输入的方式有区别。对于断路器的状态，需采用中断输入方式或快速扫描方式，以保证对断路器变位的采样分辨率能在 5ms 之内。对于隔离开关状态和分接头位置等开关信号，不必采用中断输入方式，可以用定期查询方式读入计算机进行判断。至于继电保护的动作信息输入计算机的方式有两种情况：常规的保护装置和早期的微机保护装置。由于不具备串行通信能力，故其保护动作信息往往取自信号继电器的触点，也可以开关量的形式读入计算机中。新型的微机继电保护装置，大多数具有串行通信功能，因此，其保护动作信号可通过串口或局域网络通信方式输入计算机，这样可节省大量的信号连接电缆，也节省了数据采集系统的 I/O 接口量，从而简化了硬件电路。

（2）事故顺序记录与事故追忆

事故顺序记录就是对变电站内的继电保护、自动装置、断路器等在事故时动作的先后顺序自动记录。记录事件发生的时间应精确到毫秒级。自动记录的报告可在显示器上显示和打印输出。顺序记录的报告对分析事故、评价继电保护和自动装置以及断路器的动作情况是非常有用的。事故追忆是指对变电站内的一些主要模拟量，如线路、主变压器各侧的电流、有功功率、主要母线电压等，在事故前后一段时间内做连续测量记录。通过这一记录可了解系统或某一回路在事故前后所处的工作状态，对于分析和处理事故起辅助作用。

（3）故障录波及故障测距

110kV 及以上的重要输电线路距离长、发生故障影响大，必须尽快查找出故障点，以便缩短修复时间，尽快恢复供电、减少损失。故障录波和故障测距是解决此问题的最好途径。变电站的故障录波和故障测距可采用两种方法实现：一种是由微机保护装置兼做故障记录和测距，再将记录和测距的结果送监控机存储及打印输出或直接送调度主站，这种方法可节约投资，减少硬件设备，但故障记录的量有限；另一种是采用专用的微机故障录波器，并且故障录波器应具有串行通信功能，可以与监控系统通信。

35kV 和 10kV 的配电线路很少专门设置故障录波器，为了方便分析故障，可在相应部分设置简单故障记录功能以代替故障录波功能。故障记录是记录继电保护动作前后与故障有关的电流和母线电压。故障记录量的选择可以按以下原则考虑：如果微机保护子系统具有故障记录功能，则在该保护单元的保护启动同时，便启动故障记录，这样可以直接记录发生事故的线路或设备在事故前后的短路电流和相关的母线电压变化过程；若保护单元不具备故障记录功能，则可以采用保护启动监控数据采集系统，记录主变压器电流和高压母线电压。

（4）控制及安全操作闭锁

操作人员可通过显示器屏幕对断路器、隔离开关进行分闸、合闸操作；对变压器分接头进行调节控制；对电容器组进行投、切控制，同时要能接受遥控操作命令，进行远方操作；上述所有的操作控制均能就地和远方控制、就地和远方切换相互闭锁，自动和手动相互闭锁。

操作管理权限按分层（级）原则管理且监控系统设有操作权限管理功能，使调度员、操作员、系统维护员和一般人员能够按权限分层（级）操作和控制。操作闭锁包括以下内容：操作系统出口具有断路器跳闸、合闸闭锁功能。根据实时信息，自动实现断路器、隔离开关操作闭锁功能，适应一次设备现场维护操作的"电脑五防操作及闭锁系统"。"五防"功能是指防止带负荷拉、合隔离开关，防止误入带电间隔，防止误分、合断路器，防止带电挂接地线，防止带地线合隔离开关。显示器屏幕操作闭锁功能是指只有输入正确的操作口令和监护口令后才有权进行操作控制。

（5）运行安全监视、报警及人机联系

运行监视是指对变电站的运行工况和设备状态进行自动监视，即对变电站各种状态量变位情况的监视和各种模拟量的数值监视。通过状态量变位监视，可监视变电站各种断路器、隔离开关、接地开关、变压器分接头的位置和动作情况，继电保护和自动装置的动作情况以及它们的动作顺序等。

监控系统在运行过程中，对采集的电流、电压、主变压器温度、频率等量要不断进行越限监视，如发现越限，立刻发出告警信号，同时记录和显示越限时间和越限值。另外，还要监视保护装置是否失电，自控装置工作是否正常等。当变电站有非正常状态发生或设备异常时，监控系统能及时在当地或远方发出事故音响或话音报警，并在显示器上自动弹出报警画面，为运行人员提供分析处理事故的信息，同时可将事故信息进行打印记录和存储。

对于一个典型的变电站，应报警的参数有：母线电压报警，即当电压偏差超出允许范围且越限连续累计时间达到 30s（或该时间按电压监视点要求）后报警；线路负荷电流越限报警，即按设备容量及相应允许越限时间来报警；主变压器过负荷报警，按规程要求分正常过负荷、事故过负荷及相应过负荷时间报警；系统频率偏差报警，即在系统解列有可能形成小系统时，当其频率监视点超出允许值时报警；消弧线圈接地系统中性点位移电压越限及累计时间超出允许值时报警；母线上的进出功率及电能量不平衡越限报警；直流电压越限报警等。

人机联系桥梁是 CRT 显示器、鼠标和键盘。变电站采用微机监控系统后，无论是有人值班还是无人值班，最大的特点之一是操作人员或调度员只需要面对 CRT 显示器的屏幕，通过操作鼠标或键盘，就可对全站的运行工况和运行参数一目了然，可对全站的断路器和隔离开关等进行分、合闸操作，彻底改变了传统的依靠指针式仪表和依靠模拟屏或操作屏等手段的操作方式。

（6）数据处理与记录

监控系统除了完成上述功能外，数据处理和记录也是很重要的环节。历史数据的形成和存储是数据处理的主要内容。此外，为满足继电保护专业和变电站管理的需要，必须进行一些数据统计，其内容主要包括：主变压器和输电线路有功功率和无功功率的最大值和最小值以及相应的时间；定时记录母线电压的最高值和最低值以及相应时间；统计出断路器的动作次数，统计出断路器切除故障电流和跳闸动作次数的累计数；控制操作和修改定值记录。

（7）谐波分析与监视

谐波是电能质量的重要指标，应限制电力系统的谐波在国标规定的范围内。随着非线性器件和设备的广泛应用，电气化铁路的发展和家用电器的不断增加，电力系统的谐波含量显著增加，并且有越来越严重的趋势。目前，谐波"污染"也成为电力系统的公害之一。因此，在变电站自动化系统中，要重视对谐波含量的分析和监视。对谐波污染严重的变电站采取适当的抑制措施，降低谐波含量，是一个不容忽视的问题。电力系统的电力变压器和高压直流输电中的换流站是系统本身的谐波源，电网中的电气化铁路、地铁、电弧炉炼钢、大型整流设备等非线性不平衡负载是注入电网谐波的大谐波源；此外，各种家用电器，如单相风扇、红外电器、电视机等均是小谐波源。

2. 微机保护子系统

微机保护是变电站自动化系统的关键环节，它的功能和可靠性如何，在很大程度上影响着整个系统的性能。由于继电保护的特殊重要性，变电站自动化系统绝不能降低继电保护的可靠性。因此，对微机保护子系统要求如下。

① 系统的继电保护按被保护的电力设备单元（间隔）分别独立设置，直接由相关的电流互感器和电压互感器输入电气量，然后由触点输出，直接操作相应断路器的跳闸线圈。

② 保护装置设有通信接口，供接入站内通信网，在保护动作后向变电站层的微机设备提

供报告等，但继电保护功能完全不依赖通信网。

③ 为避免不必要的硬件重复，以提高整个系统的可靠性并降低造价，特别是对 35kV 及以下设备，可以给保护装置配置其他一些功能，但应以不因此降低保护装置可靠性为前提。

④ 除保护装置外，其他一些重要控制设备，如备用电源自动投入装置、控制电容器投切和变压器分接头有载切换的无功电压控制装置等，也不应依赖于通信网，而设置专用的装置放在相应间隔屏上。

3. 自动控制装置子系统

电压是衡量电能质量的重要指标之一，保证用户电压接近额定值是电力系统运行调整的基本任务。变电站电压、无功综合控制是利用有载调压变压器和母线无功补偿电容器及电抗器进行局部的电压及无功补偿的自动调节，使负荷侧母线电压偏差在规定范围以内。在调度（控制）中心直接控制时，变压器的分接头开关调整和电容器组的投切直接接受远方控制，在调度（控制）中心给定电压曲线或无功曲线的情况下，则由变电站综合自动化系统就地进行控制。

电力系统的频率和电压同是电能质量的重要指标。电力系统正常运行时，必须维持系统电压接近额定值，即频率接近 50Hz。电压过高、过低都会影响发电设备和用电设备的安全。频率偏移过大，发电设备和用电设备会受到不良的影响，轻则影响工农业产品的产量和质量，重则损坏发电设备，甚至引起电力系统的频率崩溃，致使大面积停电，造成巨大的经济损失。当电网发生短路故障、大型发电机组突然切除或用电负荷突然大幅增加时，都可能引起电网频率显著降低和电压降低。如果在频率下降过程中适当切除部分用电设备，使系统功率达到新的平衡，则电网频率会逐渐恢复到接近正常值。低频、低压减载装置就具有上述控制负荷的功能，它是电力调度部门要求在某些变、配电站装设的一种自动装置。当电力系统因事故导致功率缺额而引起系统频率下降时，低频率减载装置应能及时自动断开一部分负荷，防止频率进一步降低，以保证电力系统稳定运行和重要负荷（用户）的正常工作。当系统频率恢复到正常值之后，被切除的负荷可逐步远方（或就地）手动恢复，或可选择延时分级自动恢复。

随着国民经济的迅猛发展和科学技术的不断提高，以及家用电器迅速走向千家万户，各类用户对供电质量和供电可靠性的要求日益提高。备用电源自动投入控制是当电力系统故障或由于其他原因导致工作电源消失时，将备用电源迅速投入使用，以恢复对系统的供电，因此，备用电源自动投入使用是保证供、配电系统连续可靠供电的重要措施。在变电站中，常用的备用电源自动投入控制有进线备用电源自动投入、母联备用电源自动投入和备用变压器自动投入等。当工作电源因故障不能供电时，自动装置应能迅速将备用电源自动投入使用或将用户切换到备用电源上去。典型的备投有单母线进线备投、分段断路器备投、变压器备投、进线及桥路器备投、旁跳断路器备投。

我国的 10～35kV 系统多为不接地或非直接接地系统（又称小电流接地系统），这种系统发生单相接地故障的几率最高。当发生单相接地时，接地电流较小且三相相间电压依然对称，不影响对用户的正常供电，可以不立即跳闸，规程规定允许继续运行 1～2h。但当发生金属性单相接地时，接地相的对地电压接近为零，非接地相的相电压升高 $\sqrt{3}$ 倍，可能使非故障相绝缘薄弱处发生对地击穿，造成两相接地短路甚至发展为三相接地短路，需尽快寻找接地故障线路并尽早排除故障。所以单相接地自动选线是变电站自动化系统的重要功能之一。

4. 远动及通信子系统

变电站自动化系统是由各个子系统组成的，把变电站各个单一功能的子系统（单元自控装置）组合起来，使上位机与各子系统或各子系统之间建立起数据通信或互操作。因此，网络技术、通信协议标准、分布式技术、数据共享等均是关键问题。另外，先进的自动化系统应该能替代 RTU 的全部功能，即与调度主站应具有强的通信功能。因此，综合自动化系统的通信功能包括系统内部的现场级间的通信和自动化系统上级调度的通信两部分。

综合自动化系统内部的现场级间的通信主要解决自动化系统内部各子系统与上位机（监控主机）和各子系统间的数据通信和信息交换问题，它们的通信范围是变电站内部。对于集中组屏的综合自动化系统来说，实际是在主控室内部。对于分散安装的自动化系统来说，其通信范围扩大至主控室与子系统的安装地，最大的可能是开关柜间，即通信距离加长了。综合自动化系统现场级的通信方式有并行通信、串行通信、局域网络和现场总线等多种方式。

自动化系统必须兼有远方终端的全部功能，应该能够将所采集的模拟量和开关状态信息以及事件顺序记录等与调度有关的信息远传至调度端；同时应该能接收调度端下达的各种操作、控制、修改定值等命令。

1.3 变电站综合自动化的体系结构

变电站自动化技术随着集成电路技术、微计算机技术、通信技术和网络通信技术的发展，其结构也在不断变化，性能、功能以及可靠性等也在不断提高。其结构模式根据目前在变电站中的具体应用，主要有集中式、分布式和分层分布式；从安装的物理位置来划分，有集中组屏、分散组屏和全部分散在一次设备间隔层上安装等形式。

1. 集中式变电站自动化结构模式

集中式结构的综合自动化系统采用不同档次的计算机，扩展其外围接口电路，集中采集变电站的模拟量、开关量和数字量等信息并进行计算和处理，分别完成微机监控、微机保护和一些自动控制等功能。集中式结构也并非指由一台计算机完成保护、监控等全部功能。多数集中式结构的微机保护、微机监控与调度等通信的功能也是由不同的微型计算机完成的。集中式变电站自动化系统结构示意图如图 1-3 所示。

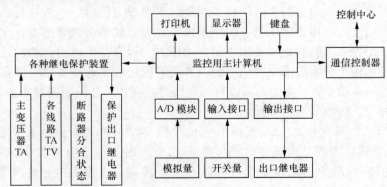

图 1-3 集中式变电站自动化系统结构示意图

集中式结构主要出现在变电站综合自动化系统问世的初期。这种结构形式的综合自动化系统国内早期的产品较多。如烟台东方电子信息产业集团的基于 WDF-10 的综合自动化系统、许继电气股份有限公司的 XWJK-1000 变电站综合自动化系统等。

集中式结构是根据变电站的规模，配置相应容量的集中式保护装置和监控主机及数据采集系统，它们安装在中央控制室内。主变压器和各进出线及站内所有电气设备的运行状态，通过 TA、TV 经电缆传送到中央控制室的保护装置和监控主机（或远动装置）。继电保护动作信息往往取自保护装置的信号继电器的触点，通过电缆送给监控主机（或远动装置）。

　　在中、低压变电站中常用传统的远动终端（RTU）加上当地监控系统组成自动化系统，如图 1-4 所示。一般保护系统独立配置，保护装置的信息可通过遥信输入回路（即硬件方法）进入 RTU，也可通过串行口按规约通信（即软件方法）进入 RTU。根据用户不同层次的要求，其功能的配置可以是一台主机，也可以是一个完整的计算机网络监控系统，即利用传统的集中式 RTU 实现变电站自动化功能。

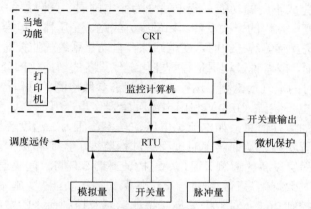

图 1-4　利用传统 RTU 的集中式变电站自动化系统结构示意图

集中式结构综合自动化系统的主要功能及特点如下。

　　① 能及时采集变电站中各种模拟量、开关量，完成对变电站的数据采集、实时监控、制表、打印、事件顺序记录等功能。

　　② 能完成对变电站主要设备和进、出线的保护任务。

　　③ 系统具有自诊断和自恢复功能。

　　④ 结构紧凑，体积小，节省占地面积。

　　⑤ 造价低，实用性强，适合小型变电站的新建和改造。

集中式综合自动化系统的缺点如下。

　　① 每台计算机的功能较集中，由于一台计算机出故障，影响面大，因此必须采用双机并联运行的结构才能提高可靠性。

　　② 软件复杂，修改工作量大，调试难度大。

　　③ 组态不灵活，对不同主接线或规模不同的变电站，软、硬件都必须另行设计，工作量大，因此，影响了批量生产，不利于推广。

　　④ 集中式保护与长期以来采用一对一的常规保护相比，不直观、不符合运行和维护人员的习惯，调试和维护不方便，程序设计麻烦。

　　尽管集中式结构存在诸多缺点，但在 20 世纪 80 年代中期我国计算机技术和集成电路技术与国外相比有很大差距的情况下，我国科技工作者在很有限的条件下研制出这种可在变电站投入运行的综合自动化系统，已经是很大的进步，在技术上缩短了与国际上的距离，展示出变电站实现综合自动化后的优越性，使人们认识到我国变电站技术改造的方向，对我国变电站综合自动化技术的发展，起到了极大的推动作用。

2. 分层分布式系统集中组屏结构模式

在 20 世纪 80 年代后期，单片机的性能价格比越来越高，这给变电站综合自动化系统的研究和开发工作注入了新的活力，使研制者有条件将微机保护单元和数据采集单元按一次回路进行设计。所谓分布式结构，是指在结构上采用主从 CPU 协同工作方式，各功能模块之间采用网络技术或串行方式实现数据通信。多 CPU 系统提高了处理并行多发事件的能力，解决了集中式结构中独立 CPU 计算处理的瓶颈问题，方便系统扩展和维护，局部故障不影响其他模块正常运行。

这种系统将微机保护单元和数据采集单元按一次回路对象设计，分别配置。它虽有多种不同形式，但归纳起来实质均属于分层分布式的多 CPU 的体系结构，每一层由不同的设备或不同的子系统组成，完成不同的功能。变电站分为变电站层、间隔层和过程层三层。

过程层主要包含变电站内的一次设备，如母线、线路、变压器、电容器、断路器、隔离开关、电流互感器和电压互感器等，它们是变电站综合自动化系统的监控对象。过程层是一次设备与二次设备的结合面，或者说过程层是指智能化电气设备的智能化部分。过程层的主要功能分三类：电力运行实时的电气量检测；运行设备的状态参数检测；操作控制执行与驱动。

间隔层的各智能电子装置（IED）利用电流互感器、电压互感器、变送器、继电器等设备获取过程层各设备的运行信息，如电流、电压、功率、压力、温度等模拟量信息以及断路器、隔离开关等的位置状态，从而实现对过程层进行监视、控制和保护，并与站控层进行信息的交换，完成对过程层设备的遥测、遥信、遥控、遥调等任务。间隔层设备的主要功能是：汇总本间隔过程层实时数据信息；实施对一次设备保护控制功能；实施本间隔操作闭锁功能；实施操作同期及其他控制功能；对数据采集、统计运算及控制命令的发出具有优先级别的控制；承上启下的通信功能，即同时高速完成与过程层及站控层的网络通信功能。

站控层借助通信网络完成与间隔层之间的信息交换，从而实现对全变电站所有一次设备的当地监控功能以及间隔层设备的监控、变电站各种数据的管理及处理功能。同时，它还经过通信设备，完成与调度中心之间的信息交换，从而实现对变电站的远方监控。站控层的主要功能有：通过两级高速网络汇总全站的实时数据信息；按既定规约将有关数据信息送向调度或控制中心；接收调度或控制中心有关控制命令并转间隔层、过程层执行；具有在线可编程的全站操作闭锁控制功能；具有（或备有）站内当地监控，人机联系功能，如显示、操作、打印、报警，甚至图像、声音等多媒体功能；具有对间隔层、过程层设备的在线维护、在线组态，在线修改参数的功能；具有（或备有）变电站故障自动分析和操作培训功能。

（1）中小型变电站分层分布式集中组屏结构

分层分布式系统集中组屏结构是把整套综合自动化系统按其功能组装成多个屏（或称柜），例如主变压器保护屏（柜）、线路保护屏、数据采集屏、出口屏等。一般来说这些屏都集中安装在主控室中，为简单起见，把这种结构称为"分布集中式结构"，其系统结构如图 1-5 所示。为了提高综合自动化系统整体的可靠性，该系统采用按功能划分的分布式多 CPU 系统，每个功能单元基本上由一个 CPU 组成，也有一个功能单元由多个 CPU 完成的，例如主变压器保护，有主保护和多种后备保护，因此，往往由两个或两个以上 CPU 完成。

（2）大型变电站分层分布式集中组屏结构

在较大型的变电站中采用数据采集管理机或继电保护管理机，分别管理各测量、监视单元和各保护单元，然后集中与变电站层通信，如图 1-6 所示。变电站层包括全站性的监控主机、远动通信机等。变电站层设现场总线或局域网，供各主机之间和监控主机与间隔层之间交换信息。变电站层的有关自动化设备一般均安装在控制室内，将间隔层的设备也集中安装在控制室内，以减少控制电缆长度。

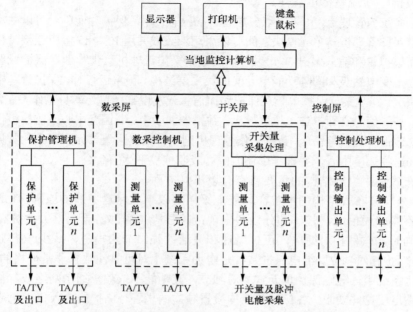

图 1-5 中小型变电站分层分布式集中组屏结构示意图

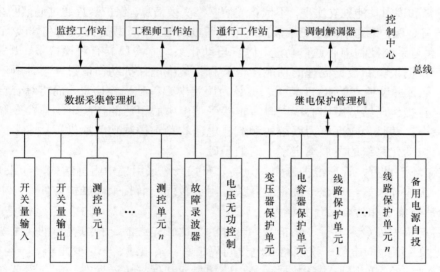

图 1-6 大型变电站分层分布集中组屏结构示意图

分布式系统集中组屏的变电站自动化系统结构是把整套综合自动化系统按其不同的功能组装成多个屏，集中安装在主控室中。保护单元是按对象划分的，单回线或一组电容器各用一个保护单元，再把各保护单元和数据采集单元分别安装于各保护屏和数据采集屏上，由监控主机集中对各屏进行管理，然后通过调制解调器与调度中心联系。该模式最主要的特点是将控制、保护两大功能作为一个整体来考虑，二次回路设计大为简化，但使用电缆仍较多。

为了提高综合自动化系统整体的可靠性，分布式系统集中组屏结构采用按间隔划分的分布式多 CPU 系统。每个功能单元基本上由一个 CPU 组成，多数采用单片机，也有一些功能单元是由多个 CPU 完成的。这种按功能设计的分散模块化结构具有软件相对简单、调试维护方便、组态灵活、系统整体可靠性高等特点。

在自动化系统的管理上，可以采取分层管理的模式，即各保护功能单元可以由保护管理机直接管理。一台保护管理机与单元模块之间可以采用双绞线并用 RS-485 接口连接，也可通过现场总线连接；而模拟量和输入/输出单元也可以由数据采集管理机负责管理。保护管理机和数据采集管理机是处于变电站级和间隔功能单元间的第二层结构。正常运行时，保护管理机监视各保护单元的工作情况，一旦某一保护单元有保护动作信息或发现某一单元本身工作不正常，将保护动作信息或设备故障信息立即报告上位监控机，并报告调度中心。调度中心或监控机也可通过保护管理机下达修改保护定值等命令。数据采集管理机则将各数据采集单元所采集的数据和开关状态送给监控机和送往调度中心，并接受由调度中心或监控机下达的命令。

分层分布式集中组屏结构的主要特点有以下几方面。

① 由于分层分布式结构的配置在功能上采用可以下放尽量下放的原则，凡是可以就地完成的功能绝不依赖通信网，任一部分设备出现故障只影响局部，因此，大大提高了系统的整体可靠性。同时，软件相对简单，可扩展性和灵活性强，节约投资，减少维护工作量。

② 继电保护相对独立。继电保护装置是电力系统中对可靠性要求非常严格的设备，因此，在综合自动化系统中，继电保护单元宜相对独立，其功能不依赖于通信网络或其他设备。分层分布式结构满足了这些要求。各保护单元均设置独立的电源，保护的输入仍由电流互感器和电压互感器通过电缆连接。输出跳闸命令也要通过常规的控制电缆送至断路器的跳闸线圈，保护的启动、测量和逻辑功能独立实现，不依赖通信网络交换信息。保护装置通过通信网络与保护管理机传输的只是保护动作信息或记录数据，也可通过通信接口实现远方读取和修改保护定值。

③ 具有与系统控制中心通信功能。综合自动化系统本身已具有对模拟量、开关量、电能脉冲量进行数据采集和数据处理的功能，也具有收集继电保护动作信息、事件顺序记录等功能，因此，不必另设独立的 RTU 装置，不必为调度中心单独采集信息，而将综合自动化系统采集的信息直接传送给调度中心；同时，也接受调度中心下达的控制、操作命令和在线修改保护定值命令，并且为实现电力系统的潮流、电压和稳定控制功能提供了技术上的支持，为变电站综合自动化系统的发展奠定了一定的基础。

④ 工作环境良好，管理维护方便。分层分布式系统采用集中组屏结构，全部屏（柜）安放在室内，工作环境好，电磁干扰相对开关柜附近较弱，而且管理维护方便。

3. 分散与集中相结合的结构模式

这是目前国内外最为流行、结构最为合理的、比较先进的一种综合自动化系统。它是采用"面向对象"即面向电气一次回路或电气间隔（如一条出线、一台变压器、一组电容器等）的方法进行设计的，间隔层中各数据采集、监控单元和保护单元做在一起，设计在同一机箱中，并将这种机箱就地分散安装在开关柜上或其他一次设备附近。这样各间隔单元的设备相互独立，仅通过光纤或电缆网络由站控机对它们进行管理和交换信息，这是将功能分布和物理分散两者有机结合的结果。通常，能在间隔层内完成的功能一般不依赖通信网络，如保护功能本身不依赖于通信网络，这就是分散式结构。

这种将配电线路的保护和测控单元分散安装在开关柜内，而高压线路保护和主变压器保护装置等采用集中组屏安装在控制室内的分散式系统结构，常称为分散和集中相结合的结构，而控制和保护仍然集中配屏，其示意图如图 1-7 所示。对 500kV、220kV 等电压等级的大型变电站，通常将各个电压等级的间隔单元集中组屏安装在分散的设备小间内（一次设备附近），就近管理，节省电缆；而分散的不同电压等级设备小间再通过通信系统和主控制室变电站层单元组成整个变电站自动化系统，如图1-8所示。

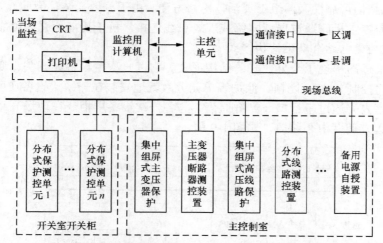

图1-7 分散与集中相结合的变电站自动化系统结构示意图

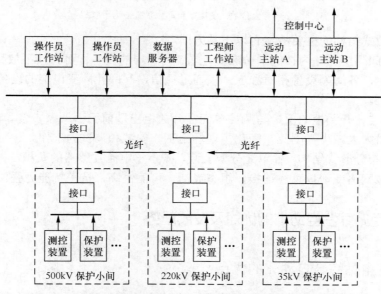

图1-8 大型变电站分散与集中相结合的变电站自动化系统结构示意图

该结构模式是目前变电站自动化系统应用的主要结构模式。分散式结构的变电站自动化系统突出的优点如下。

① 简化了变电站二次部分的配置，大大缩小了控制室的面积。由于配电线路的保护和测控单元分散安装在各开关柜内，因此，主控室内减少了保护屏。由于加上采用自动化系统后，原先常规的控制屏、中央信号屏和站内模拟屏可以取消，因此，使主控室面积大大缩小，也有利于实现无人值班。

② 减少了施工和设备安装工程量。由于安装在开关柜的保护和测控单元在开关柜出厂前已由厂家安装和调试完毕，再加上敷设电缆的数量大大减少，因此，现场施工、安装和调试

的工作量随之缩短。

③ 简化了变电站二次设备之间的互连线，节省了大量连接电缆。

④ 分散式结构可靠性高，组态灵活，检修方便。由于分散安装，因此，减小了 TA 的负担。各模块与监控主机间通过局域网络或现场总线连接，抗干扰能力强，可靠性高。

4. 全分散的变电站自动化结构模式

近几年，又逐渐出现了全分散式的结构形式。它以一次主设备如开关、变压器、母线等为安装单位，将控制、I/O、闭锁、保护等单元分散就地安装在一次主设备（屏柜）上，站控单元（在控制室内）通过串行口（光纤通信）与各一次设备屏柜（在现场）相连，组成以太网与上位机和远方调度中心通信，如图 1-9 所示。

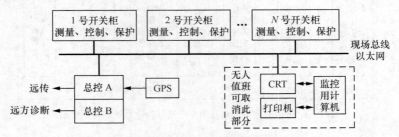

图 1-9　全分散式变电站自动化系统结构示意图

全分布分散式结构的主要特点有以下几方面。

① 变电站间隔层在站内按间隔分布式配置。间隔层的设备均可直接下放到开关场，减少大量的二次接线，各间隔设备相对独立，仅通过通信网互联并同变电层的设备通信，也有利于实现无人值班。

② 由于安装在开关柜的保护与测控单元在开关柜出厂前已由厂家安装和调试完毕，加之敷设电缆的数量大大减少，因此，简化了现场施工、安装和调试的工作。

③ 由于分布分散式结构，各单元分散安装，减小了电流互感器的负担，各模块与监控主机之间通过局域网络或现场总线连接，组态灵活，可靠性高，抗干扰能力强。

1.4　实现变电站综合自动化的优点及发展趋势

1.4.1　变电站综合自动化的优点

变电站是电力系统中的一个重要组成部分，担负着电能转换和电能重新分配的重要任务，对电网的安全和经济运行起着举足轻重的作用。随着电力系统的发展，电网结构越来越复杂，各级调度中心需要获得更多的信息，以准确掌握电网和变电站的运行状况。同时，为提高电力系统的可控性，要求更多地采用远方集中监视和控制。近年来大容量发电机组的并网发电，超高压远距离输电线路的建成投运，使电力系统的规模越来越大，相应的整个电力系统的安全稳定控制就更加复杂。如果仍沿用传统变电站的运行模式——人工监盘、人工抄表、人工操作、人工记录和电话联系汇报，仍依靠传统变电站的旧设备而不进行技术改造，必然难以满足电力系统安全稳定运行的需要。传统变电站主要存在以下的问题。

（1）继电保护、自动装置及远动装置设备老化，可靠性不好

传统变电站的继电保护和自动装置大多采用电磁型、感应型及晶体管型，由于这类保护

结构复杂，动作速度慢，保护性能差，保护本身不具备故障自诊断能力，因此，可靠性不好。受结构原理所限，自动装置种类少不能全面实现自动化。

（2）供电质量不能得到科学的保证

目前在我国可以控制的是电压和频率。在正常运行中，频率主要由发电厂调节、保证。而合格的电压不能单靠发电厂来调节，各变电站，特别是枢纽变电站，应通过调节变压器分接头位置和控制无功补偿设备进行调整，使其运行在合格的范围内。但目前传统的变电站，大多数不具备自动调压的手段。保证波形的质量，主要靠遏制谐波的污染来实现。

（3）不适应现代电力系统快速计算和实时控制的要求

电力系统要做到优质、安全、经济运行，必须及时掌握系统的运行工作状况，才能采取一系列的自动控制和调节手段。但传统的变电站不能满足向调度中心及时提供运行参数的要求。由于传统远动设备功能不全，一些遥测、遥信的参数无法实时送到调度中心，一次系统的实际运行状况无法实时反映到调度中心，而且参数采集量不齐全、不准确，变电站又缺乏自动调控的手段，因此，无法进行实时控制，不利于现代电力系统的安全稳定运行。

（4）维护工作量大，设备可靠性差，不利于提高运行管理水平和自动化水平

传统的继电保护及自动装置多为电磁型或晶体管型，由于其结构和原理的特点，必须经常维护，而且其本身又没有故障自诊断能力，所以要保证它安全可靠运行，必须按规定的期限将其停电，进行定期检验。

由于传统变电站存在上述缺点，因此，采用更先进的技术改造变电站是一种必然趋势。最初我国对变电站监控技术的研究主要有两个方面：一是在220kV及以下中低压变电站中采用综合自动化技术，全面提高变电站的技术水平和运行管理水平；二是对高压变电站采用全新的保护技术和控制方式，以促进各专业在技术上的协调，提高自动化水平和运行的可靠性。但随着变电站综合自动化技术的不断完善和成熟，一些厂家已生产出可应用于高压变电站的综合自动化系统。总体来看，实现变电站综合自动化的优越性主要有以下几个方面。

（1）提高电力系统的运行管理水平

变电站实现了综合自动化后，监视、测量、记录、抄表等工作都由计算机自动进行，既提高了测量的精度，又避免了人为的主观干预。运行人员只要通过观看屏幕，便可掌握变电站主要设备和各输、配电线路的运行工作状况和运行参数。只要移动鼠标，就可以完成对电气设备的操作。变电站综合自动化系统可以收集众多的数据和信号，利用微机的高速计算和逻辑判断能力及时将综合结果反映给值班人员并送往调度中心，各种实时数据与历史数据均可在计算机上随时查阅，各种操作都有事件顺序记录，这样可使调度员能及时掌握变电站的运行情况，对其进行必要的远距离调节和控制，大大提高了运行管理水平。

（2）提高设备工作可靠性

变电站综合自动化系统中的各子系统大部分是由微机组成的，具备故障自诊断能力。微机保护装置除了能迅速反应被保护设备的故障并切除故障外，还有监视其控制对象工作状态是否正常的功能，发现其工作异常时，及时发出告警信号。同时，变电站综合自动化系统可以利用软件实现在线自检。微机系统的软件设计，考虑到电力系统各种复杂的故障，具有很强的综合分析和判断能力。在软件程序的指挥下，微机系统可以在线实时地对有关硬件电路中各个环节进行自检。利用有关的硬件和软件相结合技术，可有效防止干扰进入微机系统，以免造成严重后果；更为重要的是变电站综合自动化系统中的各子系统，如微机保护装置和微机自动装置，具有故障自诊断功能，使变电站的一次、二次设备运行的可靠性已经远远超过了常规变电站。

（3）提高供电质量，提高电压合格率

在变电站的综合自动化系统中包括有电压无功自动调节装置，可根据实际运行工况进行实时调整与控制。对于具备有载调压变压器和无功补偿电容器的变电站，可通过对变压器分接头的调节和无功补偿电容器的投切大大提高电压合格率，使无功分布合理，保证电力系统主要设备和各种电器设备的安全，降低网损，减小电能损耗。

（4）提高变电站的安全可靠运行水平

传统的变电站二次设备专业分工过细，不利于综合监视运行情况，也不利于发现隐患，一旦发生事故，恢复供电的时间较长。实现综合自动化后，传统的专业框完全被打破，利用计算机对统一收集到的数据和信号进行全面的分析与处理，利用计算机高速计算和正确判断的能力，将数据和信号经计算机处理后，以综合的结果反映给值班人员，还可提供事件分析的结果以及如何处理的参考意见。这样可以尽早地发现问题和处理事故，尽快地恢复供电。

（5）减少控制电缆，缩小占地面积进而降低造价，减少总投资

变电站实现综合自动化以后，由于采用微计算机，需要获得电力系统测量数据和运行信息的各个部分都可以统一考虑，统一规划，获得的所有数据和信号，可以由各个部分分享，这样就可以节省大量的控制电缆。同时由于综合自动化装置硬件电路多采用大规模集成电路，结构紧凑、体积小、功能强，与常规的二次设备相比占用空间减少数倍，可以大大缩小变电站的占地面积。而且随着处理器和大规模集成电路的不断降价，微计算机性价比不断上升，发展的趋势是综合自动化系统的功能和性能会逐渐更加完善和提高，而造价会逐渐降低，因而最终可以大大减少变电站的总投资。

（6）促进无人值班变电站管理模式的实行

变电站有人值班和无人值班是变电站运行管理的两种模式，而变电站综合自动化是自动化技术在变电站应用的一种集中体现。变电站综合自动化系统可以收集到比较齐全的数据信息。有强大的计算机计算能力和逻辑判断功能，可以方便地监视和控制变电站的各种设备。如监控系统的抄表、记录自动化，值班员可不必定期抄表、记录，可实现少人值班，如果配置了与上级调度的通信功能，就能实现遥测、遥信、遥控、遥调。因此，目前新建的变电站在投资允许的情况下，采用综合自动化系统，减少了许多维护工作量和维修时间以及值班人员的劳动，同时可以全面提高无人值班变电站的技术水平，也为变电站安全稳定运行提供了可靠保证。

（7）减小维护工作量，缩短停电检修时间

由于综合自动化系统中各子系统有故障自诊断能力，系统内部出现故障时能自检出故障部位，缩短了排除故障的时间。微机保护及自动装置可以在运行中检查整定值和模拟量的采样值，定期检验中检验项目减少，既减小了检验工作量又缩短了检修时间，节约了定期核对定值的时间。

（8）为运行设备实现在线检测和状态检修创造条件

变电站的综合自动化系统具有强大的通信功能，它还可以将运行中电气设备的视频监视、电气设备的在线检测数据传送到集控中心，作为实现状态检修的依据。变电站综合自动化系统具有继电保护工程师站，工程师站收集的各种数据和信息，可以通过通信网络传送到继电保护监控中心，在继电保护监控中心可以实现远方集中监视各变电站的继电保护运行状况，远方修改微机保护及自动装置的整定值，为实现继电保护的状态检修创造了条件。

当然，变电站实现综合自动化也会带来一些新的问题。例如，对长期从事传统监控装置维护、运行的人员来说技术较难掌握，一旦出现问题就不得不依靠供货商来解决；综合自动化装置的硬件更新换代非常快，所选用的设备可能很快就变成落后产品；监控软件有时会存

在难以发现的缺陷等。随着综合自动化技术的不断进步和运行维护人员素质的不断提高，这些问题会逐步得到解决。概括来讲，采用了变电站综合自动化技术，简化了变电站二次部分的硬件配置，简化了设计，避免了重复；简化了变电站二次设备之间的相互连线，减轻了安装施工和维护工作量；减小了占地面积，降低了工程总造价；为电力企业减员增效提高劳动生产率，实现变电站无人值班，提高运行管理水平创造了良好的技术条件。

1.4.2 变电站综合自动化的发展方向

目前，国内各厂家不断推出性能更完善、技术水平更高的综合自动化装置。变电站综合自动化系统基本涵盖了各电压等级的输配电线路保护、主设备保护及测量控制系统，并提供了各个电压等级的变电站自动化的完整解决方案。综合自动化系统从间隔层的单元设备即采用以太网的通信方式，加之单元设备内部采用了高效率的平衡式通信方式，使系统在信息的采集、传输、响应等各个环节都较以往的分布式系统有了质的飞跃。开放性的设计思想，人性化的设计理念，高性能的通用平台，高标准的电磁兼容性能，体现在从单元设备到监控系统的各个环节中，从根本上提升了整个变电站自动化系统的技术水平。总体上看，变电站综合自动化技术的发展方向大致有以下几个方面。

1. 从集中控制、功能分散向结构分散的网络型发展

传统的保护、远动及站级监控系统，故障录波等设备和系统是按功能分散考虑的。它们的发展趋势是从一个功能模块管理多个电气单元或间隔单元，向一个模块管理一个电气单元或间隔单元，实现地理位置高度分散的方向发展。这样做一方面是分布分散式自动化系统具有如前所述的突出优点；另一方面，随着传感器技术和光纤通信技术的发展，使得原来只能集中组屏的高压线路保护和主变压器保护等装置也可以考虑分散安装在高压设备附近，并利用光纤技术和局域网技术，将这些分散在各开关柜的单元装置和集成功能模块联系起来，构成一个全分散式的综合自动化系统。这样，局部发生故障时对整个自动化系统产生的影响大大减小，自动化设备的独立性、适应性更强。

变电站自动化系统通过引入局域网技术并采用安装于现场的（I/O）测量控制单元就近与监控对象相连，通过网络技术将所有测控单元及其他智能装置（IED）与站级测控主单元、监控主站系统连接在一起组成网络，完成对现场的协调控制和监视管理。各节点的间隔单元及智能控制装置可就地独立工作，不依赖于通信网和站级测控主单元，完成对现场的协调控制和监视管理。同时，网络还要与调度（控制）中心的远程监控系统互相通信，实现对全网的安全监控和经济调度等。

在传统技术中，变电站的控制、监测和保护均由电缆连接，功能受到限制或重复，扩展困难而且采用的标准各不相同。光纤通信具有损耗低、频带宽、数据传输速率高、抗电磁干扰能力强等优点。现代技术中数字式设备的功能是可编程的，采用光纤通信，硬连线很少，具有安装工艺简单、调试灵活、修改扩充方便、软硬件标准统一等优点。采用光纤局域网作为变电站计算机网络结构已被越来越多的人所认识。作为传输介质，它可以使计算机网络抗电磁干扰和射频干扰的能力大大提高，同时满足大容量数据传输要求。

2. 保护和控制功能的集成

将保护和控制功能集成到同一装置中，实现数据的完全共享。与传统的独立部件的结构相比，集成的结构可提供大量的保护功能和更多的监控及数据采集功能，而使性价比更优。远方终端所需的许多初始数据与继电保护所处理的数据是相同的，将这些分布式的变电站

远方终端功能集成到微机保护继电器中，使保护和远方终端共用一个硬件平台，可以减少投资。但是要将保护和控制设备很好地综合在一起，且各种技术指标满足运行需要还将进一步受到时间和实际应用的考验。

采用综合装置需注意以下问题。

① 当把这些不同的保护和 RTU 的应用结合在一起时，必须保证各保护功能要求动作的准确性和快速性。控制功能要求的测量数据精度和安全的通信规约，在分布式的微机继电器和本地管理控制器之间快速交换信息。

② 系统设计时，必须注意采用标准规约，以便使不同供货商提供的设备可与系统进行交换信息。

3. 从专用设备到平台

在传统方式中，每个控制或保护功能都为专用设备，种类繁多。现在计算机技术的发展使设备的功能仅由软件决定，硬件因 I/O 所要求的数量而异。因此，可以开发通用标准型和灵活的硬件和软件平台，以适用于所有保护和控制，系统将具有开放性和数据一致性的特点，统一遵循国际标准，如目前正在开发和应用的 IEC 61850 标准，就便于不同厂家相互接口和维护操作。

保护功能可由算法实现且可以由用户任意设置。各种保护算法经过优化设计并综合在一起，达到更好的选择性、更高的冗余度、数字保护多功能化，可以记录存储实时参数和定值；多功能保护装置可具有各种录波功能，按间隔分散录波，能够做到备用冗余，可靠性更高。分散采集的数据可随时由就地监控主站系统或远方监控主站系统调用。控制设备可提供控制和监测任务的分散数据处理功能，可编程逻辑提供诸如定向间隔监视指令、连锁和切换操作自动装置等复杂功能，当然也包括遥测计算、事件时间标记、干扰记录及通信接口等功能。

随着技术的飞速发展和应用要求的不断提高，硬件系统的升级和软件系统的改进是非常快的。因此，变电站自动化系统的硬件与软件平台要相互独立，以保证在不影响使用者的应用方式和应用习惯的前提下有计划、有步骤地提高运行设备的性能，不断扩展运行设备的适用范围，实现装置甚至整个系统的轻松升级。

4. 从传统控制向综合智能控制方向发展

从计算机控制向综合智能控制方向发展，主要表现为电气设备的小型化已向机电一体化方向发展。将控制、保护系统与一次设备就近安装在一起，向着包括专家系统的智能型装置发展，如专家系统在一次系统在线检测中的应用，模糊逻辑保护和控制，基于神经网络的自适应保护及控制。未来的发展和研究将向着混合系统的方向发展，如模糊神经网络及模糊专家系统等，使现在的自动化系统成为应用综合智能技术的自动化系统。在机电一体化进程中，开关（断路器）装置与控制保护设备高度综合化和智能化的应用将日益加快，其优点显而易见，如紧凑的设计降低了空间要求；多功能和智能技术的应用使保护、控制易于实现最优协调；功能自由设置使之更具灵活性；增强了抗干扰能力，提高了数据采集和控制的准确性。

但是，要将保护和控制很好地综合在一起，且各种技术指标满足运行需要，还需经受时间和应用的考验。

5. 从室内型向户外型演变

由于被控对象多在户外，因此，要求控制设备、保护设备按一次间隔单元分散安装或现场安装，这就是通常所指的户外型 RTU 和间隔级 I/O 单元，以及分散型单元保护装置。户外型 RTU 在变电站主要用于以下几种场合。一是分散式变电站综合自动化系统，以 RTU（间隔级 I/O）作为现场数据采集及控制部件，分散设置在高压断路器、中压开关柜上或者附近；二是相对集中式（分散集中组屏）综合自动化系统，主要用于变电站扩建与改造工程，配置灵活，减少工作量和总投资；三是配电自动化系统，可进行线路遥控，如接受调度（控制）中心的遥控命令，开合 10kV 线路断路器，并将电量和断路器状态传送到调度（控制）中心。

6. 从单纯的屏幕数据监视到多媒体监视

计算机控制取代传统控制，主要表现在采用了光纤通信，减少了电缆使用量；计算机 CRT 显示或大屏幕显示可以取代传统的模拟屏；减小了控制室面积并且显示系统可扩、可维护性大大增强；更多的结构、更合理的实时信息，提高了变电站运行控制的性能，操作更方便、更可靠。计算机控制、信息处理及通信技术的发展，将使计算机监控从静、动态实时数据向声、像辅助监控等多方位发展，以适应电力系统的需要，特别是电力市场的需要。其中，利用工业电视提供的视觉信息，应用计算机图像识别技术，将有可能迅速地辨别图像或将多个相关图像进行综合判断，及时发出处理指令，进一步扩大与提高电力系统自动化的功能和水平。如一种用于电力系统自动化的视频信息辨识监视方法是利用 CCD 摄像机摄入现场图像（视频信号），经通信系统传送至控制端，在控制端进行图像的高速数字处理，计算机处理后输出监视信号（包括打印报警），构成视频信息辨识监视系统。可以看出，采用视频信息构成的自动化系统功能不同于现行自动化系统，它们之间可以互补。

这种应用摄像技术和计算机构成的视觉自动化系统，无需在设备上直接连接传感器，也无需从传感器上连接大量的电缆，不仅可以代替值班人员进行巡视，还可以做到准确的定期巡视。它不受恶劣天气的影响，自动记录文字和图像，可及时捕捉事故全过程的录像。除了独立发挥作用外，这一系统还可以作为现行自动化系统的补充和备用。用不同的信息源描绘出实时运行方式接线图。视觉信息可以跟踪人的某些行为，必要时给予提醒或告警，可以发挥重要的监护作用。

7. 实现纵向和横向综合

变电站自动化系统的纵向综合包括开关装置和调度（控制）中心的数据交换，如控制功能的上下通信；所有层次上的协调和统一的数据库，包括数据的一致性问题；所有层次上的功能自由分配，RTU 的下放与集中设置等。在电网体系中，变电站自动化系统如前所述那样像一台标准的 RTU，各厂家在不同层次上的设备满足开放系统原理，包括应用层相互之间可任意交换所需数据。

变电站自动化系统的横向综合包括设备及功能的综合和系统的横向综合，表现在变电站内提供保护和控制及其他智能设备之间频繁而高效的数据体系。

1.4.3 变电站综合自动化系统中的新技术

1. 智能电子装置（IED）

所谓智能电子装置（IED），实际上就是一台具有微处理器、输入/输出部件以及串行通信接口，并能满足各种不同的工业应用环境的装置，比较典型的智能电子装置如电子电能表、智能电量传感器、各类可编程逻辑控制器（PLC）等。按照这一定义，变电站自动化系统中的间隔层测控单元、继电保护装置、测控保护综合装置、RTU 等都可以将其作为 IED 来对待。各种 IED 之间一般采用工业现场总线，也有采用工业以太网接口的，其信息交换的协议则因应用环境的不同而有所区别。

随着计算机技术的发展，智能化电子装置或变电站自动化装置的硬件有"趋同"的发展趋势，即对于某类设备，对于采用某一硬件平台设计的厂家来说，其装置的硬件设计有一种似曾相识的感觉，这就是所谓的"趋同"，其主要差别还在于软件设计。

2. 非常规互感器

电力系统高电压、大容量的发展趋势，使电磁式电流互感器越来越难以满足这一发展态势的要求，并暴露出许多的不足，如绝缘结构复杂、造价高；故障电流下铁芯易饱和；动态范围小；频带窄；易遭受电磁干扰；二次侧开路易产生高电压；易产生铁磁谐振；易燃、易爆，占地面积大等。非常规互感器的出现为解决此类问题提供了条件，与传统电磁式电流互感器相比，非常规互感器具有如下优点：输出信号电平低，易于与变电站自动化系统接口；不含铁芯，无磁饱和及磁滞现象；测量范围大，可准确测量从几十安到几千安的电流，故障条件下可反映几万甚至几十万安的电流；频率响应范围宽，可从直流至几万赫兹；抗电磁干扰能力强；信号在光纤中传输，无二次侧开路产生危险；结构简单，体积小，质量轻，易于安装；不含油，无易燃、易爆危险；距离一次侧大电流较近的 OCT 光路部分由绝缘材料组成，绝缘性能良好。

3. 电气设备状态监测与故障诊断技术

电气设备状态监测与故障诊断技术包括如下几方面。

① 电容型设备的监测与诊断。

② 变压器的监测与诊断。

③ 断路器的监测与诊断。

国外发达国家从 20 世纪 80 年代起就在电力系统各领域开展了各种关于设备状态监测的研究与应用，十几年来有了较大发展，表现为如下两个主要特征。

① 已经能生产多种传感器产品，且质量良好，性能稳定。

② 状态监测应用比较普遍，有经济效益。

在美国，实现了变电站无人值班和设备状态检修管理。国内在这方面还存在一定差距，一方面许多变电站的状态监测还没有开展起来；另一方面，一些状态监测系统已具备规模的发电厂、变电站，但在软环境和管理体制上还不能适应发展要求。

4. 电能质量的在线监测技术的发展与应用

由于电力市场机制的形成与规范，用电方对作为商品的电能质量的要求也在逐步提高，由此引起了对电网电能质量的监测与评估的重视。为了规范供用电双方对电能质量的共识，国家有关部门对电能质量相继颁布了 5 个相关的国家标准，其中对电网频率允许偏差，供电电压允许偏差，以及三相电压不平衡度等的监测实际上在传统的变电站自动化系统中已有所涉及，然而，对于谐波和电压闪变这两项指标的监测则需配置附加的设备来完成。这也是变电站自动化技术发展过程中应当加以考虑的，即如何利用本身的资源，减少实施电能质量监测的成本，把二者有机地结合起来。

1.5 变电站综合自动化研究的内容和特点

1.5.1 变电站综合自动化的研究内容

常规变电站的二次设备由以下几部分组成：继电保护、自动装置、测量仪表、操作控制屏和中央信号屏以及远动装置（较多变电站没有远动装置）。在微机化以前，这几大部分不仅功能不同，实现的原理和技术也各不相同，因而长期以来形成了不同的专业和管理部门。20 世纪 80 年代以来，由于集成电路技术和计算机技术的发展，上述二次设备开始采用微机型设备，例如，微机继电保护装置、微机型自动装置、微机监控系统和微机 RTU 等。这些微机型装置尽管功能不同，但其硬件结构大同小异，除微机系统本身外，一般都是由对各种模拟量的数据采集回路和 I/O 路组成，而且所采集的量和所控制的对象还有许多是共同的。设备重复、数据不共享、通道不共用、模板种类多、电缆依旧错综复杂等问题依然存在。因此，人们自然地提出这样一个问题：在当今的技术条件下，是否应该跳出历史造成的专业框框，从技术管理的综合自动化来考虑全微机化的变电站二次部分的优化设计，合理地共享软件资源和硬件资源。这就是"变电站综合自动化"名称的由来。

由于变电站综合自动化系统投入运行以后显示出许多原来变电站常规的二次设备所不能具备的优越性，因此，"变电站综合自动化"在短短的几年内便成为热门的话题，引起了电力行业各有关部门的注意和重视。近些年，我国开展变电站自动化的研究与开发工作，主要包括如下两方面内容。

① 对 220kV 及以下中、低压变电站，采用自动化系统，利用现代计算机和通信技术对变电站的二次设备进行全面的技术改造，取消常规的保护、监视、测量、控制屏，实现综合自动化，以全面提高变电站的技术水平和运行管理水平，并逐步实行无人值班或减员增效。

② 对 220kV 以上的变电站，主要是采用计算机监控系统以提高运行管理水平，同时采用新的保护技术和控制方式，促进各专业在技术上的协调，达到提高自动化水平和运行、管理水平的目的。

1.5.2　变电站综合自动化系统的特点

变电站综合自动化就是通过监控系统的局域网或现场总线，将微机保护、微机自动装置、微机远动装置采集的模拟量、开关量、脉冲量及一些非电量信号，经过数据处理及功能的重新组合，按照预定的程序和要求，对变电站实现综合性的监视和调度。因此，综合自动化的核心是自动监控系统，而综合自动化的纽带是监控系统的局域通信网络，它把微机继电保护、微机自动装置、微机远动功能综合在一起形成一个具有远方功能的自动监控系统。我国变电站综合自动化系统经历了从变电站测控系统和保护系统相对独立到保护通过保护管理机与测控系统进行配合，再到完全分散的保护测控一体化系统的发展过程，变电站综合自动化系统仍在不断地被完善。变电站综合自动化系统的突出特点如下。

1．功能综合化

变电站综合自动化技术是在计算机技术、数据通信技术、自动化技术的基础上发展起来的，是个技术密集，多种专业技术相互交叉、相互配合的系统。它综合了变电站内除一次设备和交、直流电源以外的全部二次设备。在综合自动化系统中，微机监控系统综合了变电站的仪表屏、操作屏、模拟屏、变送器屏、中央信号系统、远动的 RTU 功能及电压和无功补偿自动调节功能；综合了和监控系统一体的微机保护、故障录波、故障测距、小电流接地选线、自动按频率减负荷、自动重合闸等自动装置功能。在满足基本要求的基础上，达到整个系统性能指标的最优化。按变电站自动化系统的运行要求，将二次系统的功能综合考虑，在整个的系统设计方案指导下，进行优化组合设计，以达到协调一致的继电保护及系统监控。

应该指出，综合自动化系统的综合功能，对于中央信号系统及仪表和对设备控制操作的功能综合是通过监控系统的全面综合，而对于微机保护及一些重要的自动装置（如备用电源自动投入）是接口功能综合，是在保证其独立的基础上，通过远方自动监视与控制而实现的，例如，对微机保护装置仍然要求保证其功能的独立性，但通过对保护状态及动作信息的监视及对保护整定值查询修改、保护的投退、录波远传、信号复归等远方控制来实现其对外接口功能的综合。这种综合的监控方式，既保证了保护和一些重要自动装置的独立性和可靠性，又把保护和自动装置的自动化性能提高到一个更高的水平。

2. 系统构成数字化及模块化

保护、控制、测量装置的数字化（即采用微机实现控制并具有数字化通信能力），有利于把各功能模块通过通信网络连接起来，便于接口功能模块的扩充及信息的共享。另外，模块化的组态，可以适应工程的集中式、分布分散式和分布式结构集中式等多种组屏方式。

3. 结构分布、分层化

综合自动化系统是一个分布式系统，其中，微机保护、数据采集和控制以及其他智能设备等子系统都是按分布式结构设计的，每个子系统可能有多个 CPU 分别完成不同功能，这样一个由庞大的 CPU 群构成了一个完整的、高度协调的有机综合（集成）系统。综合自动化系统的基本功能和各子系统功能分别由不同的微处理机完成。依据所承担的功能不同在结构上采用两层或三层式布置。间隔层配置采用面向对象技术，与一次设备相对应的具体功能装置。站控层包括监控、微机保护管理、数据采集信息管理等子系统。间隔层与站控层通过网络通信进行信息的传递与管理。这样的综合系统往往有几十个甚至更多的 CPU 同时并列运行，以实现变电站自动化的所有功能。另外，按照变电站物理位置和各子系统功能分工的不同，综合自动化系统的总体结构又按分层原则来组织。典型的分层原则是将变电站自动化系统分为两层，即变电层和间隔层，由此可构成分散（分布）式综合自动化系统。

4. 操作监视屏幕化

变电站实现综合自动化，使原来常规庞大的模拟屏被 CRT 屏幕上的实时主接线画面取代；常规在断路器安装处或控制屏上进行的跳、合闸操作被屏幕上的鼠标操作或键盘操作所代替；常规的光字牌报警信号，被显示器屏幕画面闪烁和文字提示或语音报警所取代，即通过计算机的显示器屏幕显示，可以监视全变电站的实时运行情况并对各开关设备进行操作控制。

5. 测量显示数字化

长期以来，变电站采用指针式仪表作为测量仪器，其准确度低、读数不方便。采用微机监控系统后，彻底改变了原来的测量手段，CRT 显示器上的数字显示代替了常规指针式仪表，直观、明了，而打印机打印报表代替了原来的人工抄表，这不仅减少了值班员的劳动，而且提高了测量精度和管理的科学性。

6. 通信局域网络化、光纤化

计算机局域网络技术、现场总线技术及光纤通信技术在综合自动化系统中得到普遍应用。因此，系统具有较高的抗电磁干扰的能力，能够实现高速数据传送，满足实时性要求，易于扩展，可靠性大大提高，而且大大简化了常规变电站繁杂的各种电缆连接，方便施工。

7. 运行管理智能化

智能化不仅表现在常规的自动化功能上，如自动报警、自动报表、电压无功自动调节、小电流接地选线、事故判别与处理等方面，还表现在能够在线自诊断，并将诊断的结果送往远方的主控端。这对于提高变电站的运行管理水平和安全可靠性是非常重要的，也是常规的二次系统所无法实现的。简而言之，常规二次系统只能监测一次设备，而本身的故障必须靠维护人员去检查、去发现；而综合自动化系统不仅能监测一次设备，还能每时每刻检测自己是否有故障，充分体现了其智能性。

运行管理智能化极大地简化了变电站二次系统，可以灵活地按功能或间隔形成集中组屏或分散（层）安装的不同的系统组合。进一步说，综合自动化系统打破了传统二次系统各专业界限和设备划分原则，改变了常规保护装置不能与调度中心通信的缺陷。

正是由于变电站综合自动化系统具有的上述明显特征，使其发展具有强劲的生命力。因此，近些年来，研究变电站综合自动化进入了高潮，其功能和性能也不断完善。变电站综合自动化将成为今后新建变电站的主导技术，同时也是变电站改造的首选产品。

本 章 小 结

变电站是电力生产过程的重要环节。变电站综合自动化系统是指应用控制技术、信息处理和通信技术，利用计算机软件和硬件系统或自动装置代替人工进行各种运行作业，提高变电站运行、管理水平的一种自动化系统。影响变电站自动化技术发展的主要因素有：经济因素、技术因素和功能需求，三者相互关联。

变电站自动化技术的发展主要得益于两个方面：IED 的数字化应用和局域网通信技术的发展。变电站综合自动化系统主要包括监控子系统、微机保护子系统、自动控制装置子系统以及远动通信子系统。

变电站综合自动化的体系结构有 4 种模式：集中式变电站自动化结构模式、分布式系统集中组屏结构模式、分散与集中相结合的结构模式和全分散的变电站自动化结构模式。

我国开展变电站自动化的研究与开发工作，主要包括如下两方面内容。

（1）对 220kV 及以下中、低压变电站，采用自动化系统，利用现代计算机和通信技术对变电站的二次设备进行全面的技术改造，取消常规的保护、监视、测量、控制屏，实现综合自动化，以全面提高变电站的技术水平和运行管理水平，并逐步实行无人值班或减员增效。

（2）对 220kV 以上的变电站，主要是采用计算机监控系统以提高运行管理水平，同时采用新的保护技术和控制方式，促进各专业在技术上的协调，达到提高自动化水平和运行、管理水平的目的。

习 题

1．什么是变电站自动化系统？变电站综合自动化系统有什么主要特征？
2．变电站综合自动化系统的基本功能有哪些？
3．变电站综合自动化系统的机构模式主要有哪几种？各有何特点？
4．什么是分层分布式变电站自动化系统？
5．常规变电站自动化系统存在哪些缺点？
6．影响变电站综合自动化系统技术发展的因素是什么？各因素之间有何联系？
7．简述变电站综合自动化系统的发展趋势。
8．变电站综合自动化有哪些研究内容和研究目的？
9．变电站综合自动化系统有哪些优点？
10．间隔层、过程层和站控层的主要功能是什么？

第**2**章　变电站综合自动化系统的装置原理

变电站综合自动化系统均按模块化设计。综合自动化系统的各个子系统都是由若干模块组成的，它们的硬件结构基本相同，只是软件及硬件模块化的组合与数量不同。在变电站综合自动化系统中各种子系统的典型硬件结构主要包括：模拟量输入/输出回路、计算机控制系统、开关量输入/输出回路、人机对话接口回路、通信回路和电源。

本章主要介绍模拟量输入回路，包括基于逐次逼近型的模拟量输入/输出通道和基于 V/F 转换的模拟量输入回路两种类型的回路；模拟量输出通道；开关量输入/输出系统；人机联系系统和电源插件，使读者对变电站综合自动化系统的自动化装置的结构及原理有所了解。

2.1　变电站综合自动化装置概述

2.1.1　基本测控单元

电力系统是一个动态大系统，系统的负荷随时都在变化，系统的各类故障，无论是自然的还是人为的也随时可能发生。系统中的设备和运行状态、参数是大量的、多变的，这就要求运行人员时刻掌握系统的运行状态，根据实际情况调整运行方式。因此，实时地获取系统运行的各种参数及状态，对运行人员及时准确地了解系统的运行状态以及进一步的决策是至关重要的，而这一切的实现就依赖于电力系统测控装置对各种数据的采集与处理，有了大量来自系统的信息，才能实现自动监测、控制。测控装置负责采集各种数据和输出控制的全部过程，并将采集的数据上传给主机，因此，测控装置是自动化系统的基础。

变电站综合自动化系统均按模块化设计。也就是说对于成套的综合自动化系统，计算机保护系统、监控系统、自动控制系统等装置都是由若干模块组成的，它们的硬件结构都大同小异，所不同是软件及硬件模块化的组合与数量不同。一个变电站综合自动化系统中各种子系统的典型硬件结构主要包括：模拟量输入/输出回路、计算机系统、开关量输入/输出回路、人机对话回路、通信回路和电源。图 2-1 为变电站综合自动化系统典型硬件结构图。

（1）计算机控制系统

计算机系统是保护、测控装置硬件系统的数字核心部分，在电力自动化装置市场上呈现出多种多样、各不相同的特性，但它们具有一定的共性，一般由 CPU、存储器、定时器/计数器、看门狗电路、外围支持电路、输入/输出控制电路组成。主要完成数据采集及计算、数据处理、控制命令的接收与执行、逻辑闭锁、GPS 校时、MMI 接口通信等。

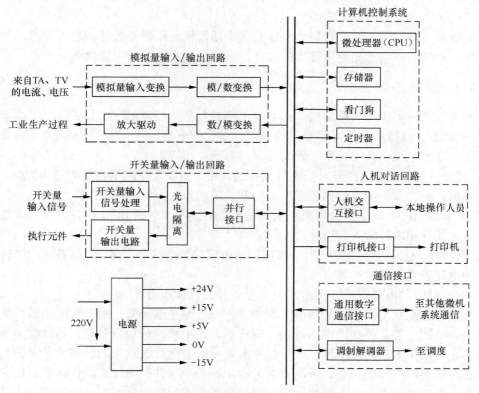

图 2-1　变电站综合自动化系统典型硬件结构图

（2）模拟量输入/输出回路

来自变电站测控对象的电压、电流信号等是模拟量信号，即随时间连续变化的物理量。由于微机系统是一种数字电路设备，只能接收数字脉冲信号，识别数字量，所以就需要将这一类模拟信号转换为相应的微机系统能接收的数字脉冲信号。同时，为了实现对变电站的监控，有时还需要输出模拟信号，去驱动模拟调节执行机构工作，这就需要模拟量输出回路。

（3）开关量输入/输出回路

开关量输入/输出回路由并行口、光电耦合电路及有触点的中间继电器等组成，主要用于人机接口、发跳闸信号等的告警信号以及闭锁信号等。

（4）人机对话回路

人机对话回路主要包括打印、显示、键盘及信号灯、音响或语音告警等，其主要功能用于人机对话，如调试、定值整定、工作方式设定、动作行为记录、与系统通信等。其中，界面设置的通信接口 RS-232 串口主要用于本装置调试过程中的参数配置文件下载、历史/实时信息数据读取及故障在线诊断等操作。

（5）通信回路

保护与测控装置可分为多个子系统，如监控子系统、微机保护子系统、自动控制子系统等，各子系统之间需要通信，如微机重合闸装置动作跳闸，监控子系统就需要知道，即子系统间自动化装置需要通信。同时，有些子系统的动作情况还要远传给调度（控制）中心。所以通信回路的功能主要是完成自动化装置间通信及信息远传。

（6）电源

供电电源回路提供了整套保护与测控装置中功能模块所需要的直流稳压电源，一般是用交流电源经整流后产生不同电压等级的直流，以保证整个装置的可靠供电。

2.1.2　采集的数据信息

电力系统需要采集的信息量大，且具有不同的特征，可以把它们分成以下的类型。

① 模拟量。模拟量是指时间和幅值均连续变化的信号，是连续时间变量 t 的函数，包括交流电压、交流电流、有功功率、无功功率、直流电压等。

② 开关量。开关量是指随时间离散变化的信号，主要反映的是设备的工作状况，包括断路器、隔离开关、保护继电器的触点及其他开关的状态。

③ 数字量。数字量是指时间和幅值均是离散的信号，包括 BCD 码仪表及其他数字仪表的测量值，并行和串行输入/输出的数据等。

④ 脉冲量。脉冲量是指随时间推移周期性出现短暂起伏的信号，包括系统频率转换的脉冲及脉冲电能表发出的脉冲等。

⑤ 非电量。非电量包括变压器油温、空气开关气体压力等。

掌握电力系统状况，主要从两个方面着手，一方面是遥测量，另一方面是遥信量。遥测量主要是将电网中各元件如线路、母线、变压器、发电机等的运行参数，通过收集传送到调度中心去。遥测量大多为模拟量。遥信量主要是反应电网开关状态的量和元件保护状态的信息。它主要包括断路器的状态、隔离开关的状态、各个元件继电保护动作状态、自动装置的动作状态、发电机出力上、下限状态等。遥信量对正确反映电网的安全运行非常重要，任何一条线路的开关状态发生变化，就能引起电网拓扑结构的变化，各种参数就可能随之发生变化。因此，正确地采集电网的开关量状态信息是十分重要的。

由于测控装置需要采集的有关电力系统信息量很多，根据不同量的不同特征，把它们分成了模拟量、开关量、脉冲量等类型，因此，针对不同类型的信息量，测控装置的数据采集与处理有着很大的区别，在下面将分别予以介绍。

2.2　模拟量输入/输出系统

模拟量的输入电路是自动化装置中很重要的电路，自动装置的动作速度和测量精度等性能都与该电路密切相关。模拟量输入电路的主要作用是隔离、规范输入电压及完成模/数转换，以便与 CPU 接口，完成数据采集任务。

根据模/数转换原理的不同，自动化装置中模拟量输入电路有两种方式：一是基于逐次逼近型 A/D 转换方式（ADC），它是直接将模拟量转变为数字量的变换方式；二是利用电压/频率变换（VFC）原理进行模/数转换方式，它是将模拟量电压先转换为频率脉冲量，通过脉冲计数转换为数字量的一种变换形式。另外，计算机输出的信号是以数字的形式给出的，而有的执行元件要求提供模拟的电流或电压，故必须采用模拟量输出通道来实现。下面分别说明上述问题。

2.2.1　基于逐次逼近型的模拟量输入/输出通道

图 2-2 为模拟量输入/输出通道（直流采样）框图。图中虚线框 1 内为直流采样的模拟量

输入通道，模拟量 P、Q、U、I 经变送器变换成 5V 以下的直流模拟电压，最后经模/数（A/D）转换器转换成数字量后才能进入计算机，而虚线框 2 内为模拟量输出通道，下面对图 2-2 中各元件的作用及原理分别加以介绍。

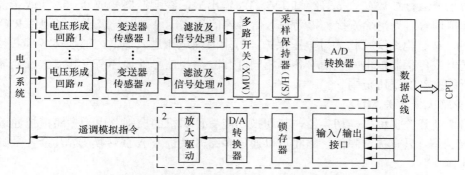

图 2-2　模拟量输入/输出通道（直流采样）框图

1. 电压形成回路

综合自动化装置要从被保护的电力线路或设备的电流互感器（TA）、电压互感器（TV）或其他变换器上取得信息。但这些互感器或变换器的二次数值、输入范围对典型的微机继电保护电路却不适用，需要降低和变换，具体决定于所用的 A/D 转换器的电压等级。通常 A/D 转换器的输入有以下几种电压等级：双极性的为 $0\sim\pm2.5\text{V}$、$0\sim\pm5\text{V}$、$0\sim\pm10\text{V}$；单极性为 $0\sim5\text{V}$、$0\sim10\text{V}$、$0\sim20\text{V}$ 等。其变换原理如图 2-3 所示。

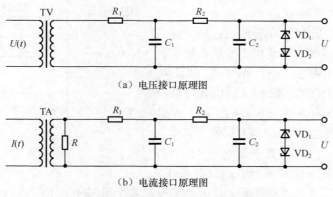

（a）电压接口原理图

（b）电流接口原理图

图 2-3　模拟量输入电压变换原理图

交流电压的变换一般采用电压变换器；交流电流的变换一般采用电流中间变换器，也有采用电抗变换器的，两者各有优缺点。电抗变换器有阻止直流、放大高频分量的作用，因此，当一次电压存在非正弦电流时，其二次电压波形将发生严重的畸变。电抗变换器的优点是线性范围较大，铁芯不易饱和，有移相作用且可抑制非周期分量。电流中间变换器的最大优点是，只要铁芯不饱和，则其二次电流及并联电阻上的二次电压的波形可基本保持与一次电流波形相同且同相，即它的转变可使原信号不失真。这点对微机保护是很重要的，因为只有在这种条件下做精确的运算或定量分析才有意义。至于移相、提取某一分量等，在微机继电保护中，根据需要可容易地通过软件来实现。但电流中间变换器在非周期分量的作用下容易饱和，线性度较差，动态范围也较小。

电压形成电路除了起电量变换作用外，另一个重要作用是将一次设备的 TA、TV 的二次回路与微机 A/D 转换系统完全隔离，提高抗干扰能力。

2. 滤波及信号处理

电力系统运行参数 U、I 等经过 TV、TA 输出后，经变送器变成 $0\sim5V$（或 $4\sim20mA$）的直流模拟信号。为消除干扰，提高输入信号的信噪比，可采用一级或二级硬件 R/C 低通滤波器。同时 R/C 电路又可作为过电压保护，防止浪涌电压进入通道内部损坏各种芯片元件。不同变送器或传感器输出的电信号各不相同，因此，需经信号处理环节将其放大或处理成 A/D 转换器所能接受的电压范围。

3. 多路选择开关 MUX

多路切换开关也称采样切换器，其切换功能受计算机的控制。由于多路模拟通道共用一套 A/D 转换器，只有被选中的一路才可以通过多路开关进入 A/D 转换器，其余各量则等候下一次的选择。

在实际的数据采集模块中，被测量往往可能是几路或几十路，对这些回路的模拟量进行采样和 A/D 转换时，为了共用 A/D 转换器而节省硬件，可以利用多路开关轮流切换各被测量与 A/D 转换电路的通路，达到分时转换的目的。在模拟输入通道中，其各路开关是"多选一"，即输入是多路待转换的模拟量，但每次只选通一路，输出只有一个公共端接至 A/D 转换器。

各种型号的模拟量多路开关集成芯片的功能基本相同，即按要求接通某一路开关，只在切换的开关数、开关接通时的电阻和断开时的漏电流以及输入的模拟量电压值等方面有所差别。下面以 AD7506 为例，介绍一下模拟量多路开关的工作原理，如图 2-4 所示。

模拟量多路开关是由 3 部分组成：地址输入缓冲器和电平转换器，译码器和驱动器，模拟开关。16 路模拟量从引脚 S_1，…，S_{15} 引入，当其中某一路被选中后可从 OUT 端输出，送往 A/D 转换器进行转换。通道选择是由 EN、A_3、A_2、A_1、A_0 5 个引脚接受来自 CPU 的命令控制的。其中，EN 为片选控制线，当 EN 被置于低电平 "0" 时，本芯片被封锁，16 路开关均被断开；只有当 EN

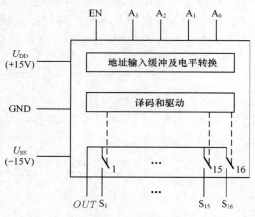

图 2-4 AD7506 框图

被置高电平 "1" 时，芯片才被选通，此时，$A_3\sim A_0$ 4 个引脚控制本芯片 16 路开关的导通与断开，例如，$A_3=0$，$A_2=0$，$A_1=1$，$A_0=0$，则表示第 2 号开关接通了。其真值表如表 2-1 所示。

表 2-1 各引脚的配合

EN	A_0	A_1	A_2	A_3	选通通道	选中开关	输出 u_o
1	0	0	0	0	0	S_1	$u_o=u_{i0}$
1	0	0	0	1	1	S_2	$u_o=u_{i1}$
⋮	⋮	⋮	⋮	⋮	⋮	⋮	⋮
1	1	1	1	1	15	S_{16}	$u_o=u_{i15}$
0	×	×	×	×	禁止	无	无输出

当 AD7506 导通时，其内阻约有 400Ω，后面负载电阻必须远远大于此值，才能保证信号传输的精度。AD7506 只有 16 路通道，如有更多的模拟量输入，可以使用多片 AD7506 并联的接法。CPU 通过接口 1 和译码器来选择要接通的开关号，在指定的开关完全导通后，即通过接口 2 给 A/D 发出转换启动信号。当转换结束后由 A/D 芯片的 STS 端发中断申请，CPU 响应后就读入转换结果。也可以采用等待方式，经过预定的一段时间即可取数。在等待时段 CPU 还可转去从事其他工作。

4. 采样及采样保持器

由于计算机只能对数字信号进行处理，因此，需要对输入的模拟信号进行采样，以获得用数字量表示的时间序列。此过程即为量化过程。量化包括两个过程：第一个过程是把时间的连续信号按一定的时间间隔变成时间的离散序列，称之为时间取量化；第二个过程是逐一将这些离散时间信号电平转换为二进制数表示的数字量，称之为幅值取量化。时间取量化的过程称之为采样，即在给定的时刻对连续信号进行测量。采样是将一个连续的时间信号 $x(t)$ 变成离散的时间信号的过程。

根据模拟输入信号中的基波频率与采样频率之间的关系，采样方式可分为异步采样方式和同步采样方式两种。

（1）异步采样

异步采样也称定时采样，即采样周期 T_s 或采样频率 f_s 永远地保持固定不变。在这种采样方式下，采样频率 f_s 不随模拟输入信号的基波频率变化而调整，人为地认为模拟输入信号的基波频率保持不变。在此种情况下，通常取采样频率 f_s 为电力系统正常运行时工频 50Hz 的整数倍 N，即 $f_s = 50N(\text{Hz})$。

但是电力系统正常运行时，基波频率可能偏离工频 50Hz，但偏差量不大；而在故障状态下，基波频率偏离 50Hz 很严重，在此情况下，若还采用异步采样方式，采样频率 f_s 不再是基波频率的整数倍，这时的 N 个采样值不再是模拟输入信号的一个完整的周期采样，这将给微机系统的许多算法带来误差。

（2）同步采样

同步采样也称跟踪采样，采样周期 T_s 不再恒定，使采样频率 f_s 始终跟踪系统实际运行频率 f_i，保持固定的比例关系 $N = f_s / f_i$，采样频率随系统运行的频率的变化而实时调整。这种同步采样方式通常可利用硬件测频设备或软件计算频率方法来配合实现。采用跟踪采样后，能在基频偏离工频很大时准确地取出当时系统的基频分量、谐波分量或序分量，这是模拟保护装置难以做到的，在数字滤波器和微型机系统算法上能彻底地消除因电力系统频率偏离 50Hz 运行所带来计算误差。

在变电站综合自动化原理中，绝大多数的算法都是基于多个模拟输入信号（如三相电压、三相电流、零序电流和零序电压）等电气量采样值来进行计算的。按照对各通道信号采样的相互时间关系，可分别采用同时采样、顺序采样以及分组同时采样等。

图 2-5 为采样保持器的基本组成原理电路。其核心是高速电子采样开关 S 和保持电容 C_h，运算放大器 A_1、A_2 在其输入和输出端起缓冲和阻抗匹配的作用。

当控制逻辑在 CPU 指挥下置高电平时，采样开关 S 闭合，模拟信号在该时刻的瞬时电压值经高增益运放 A_1 放大后，快速充电到电容 C_h 上，完成了快速"采样"任务。然后，CPU 指挥电子开关 S 断开，"采样"得到的电压值被电容 C_h 所保持（冻结）。电压值由

A_2 的输出端输出给 A/D。因运放 A_2 的输入阻抗很高，在理想情况下，整个转换期间电压值保持不变。

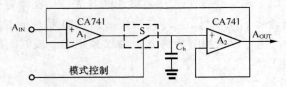

图 2-5　采样保持器基本组成原理电路

采样保持的集成电路可分为通用型、高速型和高分辨率型三类。常用的通用型电路有 LF198、LF398、AD582K、AD583K 等。下面主要介绍综合自动化中常用的 LF398 采样保持集成电路的原理。其原理图及适用接线图如图 2-6 所示。

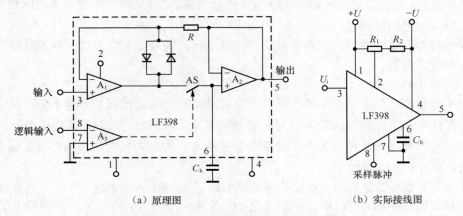

（a）原理图　　　　　　　　　　　（b）实际接线图

图 2-6　典型的采样保持器 FL398 的电路原理图

该电路由两个高性能的运算放大器和一个跟随器组成，利用保持电容 C_h 和电子控制采样开关来完成对模拟输入信号的采样和保持功能。当采样状态时，开关 AS 闭合，A_1 的反相输入端从输出端经电阻 R 获得负反馈，使输出跟随输入电压，并且电容 C_h 两端的电压将随模拟输入信号的变化而变化。在保持阶段，控制开关 AS 打开，此刻输入模拟信号的电压值被电容 C_h 记忆下来。由于输入跟随器的输入阻抗很大，因此，保持电容 C_h 上的电压能保持一段时间。此时 A_2 的输出电压不再变化，但模拟输入量仍在变化，A_1 不再能从 A_2 的输出端获得负反馈，为此在 A_1 的输出端和反相输入端之间跨接了两个反向并联的二极管，配合电阻 R 起到隔离第二级输出与第一级的联系，而直接从 A_1 的输出端经过二极管获得负反馈，以防止 A_1 进入饱和区。在保持结束后，控制开关 AS 重新闭合，进入下一轮的采样保持阶段。但是，由于电容 C_h 上事先有一定的电荷，因此，从开关闭合到电容 C_h 两端电压精确地跟踪输入模拟信号电压的变化需要一定的时间。同时影响采样时间的其他因素还有：电容 C_h 上的电感、信号源带负荷的能力等。对于采样保持器通常用电压保持的下降率来衡量其性能。目前微机型继电保护中通常用 $C_h = 0.01\mu F$，保持电压下降率大约为 $2mV/s$，最小采样时间大约为 $10\mu F$。

无论采用何种采样方式，一般来说采样保持器是必需的。对于顺序采样方式和同时采样方式中的 A/D 转换器方案，采样保持器的保持时间不需要很长，仅为保证 A/D 对该通道完成转换的时间。但在顺序采样方式中，采样次数频繁，且往往是在 A/D 转换完毕后立即开始下一通道的采样，所以希望最小采样时间尽量短。对于同时采样方式中单 A/D 转换器方案，要求保持时间较长，尤其对于最末一个通道，它要保持到所有通道 A/D 转换完毕，故应特别注意保持精度。

5. 模/数（A/D）转换器

模拟信号必须经过模/数转换器转换成数字量后方能进入计算机。实现模/数转换的基本方法有积分法和逐次逼近法等。积分法对输入信号进行积分，取其平均值，能较好地滤去信号中的噪声干扰，但积分式的转换时间较长，一般需几十毫秒。逐次逼近式抗干扰能力较差，但转换速度较快，完成一次转换大约需要几十微秒，电力系统采集装置中一般采用逐次逼近式模/数转换器。

逐次逼近式 A/D 转换器的工作原理如图 2-7 所示。其主要包括逐次逼近寄存器 SAR、D/A 转换器、电压比较器及控制逻辑部分等。转换开始前，先将 SAR 寄存器清零。转换开始时，待转换模拟电压 U_x 经多路开关选通后从电压比较器的"+"端输入，同时由控制逻辑电路将 SAR 寄存器的最高位 D_7 置"1"，其余各位都置"0"，这样，SAR 中二进制数为 10000000，经 D/A 转换后的输出电压即为最大的砝码电压 U_{c1}，将此 U_{c1} 引入电压比较器与 U_x 进行比较。若 $U_{c1} < U_x$，数控逻辑在保留第一位置 1 的情况下，又将第二位置 1，SAR 中存数为 11000000，又经 D/A 转换后再与 U_x 比较，若此时 $U_{c2} > U_x$，则第二位 D_6 重新置 0，再将第三位 D_5 置 1，即以 10100000 对应的 U_{c3} 再与 U_x 比较，如此重复，直到 D_0 被置 1 为止，最后逐次逼近寄存器 SAR 中的内容就是与 U_x 相对应的二进制数字量，即 A/D 转换的结果。

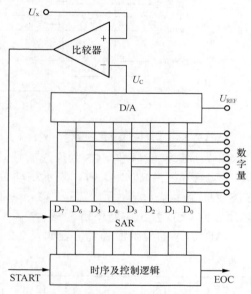

图 2-7   逐次渐近式 A/D 转换器原理图

A/D 的转换精度取决于转换的位数，若为 10 位 A/D，则其内部的 D/A 必是 10 位的，也就是说只有 10 个电压砝码。当已用上最小一个电压砝码后还略小于 U，因没有更小的砝码，只有近似地给出结果，这就存在着"量化误差"。这种量化误差不会超过最小砝码的一半。要想提高 A/D 转换精度，只有增加更小的砝码，即增加位数，12 位 A/D 的量化误差仅为 10 位 A/D 量化误差的 1/4。

A/D 转换器芯片一般有 8 位、10 位、12 位、14 位、16 位等。AD574A 是常用的 12 位逐次逼近式 A/D 转换器。AD574A 转换器芯片由比较器、12 位逐次逼近寄存器、时钟电路、三态输出缓冲器、控制逻辑电路和 12 位 A/D 转换器组成。其结构框图及引脚如图 2-8 所示。

AD574A 是常用的 12 位逐次逼近式 A/D 转换器，芯片内是三态输出缓冲器，可与 8 位或 16 位微机的数据总线直接相连。与 16 位微机的数据总线相连时，12 位转换结果可一次读出；与 8 位微机的数据总线相连时，先读高 8 位，后读低 4 位和补零的其余 4 位。输入的模拟电压可以是单极性 0～+10V，0～+20V，也可以是双极性-5～+5V，-10～+10V。单极性时输出为原码，双极性时输出为偏移二进制码。

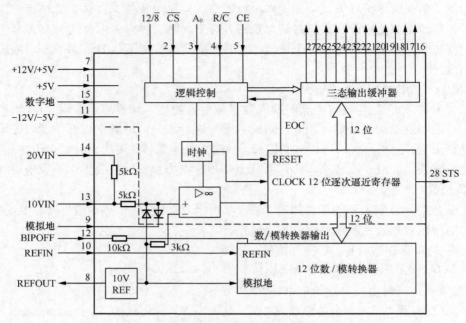

图 2-8　AD574A 的结构框图及引脚

AD574A 芯片有 R /$\overline{C}$、$\overline{CS}$、CE、A_0 及 12 /$\overline{8}$ 等 5 个输入控制端及 STS 状态输出端。其中 CE 为片选使能信号、$\overline{CS}$ 为片选信号，只有当 CE=1 且 $\overline{CS}$=0 时，芯片才被选中。R /$\overline{C}$ 为读/启动信号，当 R /$\overline{C}$=0 时，表示启动转换；当 R /$\overline{C}$=1 时，表示转换完成，可读出数据。STS 为转换状态标志，当 STS=1 时，表明已开始转换；当 STS=0 时，表明转换已结束，可以用它向 CPU 发出中断申请。

AD574A 的控制信号真值表如表 2-2 所示。

表 2-2　　　　　　　　　　　　AD574A 控制信号真值表

CE	$\overline{CS}$	R /$\overline{C}$	12 /$\overline{8}$	A_0	功能
1	0	0	×	0	启动 12 位转换
1	0	0	×	1	启动 8 位转换
1	0	1	接+5V	×	输出数据格式为并行 12 位
1	0	1	接地	0	输出数据的高 8 位
1	0	1	接地	1	输出数据的低 4 位

AD574A 转换的全过程分为数据转换过程和读出过程。在控制信号 CE、$\overline{CS}$、R /$\overline{C}$、12/$\overline{8}$、A_0 的作用下，AD574A 完成了数据的转换。A/D 转换控制过程分为转换启动过程和数据读出过程。

（1）转换启动过程

当 $\overline{CS}$、R /$\overline{C}$ 为 0，CE 为 1 时，启动 A/D 转换。为了不影响数据总线，当 $\overline{CS}$、R /$\overline{C}$ 变为低电平一段时间后，CE 才变成高电平。一旦转换开始，A/D 信号本身保持到转换完毕，转换期间 STS 变为高电平，直到转换结束 STS 变为低电平。其启动转换时序如图 2-9 所示。

（2）数据读出过程

当 $\overline{CS}$ 为 0、R/$\overline{C}$ 为 1，且 CE 为 1、STS 为"0"时，启动数据读过程，其启动数据读时序如图 2-10 所示。

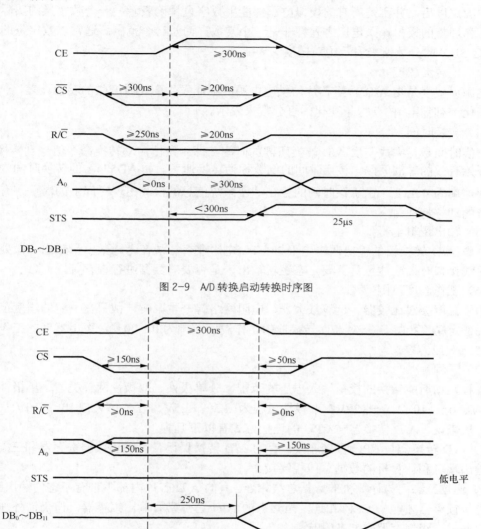

图 2-9 A/D 转换启动转换时序图

图 2-10 AD574A 读数据时序图

A/D 转换器的主要性能指标如下。

（1）分辨率

它是反映 A/D 转换器对输入微小变化响应的能力，通常用数字输出最低位（LSB）所对应的模拟输入的电平值表示。N 位 A/D 能反映 1/2 满量程的模拟量输入电压。由于分辨率直接与转换器的位数有关，所以一般也可简单地用数字量的位数来表示分辨率，即 N 位二进制数最低位所具有的值就是它的分辨率。

（2）转换精度

A/D 转换器的转换精度由模拟误差和数字误差组成。模拟误差是比较器、解码网络电阻值以及基准电压波动等引起的误差。数字误差主要包括丢失码误差和量化误差,前者属于非固定误差,由器件质量决定,后者和 A/D 转换器输出数字量的位数有关,位数越多误差越小。

在 A/D 转换过程中,模拟量是一个连续变化的量,数字量是断续的量。因此,A/D 转换器位数固定以后,并不是所有的模拟电压都能用数字量精确表示。一个数字量的实际模拟输入电压和理想的模拟输入电压之差并非是一个常数,而是一个范围。通常以数字量的最小有效位(LSB)的分数值来表示绝对精度。

(3)电源灵敏度

电源灵敏度是指 A/D 转换芯片的供电电源的电压发生变化时产生的转换误差,一般用与电源变化 1%时相当的模拟量变化的百分数来表示。

(4)转换时间

转换时间是指完成一次 A/D 转换所需的时间,即由发出启动转换命令信号到转换结束,信号开始有效的时间间隔。转换时间的倒数称为转换速率。如 AD574A 的转换时间为 25 μs,其转换速率为 40kHz。由于该时间的存在,使系统信息的检测出现时间上的滞后,有时会影响系统的动态特性。

(5)输出逻辑电平

多数 A/D 转换器的输出逻辑电平与 TTL 电平兼容。故在考虑数字量输出与微处理器的数据总线接口时,应注意是否要三态逻辑输出,是否要对数据进行锁存等。

(6)工作温度范围

由于温度会对比较器、运算放大器、电阻网络等产生影响,故只在一定的温度范围内才能保证额定精度指标。一般 A/D 转换器的工作温度范围为 0~70℃,军用器件的工作温度范围为-55~+125℃。

(7)量程

量程是指所能转换的模拟输入电压的范围,分单极性、双极性两种类型。单极性量程为 0~+5V、0~+10V、0~+20V;双极性量程为-2.5~+2.5V、-5~+5V、-10~+10V。

一般来说,A/D 转换器与 CPU 的连接方式有以下几种。

① A/D 转换器与 CPU 直接连接。有的 A/D 转换器已带有输出数据寄存器和三态门,其数据输出端可和计算机的数据总线相连接。

② 通过三态门与计算机的数据总线相连。有的 A/D 芯片内部不带有三态门输出锁存器,必须外接锁存器才能与 CPU 相连。虽然有的 A/D 芯片带有输出锁存器,但仍需外加一级锁存器,通过二级锁存器与 CPU 相连。

③ 使用 I/O 接口芯片与 CPU 相连。为保证模拟量数据的准确性、实时性及传输的通畅性,CPU 需对 A/D 采样的模拟量数据进行以下方面的处理。

• 数据合理性检查

数据合理性检查是剔除个别明显不合理数据的最简单的方法,可以保证后续数据处理的有效性。进行合理性检查的依据是客观事物相互之间的联系规律,有可能是较复杂的函数关系,也有可能只是简单的数学或逻辑关系。数据合理性检查主要是通过软件对每个模拟量信号预先设置有效值范围或与其他信号或定值的函数关系进行检查,如果采样值超出有效值范围或与事先设定的函数关系不匹配,那么该遥测值就会被作为无效数据而剔除。

• 零漂抑制及越阈值传送

用于抑制零点附近因测量不准确引起的数值波动,以减少 CPU 的计算量及总线和通道数据传输量。正常情况下，输入测控装置的大多数遥测量随时间的变动不大，如母线电压及恒定负载等。重复传送这些变动极小的遥测量不仅意义不大，而且加重了两端测控装置和主机以及通信信道的负担。为了提高效率，降低装置运算负荷，压缩需传送的数据量，可为遥测量设置一个阈值。当遥测量的变动未超过规定值时就不再予以发送。在实际参数配置文件中阈值大都以额定值的百分比来表示。阈值也被称为"压缩因子"，因为采用遥测量越阈值传送可有效压缩正常情况下的数据传输量，降低装置、主机和通道负荷。

- 越限判断

电力系统的各种运行参数有些受约束条件的限制不能超过一定的限值。例如，受到静态稳定极限的约束，规定某线路的传输功率不能大于某一限值；又如母线电压不允许太高和太低，规定了运行电压的上限值和下限值。这些被设置了限值的运行参数如超越限值，测控装置会马上告警，并记录越限发生时间的时标和数值。当遥测量重新恢复正常时也会记录恢复的时间和数值。

- 越限死区值设定

如果运行参数由于某些原因在限值附近来回波动，就会出现越限和复限事件交替产生，频繁告警，这会困扰值班人员。为了缓解这种情况，可设置"越限死区值"，当运行参数超过上限，则判为越上限，可发出越限告警信号；只有当运行参数回落到"死区"以下时，才判为复限。

2.2.2　基于 V/F 转换的模拟量输入回路

由逐次逼近式 A/D 的转换原理可知，这种 A/D 在转换过程中，CPU 要使采样/保持、多路转换开关及 A/D 转换器 3 个芯片之间协调好，因此，接口电路复杂。而且 A/D 芯片结构复杂、成本高。目前，许多微机应用系统采用电压/频率（V/F）变换技术进行模拟量变换。

电压/频率变换技术（VFC）的原理是将输入的电压模拟量 u_{in} 线性地变换为数字脉冲式的频率 f，使产生的脉冲频率正比于输入电压的大小，然后在固定的时间内用计数器对脉冲数目进行计数，供 CPU 读入。CPU 每隔一个采样间隔时间 T_s，读取计数器的脉冲计数值，并根据比例关系算出输入电压 u_{in} 对应的数字量，从而完成了模/数转换。其原理框图如图 2-11 所示。

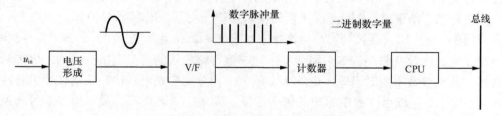

图 2-11　VFC 型 A/D 转换原理框图

1. VFC 的基本工作原理

将模拟电压转换成频率（即等幅方波脉冲信号的频率）的方法很多，下面介绍一种电荷平衡式 V/F 转换电路的工作原理。工作原理的示意图如图 2-12 所示。

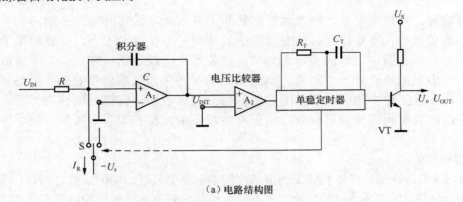

（a）电路结构图

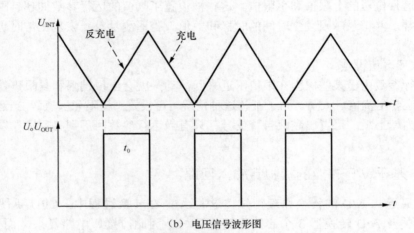

（b）电压信号波形图

图 2-12 电荷平衡式 V/F 转换电路

在图 2-12（a）中运算放大器 A_1 和 R、C 组成一个积分器。运算放大器 A_2 为零电压比较器。开关 S 受单稳定时器控制，单稳定时器的输出经三极管 VT 放大后变为脉冲信号输出。整个电路可视为一个振荡频率受输入电压控制的多谐振荡器。其工作原理如下：

积分器 A_1 的输出电压为 U_{INT}，当 U_{INT} 下降至 0V 时，零电压比较器 A_2 发生跳变。触发定时器，使之产生一个宽度为 t_0 的脉冲，此脉冲控制开关 S 使其与 $-U_s$ 电源接通 t_0 时间，由电路设计保证 $I_R > U_{IN\max}/R$，因此，在 t_0 期间，电容器 C 反充电，从而使 U_{INT} 线性地上升到某一电压值。当 t_0 结束时，S 断开，在正的输入电压作用下，电容器 C 使 U_{INT} 下降，当 U_{INT} 下降到 0V 时，电压比较器又翻转，再次触发单稳定时器使其产生一个 t_0 脉冲，S 再次闭合，C 再次反充电。如此反复进行下去振荡不止，于是可将输入的模拟电压变换为一串等脉冲输出。显然，其他参数不变时当输入电压 U_{IN} 越大，积分电容充电越快，从而使输出脉冲的频率越高。反之，U_{IN} 越小，输出脉冲的频率越低。因此，上述电路实现了模拟信号转换为等幅脉冲信号输出，脉冲信号的频率与输入电压的大小成正比。

2. 典型的 VFC 芯片 AD654 的结构及工作原理

AD654 芯片最高输出频率为 500kHz，中心频率为 250kHz。它是由阻抗变换器 A、压控振荡器和驱动输出回路构成，其内部结构如图 2-13 所示。压控振荡器是一种由外加电压控制振荡频率的电子振荡器件，芯片只需外接一个简单 RC 网络，经阻抗变换器 A 变换输入阻抗可达到 250 MΩ。振荡脉冲经驱动级输出可带 12 个 TTL 负荷或光电耦合器件。

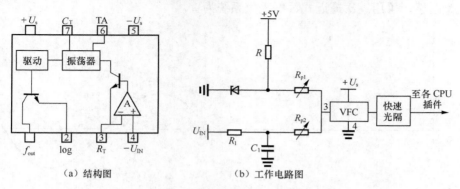

图 2-13 AD654 的结构及电路图

AD654 芯片的工作方法可有两种方式，即正端输入方式和负端输入方式。在自动化装置上大多采用负端输入方式。因此引脚 4 接地，引脚 3 输入信号，如图 2-13（b）所示。由于 AD654 芯片只能转换单极性信号，所以对于交流电压的信号输入，必须有个负的偏置电压，它在引脚 3 输入。此偏置电压为-5V，其压控振荡频率与网络电阻的关系如下式所示

$$f_{out} = \frac{U_{IN}}{10R_T C_T} = \frac{1}{10C_T}\left[\frac{5}{(R + R_{PI})} + \frac{U_{IN}}{(R_1 + R_{P2})}\right]$$

（2-1）

其中，U_{IN} 为输入电压；R_T 为输入回路的等值电阻；C_T 为外接振荡电容，常接在 AD654 的引脚 6 和 7 之间，以获得输出脉冲。输出频率 f_{out} 与输入电压 U_{IN} 呈线性关系，用来调整偏置值，使外部输入电压为零时输出频率为 250Hz，从而使交流电压的测量范围控制在 ±5V 的峰值内，这叫零漂调整。各通道的平衡度及刻度比（或比例系数）可用电位器 R_{P2} 来调整。R_1 和 C_1 设计为浪涌吸收回路，滤去随输入电压而来的高频浪涌，不是低通滤波器。快速光隔的作用是使 VFC 芯片所用的电源和微机电源在电气上隔离，从而进一步抑制干扰，提高微机工作的可靠性，这也是采用此类模/数转换的优点之一。

VFC 的工作原理如图 2-14 所示。当输入电压 $U_{IN} = 0$ 时，由于偏置电压-5V 加在输入端 3 上，输出信号是频率为 250Hz 的等幅、等宽的脉冲波，如图 2-14（a）所示。当输入信号是交流信号时，经 VFC 变换后输出的信号是被 U_{IN} 交变信号调制了的等幅脉冲调频波，如图 2-14（b）所示。由于 VFC 的工作频率远远高于工频 50Hz，因此，就某一瞬间而言，交流信号频率几乎不变，所以 VFC 在这一瞬间变换输出的波形是一连串频率不变的数字脉冲波。VFC 的功能是将输入电压变换成一连串重复频率正比于输入电压的等幅脉冲波。而且，VFC 芯片的中心频率越高，其转换的精度也就越高。由于在新型的自动装置中采用 VFC110 芯片，该芯片的中心频率为 2MHz，是 AD654 的 8 倍，因此，变换精度及保护的电流都有了较大提高。

以上介绍了逐次逼近式和电压/频率转换式两种数据采集系统的构成及工作原理，通过分析可以看出两者都具有各自的工作特点，在使用时，应根据需要加以选择。这两种数据采集系统的特点，主要体现在以下几个方面。

① 逐次逼近式数据采集方式的模/数转换数字量对应于模拟输入电压信号的瞬时采样值，可直接将此数字量用于数字算法；而电压/频率变换式数据采集系统在每一个采样时刻读出的计数器数值不能直接使用，必须采用相隔一定时间间隔的计数器读值之后才能用于各种

算法，且此计数器读值对应于在一定时间内模拟输入电信号的积分值。对于要求动作速度较快的微机型装置，采用逐次逼近式数据采集系统为宜。

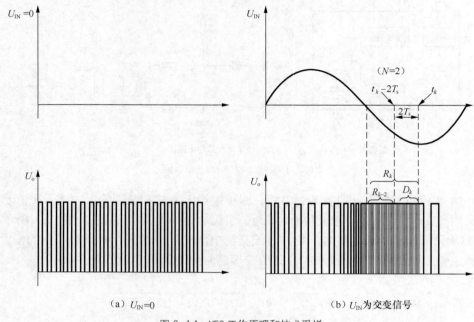

（a）$U_{IN}=0$ （b）U_{IN}为交变信号

图 2-14　VFC 工作原理和技术采样

② 逐次逼近式数据采集方式，一旦转换芯片选定后，其输出数字量的位数不可变化，即分辨率不能再改变。而对于电压/频率变换式 VFC 数据采集系统，则可以通过增大计算脉冲时间间隔来提高其转换精度或分辨率。

③ 逐次逼近式数据采集方式对芯片的转换时间有严格的要求，必须满足在一个采样时间间隔内，快速完成数据采集，以留给微机时间去执行软件程序。而对电压/频率变换式 VFC 数据采集系统则不存在转换速度的问题，它是利用输入计数器的脉冲计数值来获取模拟输入信号在某一时间内积分值对应的数字量。在使用时应注意到计数芯片的输入脉冲频率不能超出极限计数频率。

④ 逐次逼近式数据采集方式中需要由定时器按规定的采样时刻定时给采样保持芯片发出采样和保持的脉冲信号，而电压/频率变换式数据采集系统则只需按采样时刻读出计数器的数值。

2.2.3　模拟量输出通道

模拟量输出通道结构框图如图 2-2 所示，它的作用是把微机系统输出的数字量转换成模拟量输出，这个任务主要由数/模（D/A）转换器来完成。由于 D/A 转换器需要一定的转换时间，在转换期间，输入待转换的数字量应该保持不变，而微机系统输出的数据在数据总线上稳定的时间很短，因此，在微机系统与 D/A 转换器间必须用锁存器来保持数字量的稳定。经过 D/A 转换器得到的模拟信号，一般要经过低通滤波器，使其输出波形平滑，同时为了能驱动受控设备，可以采用功率放大器作为模拟量输出的驱动电路。

在模拟量输出通道中，常用隔离放大器实现微机系统和被控对象之间的电气隔离。常用的隔离放大器常基于 3 种基本原理，即变压器隔离、光电隔离和电容隔离。

2.3　开关量输入/输出系统

在变电站自动化系统中，需采集的信息很多，但从它们的性质来说，可分为模拟量、开关量、脉冲量和广义读表数（如数字频率计或脉冲电能表等仪表通过串行口输出的数字量）等四大类。无论何种类型的信息，在计算机内部都是以二进制的形式（即数字形式）存放在存储器中。断路器、隔离开关、继电器触点、普通开关和刀闸等都具有分、合两种工作状态，故常被称为开关量。实质上它们都可用 0、1 表示。因此，开关量的输入/输出是计算机的基本操作之一。

2.3.1　开关量输入/输出的基本概念

1. 输入/输出信息的组成

在变电站智能电子设备的输入/输出操作中（简称 I/O），需要直接与外界联系进行信息交换。一般来说，这些信息可分为 3 种不同信号。

（1）数据信息

继电器触点、断路器和隔离开关的状态或 A/D 转换的结果，按一定的编码标准（如二进制格式或 ASCII 码标准）输入至计算机。每若干位（一般为 8 位、16 位或 32 位）组合表示为一个数字或符号，这是数字量输入的主要内容。对于输出的控制命令等信息，通常也以二进制编码的形式输出至外部设备。事先规定好每一位的定义，由 8 位组成一个字节，或由 16 位组成一个字，这是输出数字量的主要内容。

（2）状态信息

CPU 在和输入/输出设备进行数据传送时，往往还需要了解输入/输出设备的工作状态。例如，要通过打印机输出数据，必须了解打印机是否忙，打印纸是否空等，只有在外部设备各种状态都处于"准备好"的情况下，才能可靠地传送数据信号，对于每一种二值的工作状态，都可用一位二进制表示。CPU 在传送数据前必须先输入这些外部设备的状态信息，并逐位进行测试和判断它们的工作状态，以确定能否传送数据。

（3）控制信息

控制信息是在设备传送过程中，CPU 发送给输入/输出设备的命令，一个输出字节的每一位可以定义为一个控制命令。

2. 输入/输出的传输方式

CPU 的数据总线都是并行的，但由于 I/O 设备有并行和串行之分，或为了远距离传输的需要，输入/输出数据的传输除了有并行传送方式外，还有串行传送方式。这两种传送方式各有各的特点和不同的应用场合。

（1）并行传输方式

并行传输方式是以字节（或字）为单位同时进行传送。这种传送方式要求输入/输出接口的数据通道为 8 位（字节传输）或者为 16 位（字传送），各位数据同步收、发，传送速度快，但需要传输电缆数量多，硬件开销大，适合于较近距离的传送。

（2）串行传输方式

串行传输是将要传送的数据的字节（或字）拆开，然后以位为单位，1 位 1 位进行传送。

串行传送的接口所需的传输电缆少，硬件开销少，但传输速度比并行传送慢，适合于远距离传送。

3. 输入/输出典型接口

外部设备与 CPU 交换信息，必须通过 I/O 接口电路。输入/输出的信息有数据信息、状态信息与控制信息等不同类型。外部设备的状态信息必须作为输入信息，而 CPU 的控制命令必须作为一种数据输出，但是大部分微型机只有通过 IN（输入）和 OUT（输出）指令与外部设备交换信息。为了区别不同类型的信息，可以设置不同的端口，因此，一个典型的 I/O 接口电路，包括有数据端口、状态端口和控制端口，如图 2-15 所示。

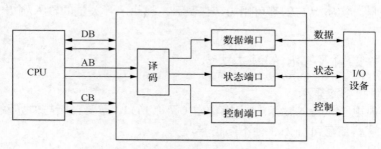

图 2-15 典型的 I/O 接口电路

2.3.2 CPU 对输入/输出的控制方式

通常 CPU 与外部设备交换数据有以下 4 种控制方式。

1. 同步传送方式

同步传送方式又称无条件程序控制方式，这种传送方式只适合于 CPU 与比较简单而且其数据状态变化速度缓慢，或变化速度是固定的外部设备交换信息时采用。例如，七段显示器、开关、刀闸、继电器、断路器、隔离开关、发光二极管、机械传感器等，都属于数据状态变化缓慢的外部设备。由于这类设备用作输入时，其数据保持时间相对于 CPU 的处理速度慢得多，因此，可以认为其数据总是准备好的。CPU 要读其状态数据时，只要随时对它执行 IN（输入）指令，就可以把状态数据读入，不必事先查询它的工作状态。

如果 CPU 要输出数据给数据状态变化缓慢的外部设备，由于 CPU 的数据总线变化速度快，因此，要求输出的数据应该在接口电路的输出端保持一段时间，外部设备才能接收到稳定的数据。保持时间的长短，应该与外部接收设备的动作时间相适应。因此，在同步传送方式中，输出的接口电路往往需要通过锁存器。

2. 查询传送方式

同步传送方式，程序及硬件接口简单，可节省端口，但必须确保在执行 IN（输入）指令时，外部设备要输入的数据一定是准备好的；而在执行 OUT（输出）指令时，外部设备一定是空的，即外部设备已将上次 CPU 输出的数据取走，即 CPU 与外部设备传送数据时必须保证同步。这对于许多外部设备来说是比较难实现的，尤其是一些数据状态变化不规则的外部设备。如果传送数据时，CPU 与外部设备不同步，则传送数据就要出错。为了解决此问题，使 CPU 能与各种速度的外部设备配合工作，可以采用查询传送方式。

查询传送方式，又称条件程序传送方式或异步传送方式。查询传送方式的特点是 CPU 在对 I/O 设备传送数据前，先输入外部设备的状态，并测试其是否准备好，只有在测试到 I/O

设备已准备就绪后，CPU 才对 I/O 设备传送数据。

查询传送方式传送数据的优点是在简化硬件接口情况下，比无条件程序传送更容易实现数据的准确传送，控制程序也比较容易编制；其缺点是 CPU 需要不断查询外设的状态，这就占用了 CPU 的工作时间，尤其是在与中、慢速的外设交换信息时，CPU 真正用在传送数据的时间相对是很少的，大部分时间消耗在查询上。这种查询传送方式，大多数用于 CPU 与单个或较少外设交换信息的情况。

3. 中断控制输入/输出方式

查询传送方式虽然解决了 CPU 与各种速度的外部设备配合工作的问题，但 CPU 必须不断查询外部设备的状态，占用了 CPU 大量的时间。而且在查询方式中，CPU 一直处于主动地位，外部设备则处于被动待查状态，如果有多个外部设备同时工作，都要等待 CPU 去查询，势必造成有些已准备好的外部设备或有紧急情况需要 CPU 立刻处理时，由于 CPU 还没有查询到，得不到及时地处理；另一方面，当 CPU 查询到的外部设备没准备好时，CPU 又必须花时间去等待它，不能查询其他设备，降低了 CPU 的工作效率。为了提高 CPU 的工作效率和及时处理外部设备的请求，可采用中断传送方式，即当 CPU 需要与外部设备交换信息时，若外部设备要输入 CPU 的数据已准备好，存放于输入寄存器中；或在输出时，若外部设备已把上一个数据取走，即输出寄存器已空，则由外部设备向 CPU 发出中断申请，CPU 接到外部设备的申请后，若没有更重要的任务处理就暂停当前执行的程序（即实现中断），转去执行输入或输出操作（称中断服务），待输入或输出操作完成后即返回，再继续执行原来的程序。这样就可大大提高 CPU 的效率，同时使外部设备发生的事件能及时得到处理。因此，有了中断传送方式后，CPU 就可以与多个外部设备同时工作。

4. 直接存储器访问（DMA）方式

利用中断传送方式，可以大大提高 CPU 的利用率，解决了在条件传送方式（查询方式）中，由于需要反复查询外部设备的状态而浪费了 CPU 大量工作时间的矛盾。但是，中断传送仍是由 CPU 通过程序来完成的，在中断服务程序中，不仅要有完成信息传输的程序段，还必须设置断点，保护现场；中断服务程序执行完后，还必须恢复现场等。这些工作都靠程序来完成，执行这些程序也要花费时间，这对于需要传输大量数据的高速外部设备而言，用中断方式来传输信息就显得太慢了。为了解决此矛盾，希望用硬件在外部设备与内存间直接进行数据交换，即直接存储器访问（DMA），而不通过 CPU，这样数据传送速度的上限就可以只取决于存储器的工作速度。但是，通常系统的地址和数据总线以及一些控制信号线（如 I/O、RD、WR 等）是由 CPU 管理的。在 DMA 方式中，就需要 CPU 把这些总线让出来（即 CPU 连到这些总线上的线处于第三态——高阻状态），而由 DMA 控制器接管。因此，需要有 DMA 控制器控制传送的字节数，判断 DMA 是否结束，以及发出 DMA 结束等信号。

DMA 控制器必须具备以下功能。

① 能接受外部设备的请求，向 CPU 发出总线请求信号（HOLD）。

② 当 CPU 发出总线请求认可信号（HLDA）后，接管对地址线、数据线和控制线的控制，进入 DMA 方式。

③ 发出地址信息，能对存储器寻址及能修改地址指针。

④ 能向存储器和外部设备发出读或写等控制信号。

⑤ 能控制传送的字节数及判断 DMA 传送是否结束。

⑥ 在 DMA 传送结束以后，能发出 DMA 结束信号，释放总线使 CPU 恢复正常工作状态。

图 2-16 为 DMA 控制器原理框图。现以输入数据的情况为例，简述 DMA 传送 I/O 数据的工作原理。当外设把数据准备好以后，发出一个选通脉冲，使 DMA 请求触发器置 1；它一方面向控制/状态端口发出准备好的信号，另一方面向 DMA 控制器发出 DMA 请求；于是 DMA 控制器向 CPU 发出 HOLD 信号。当 CPU 在现行的指令执行结束后，发出请求答应 HLDA 信号，这时 DMA 控制器就接管 3 组总线，向地址总线发出地址信号，在数据总线上给出数据，并给出存储器写的命令，于是外设输入的数据在 DMA 控制器的控制下，就直接写入存储器，然后 DMA 控制器修改地址指针，修改计数器，并检查传送是否结束；若未结束，便循环直至全部数据传送完。在全部数据传送完后，DMA 控制器撤除总线请求信号（HOLD 变低），在下一个 CPU 时钟周期的上升沿，CPU 的 HLDA 认可信号变低，DMA 操作全部结束。

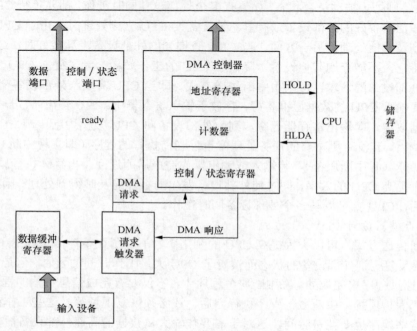

图 2-16　DM A 控制器的原理框图

随着大规模集成电路技术的发展，现在已有多种成熟的 DMA 控制器（DMAC）可供选用。各种 DMAC 一般都有两种基本的 DMA 传送方式。

① 单字节方式：每次 DMA 请求只传送一个字节数据，每传送完一个字节，都撤销 DMA 请求信息，释放总线。

② 字节（字符）组方式：每次 DMA 请求连续传送一个数据块，待规定长度的数据块传送完了以后才撤销 DMA 请求，释放总线。

随着 DMAC 功能的提高和 DMA 技术的普及应用，目前 DMA 传送已不局限于存储器与外部设备间的信息交换，而可以扩展为在存储器的两个区域之间，或两种高速的外部设备之间进行 DMA 传送。

在变电站综合自动化系统中，DMA 传送方式也是常采用的传送方式之一。例如，在双 CPU 的微机保护模块中，可以由一个 CPU 负责采集数据，另一个 CPU 负责数据处理，计算和判断被保护对象是否发生故障或异常情况，并进行故障处理等。利用 DMA 技术，将采样

CPU 存入存储器中的最新数据，直接传送给数据处理 CPU 的存储器。由于两个 CPU 间数据的传送是由 DMA 控制器控制的，因此，两个 CPU 完全可以并行工作，既不影响采样 CPU 的连续采样，也不影响数据处理 CPU 的数据处理和故障处理，保证了保护动作的快速性。

　　在 CPU 对输入/输出的几种常用控制方式具体应用中，要根据实际情况选择最合适的方式，才能在总体设计方案中发挥各自的优点，避开缺点。在变电站自动化系统中，模拟量、开关量和脉冲量的输入或输出是基本的功能之一，由于综合自动化系统中要输入/输出的量很多，各种量性质不同，对速度、可靠性要求也不一样，因此，上述 4 种控制方式在一个变电站自动化系统中，可能会全被选用在不同的信息传送过程中，也可能只选用其中的两三种。但大体上，采用无条件传送方式、查询方式和中断方式的软、硬件相对简单些。

2.3.3　开关量输入通道

　　开关量输入电路的基本功能就是将变电站内需要的状态信号引入微机系统，如输电线路断路器状态、继电保护信号等。输出电路主要是将 CPU 送出的数字信号或数据进行显示、控制或调节，如断路器跳闸命令和屏幕显示、报警信号等。图 2-17 是开关量输入电路的一个配置图。

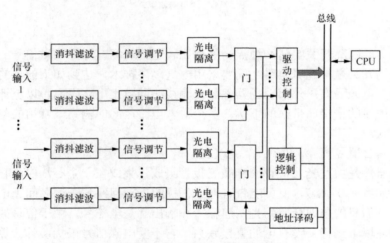

图 2-17　开关量输入电路配置图

　　开关量输入电路由信号调节电路、控制逻辑电路、驱动电路、地址译码电路、隔离电路等组成。开关量输出电路与输入电路基本一样。开关量信号都是成组并行输入（出）微机系统的，每组一般为微机系统的字节，即 8 位、16 位或 32 位，对于断路器、隔离开关等开关量的状态，体现在开关量信号的每一位上，如断路器的分、合两种工作状态，可用 0、1 表示。下面介绍开关量输入及输出电路的几个主要问题。

　　1.　消抖滤波电路与信号调节电路

　　当开关量作为输入信号，因长线及空间产生干扰信号时，可能会使开关抖动，状态发生错误，为此，需增加消抖滤波电路。图 2-18（a）是典型的消抖滤波电路，采用施密特触发器达到去抖的目的，滤波电路滤去高频干扰信号。图 2-18（b）、（c）为未采用及采用消抖滤波后的输入/输出波形，在加入了滤波电路及施密特触发器后，输出消除了干扰信号。

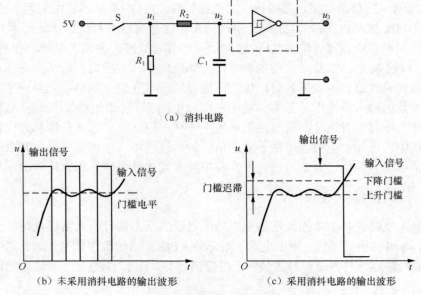

（a）消抖电路

（b）未采用消抖电路的输出波形　　（c）采用消抖电路的输出波形

图 2-18　消抖滤波电路

2. 光电隔离

由于断路器、隔离开关的辅助触点一般都比较远，现场有源开关量信号的电压一般比较高，因此，现场开关量与逻辑电路之间要采用电气隔离技术，达到如下的目的：使低压输入电路与大功率的电源隔离；外部现场器件与传输线路同数字电路隔离，以免计算机受损；限制回路电流与地线的错接而带来的干扰；多个输入电路之间的隔离。常用的电隔离技术主要有以下 3 种形式。

（1）光电耦合器隔离

光电耦合器件是由发光二极管、光敏三极管组成，集成在一个芯片内，它们之间的绝缘电阻非常大（$10^{11} \sim 10^{13}\ \Omega$），使可能带有电磁干扰的外部回路与微机之间无电的联系。在光电耦合器件中，信息的传递介质为光，但输入和输出都是电信号，由于信息的传递和转换的过程都在密闭环境下进行，没有电的直接联系，它不受电磁信号干扰，且计算机电源和外部电源不共地，因此，隔离效果比较好。

利用光电耦合器作为开关量输入计算机的隔离器件，其简单的原理接线图如图 2-19 所示。当有输入信号时，开关 S 闭合，二极管导通，发出光束，使光敏三极管饱和，光电隔离导通，于是输出端 U_O 表现一定电位。

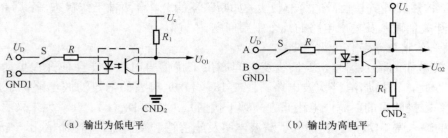

（a）输出为低电平　　　　　　　　（b）输出为高电平

图 2-19　光电耦合器原理接线图

（2）继电器隔离

对于发电厂、变电站现场的断路器、隔离开关、继电器的辅助触点和主变压器分接开关位置等开关信号，输入至微机系统时，也可通过继电器隔离，其原理接线图如图 2-20 所示（示出两路）。利用现场断路器或隔离开关的辅助触点 S_1、S_2 接通，启动信号继电器 K_1、K_2，然后由 K_1、K_2 的触点 K_{1-1}、K_{2-1} 等输入至微机系统，这样做可起到很好的隔离作用。输入至微机系统的继电器触点，可采用与微机系统输入接口板配合的弱电电源 U_c。

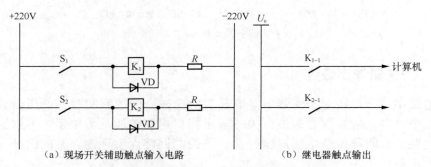

（a）现场开关辅助触点输入电路　　　（b）继电器触点输出

图 2-20　采用继电气隔离的开关原理接线图

（3）继电器和光电耦合器双重隔离

为了提高抗干扰的能力，同时又能消除抖动，在线路比较长、干扰比较严重的场合，还可以同时采用继电器和光电耦合器双重隔离，以加强隔离的效果，即将现场的开关辅助触点先经过继电器隔离，继电器的辅助触点再经过光电耦合器隔离，然后输入至计算机。这样双重隔离对提高抗干扰能力和消除开关动作时的抖动具有很好的效果。

3. 开关量输入电路

开关量输入电路包括断路器和隔离开关的辅助触点、跳合闸位置继电器触点、有载调压变压器的分接头位置等输入、外部装置闭锁重合闸触点输入、装置上连接片位置输入等回路，这些输入可分成两大类。

① 安装在装置面板上的触点。这类触点包括在装置调试时用的或运行中定期检查装置用的键盘触点以及切换装置工作方式用的转换开关等。

② 从装置外部经过引脚排引入装置的触点。例如，需要由运行人员不打开装置外盖在运行中切换的各种连接片、转换开关以及其他装置和操作继电器等。

对于装在装置面板上的触点，可直接接至微机的并行口，如图 2-21（a）所示。只要在初始化时规定图中可编程的并行口的 PAO 为输入端，则 CPU 就可以通过软件查询，随时知道图 2-21 外部触点 K_1 的状态。

对于从装置外部引入的触点，如果也按图 2-21（a）所示接线将给微机引入干扰，故应经光电隔离，如图 2-21（b）所示连接。图中虚线框内是一个光电耦合器件，集成在一个芯片内。当外部触点 K_1 接通时，有电流通过光电器件的发光二极管回路，使光敏三极管导通。K_1 打开时，则光敏三极管截止。因此，三极管的导通与截止完全反映了外部触点的状态，如同将 K_1 接到三极管的位置一样，不同点是可能带有电磁干扰的外部接线回路和微机的电路部分之间无直接电的联系，而光电耦合芯片的两个互相隔离部分的分布电容为几个皮法，因此，可大大削弱干扰。

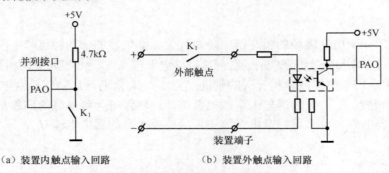

（a）装置内触点输入回路　　　　　（b）装置外触点输入回路

图 2-21　开关量输入电路原理图

2.3.4　开关量输出通道

在变电站中，计算机对断路器、隔离开关的分、合闸控制和对主变压器分接开关位置的调节命令，以及告警都是通过开关量输出接口电路去驱动继电器，再由继电器的辅助触点接通跳、合闸回路或主变压器分接开关控制回路而实现的。不同的开关量输出驱动电路可能不同。

图 2-22 所示为开关量输出电路，一般都采用并行接口的输出来控制有触点继电器的方法，但为提高抗干扰能力，最好也经过一级光电隔离。只要通过软件使并行口的 PB0 输出"0"，PB1 输出"1"，便可使与非门 H1 输出低电平，光敏三极管导通，继电器 K 被吸合。在初始化和需要继电器 K 返回时，使 PB0 输出"1"，PB1 输出"0"即可。

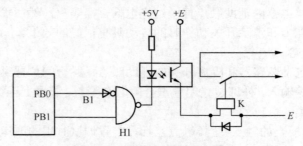

图 2-22　装置开关输出回路接线图

设置反相器 B1 及与非门 H1，不将发光二极管直接同并行口相连，一方面是因为并行口带负荷能力有限，不足以驱动发光二极管，另一方面是因为采用与非门后要满足两个条件才能使 K 动作，增加了抗干扰能力。为了防止拉合直流电源的过程中继电器 K 的短时误动，将 PB0 经一反相器输出，而 PB1 不经反相器输出。因为在拉合直流电源过程中，当 5V 电源处于某一个临界电压值时，可能由于逻辑电路的工作紊乱而造成保护误动作。特别是保护装置的电源往往接有大量的电容器，所以拉合直流电源时，无论是 5V 电源还是驱动继电器 K 用的电源 E，都可能相当缓慢地上升或下降，从而完全可能来得及使继电器 K 的触点短时闭合。采用上述接法后，由于两个反相条件的互相制约，可以可靠地防止误动作。

开关量由 CPU 采集进来，进行变位识别，以便根据开关状态的变化进行某项操作，或者将它送去打印，或用来更新显示。因此，开关变位的识别是开关量采集中的一项十分重要的工作。

开关量的状态通常用 1 位二进制数来表示，例如，用"1"代表闭合；用"0"代表断开。为了简化分析，我们只对用一个字节的二进制数表示的 8 个开关状态进行分析。开关变位的识别是建立在对原来的状态和现在的状态进行某些逻辑运算的基础上而取得的，例如，原来的开关状态是 10011010，现在的开关状态是 10001101，我们把它对比如下

	D_7	D_6	D_5	D_4	D_3	D_2	D_1	D_0		
原状	1	0	0	1	1	0	1	0	…	A
现状	1	0	0	0	1	1	0	1	…	B

可以看出，D_4 和 D_1 为 1→0，D_2 和 D_0 为 0→1，这是一目了然的。但对于暂时还不具备视觉和思维能力的微机来说却不是那么简单，它必须依靠逻辑运算的结果才能做出判断。根据逻辑运算的基本知识可知："异或"运算的规律是两数相同结果为"0"，两数相异结果为"1"。分析一下开关变位的状态可以发现，变位状态的运算正好就是"异或"运算。例如，将上例两数进行"异或"运算，则有

	1	0	0	1	1	0	1	0	…	A
⊕	1	0	0	0	1	1	0	1	…	B
	0	0	0	1	0	1	1	1	…	C
				D_4		D_2	D_1	D_0		

结果是 D_4、D_2、D_1、D_0 变了位，但是到底是由 1→0 还是由 0→1，就需要进一步地进行分析。在已经确定变了位的开关量中，若原来的状态是 1，则必定是由 1→0 的开关。这个结论表明，只要把异或的结果（状态 C）与原状（状态 A）进行一次"与"运算，就可以找到由 1→0 的开关。

例如：

	0	0	0	1	0	1	1	1	…	C
∧	1	0	0	1	1	0	1	0	…	A
	0	0	0	1	0	0	1	0	…	
				D_4			D_1			

可见 $D_4=D_1=1$，这正是 1→0 的开关。在已经确定变了位的开关量中若现在的状态为 1 则必定是 0→1 的开关。这个结论表明只要将异或的结果和现在的状态进行一次"与"运算就可找到 0→1 的开关。

归纳起来可以得到以下结论。

① 现状 ⊕ 原状，若有变位则该位为 1，若无变位则该位为 0。

②（现状 ⊕ 原状）∧原状，若为 1 则该位为 1→0。

③（现状 ⊕ 原状）∧现状，若为 1 则该位为 0→1。

2.3.5　脉冲量输入电路

有些表计（如脉冲电能表或电能变送器）能提供与电量成正比的脉冲数，只要将脉冲数进行累计并乘以相应的系数，就能得到相应的电量值。电能脉冲计量法有两种常用类型的仪

表可供选用：①脉冲电能表；②机电一体化电能计量表。

调度端在统计电网各电量时，必须将同一时刻的电量值进行总加。如果各关口数据并非同一时刻，则对它们总加没有意义。为了得到同一时刻各"关口"电量，可采用两套电能脉冲计数器。主、副计数器都对输入脉冲进行累计，两者数据一致。当调度端发出"电能量冻结"命令时（为广播命令，即所有 RTU 均收到并执行），副计数器就停止更新并保持不变（冻结），而主计数器仍照常计数。调度端可随时调取已冻结在副计数器中的电能值进行总加。之后可发出"解冻"命令，副计数器立即与主计数器取得一致并重新对脉冲进行累计。

对电能量的计量，可以采用电能脉冲计量法、软件计算法或采用专门的微机电能计量仪表。电能脉冲计量法，使电能表转盘每转动一圈便输出一个或两个脉冲，用输出的脉冲量代替转盘转动的圈数，并将脉冲量通过计数器计数后输入微机系统，由 CPU 进行存储、计算。

转盘式脉冲电能表发送的脉冲数与转盘所转的圈数即电能量成正比，将脉冲量累计，再乘以系数就得到相应的电能量。为了对脉冲量进行累计，综合自动化系统中设有计数器，每收到一个脉冲，计数值加 1。在对脉冲进行计数时，要对脉冲质量进行检查。正常情况下的脉冲有一定的宽度，如收到的脉冲过窄，宽度不合要求，一般是干扰脉冲，应予以舍弃，如图 2-23 所示。

在图 2-23（a）中，由于①、②处采样脉冲连续检测为低电平，而③、④处采样脉冲连续检测为高电平，对于正常脉冲，定时取样连续测得脉冲为高电平的次数≥2，就确定为有效脉冲，计数器加 1。在图 2-23（b）中，①、②处连续采样为低电平，但③、④处的采样值不同，因而认为输入的是尖峰干扰，不是有效的脉冲，计数器不予计数。

下面以某 PWS 型综合自动化系统脉冲量计数电路图为例，说明计数电路的工作原理。图 2-24 为脉冲量计数电路图。

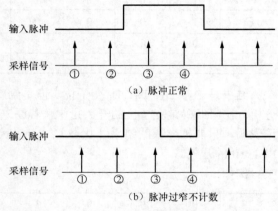

（a）脉冲正常

（b）脉冲过窄不计数

图 2-23　脉冲质量检查

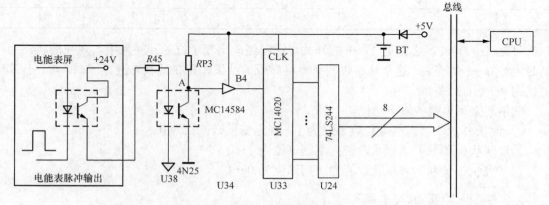

图 2-24　脉冲量计数电路原理图

脉冲电能表所产生的脉冲上升沿，使脉冲电能表内部光电耦合器的二极管发光，三极管导通。此时，电能表+24V 电源通过该三极管及微机系统模块中的电阻器 $R45$ 使光电耦合器

U38 的二极管发光，三极管饱和导通，A 点由高电平变为低电平。在脉冲电能表输出过去以后，U38 无电流通过，A 点由低电平变为高电平。在这一过程中 A 点得到一个低电位脉冲，该脉冲通过 U34（MC14584）整形并反相输出，B 点的脉冲波形与脉冲电能表的相一致。此脉冲接入计数器 U33（MC14020），在 MC14020 的输出端得到脉冲累计数。CPU 控制 U24（74LS244）的选通端，将计数值开放到数据总线，CPU 读入计数值后进行记录、计算和存储。U33、U34 及 U38 三个芯片的电源可由电池 BT 供给，保证在系统失去+5V 电源时电能表计数值不丢失，而且还可继续对脉冲电能表的脉冲进行计数。

2.4 人机联系系统及电源插件

2.4.1 人机联系系统

电力系统采用调度自动化系统后，要求调度人员不断地监视调度自动化系统本身的工作，全面、深入并及时地掌握电力系统的运行状况。另外，根据系统运行的不同情况，做出相应的决策或发出各种控制命令，以保证电力系统安全和经济地运行。为了能够完成上述各项任务，调度自动化系统必须能够实现人机对话。调度自动化中的人机联系子系统就是为了实现人机对话而设置的。人机联系子系统将传输到调度控制中心的各类信息进行加工处理，通过各种显示设备、打印设备和其他输出设备，为调度人员提供完整实用的电力系统实时信息。调度人员发出的遥控、遥调指令也可通过此系统输入、传送给执行机构。

人机联系的主要内容包含有以下几个方面。

① 显示画面与数据：时间日期、报警画面与提示信息、装置工况状态显示、装置整定值、退出运行的装置的显示以及信号流程图表、控制系统的设定显示等内容。

② 输入数据：运行人员的代码和密码、运行人员密码更改、装置定值的更改、控制范围及设定的变化、报警界限、告警设置与退出、手动/自动设置、趋势控制等。

③ 人工控制操作：断路器及隔离开关操作、开关操作排序、变压器分接头位置控制、控制闭锁与允许、装置的投入和退出、设备运行/检修的设置、当地/远方控制的选择、信号复归等。

人机联系子系统中的输出设备主要包括：模拟屏、图形显示器、声光报警装置、记录仪、制表或图形打印设备；输入设备主要有键盘、鼠标和声控设备等。

2.4.2 电源插件

每个装置均由一个独立的开关电源，向其他插件供电，此开关电源与插件面板构成电源插件（又叫电源模块）。电源输入电压为直流 220V 或 110V（用户任选一种）。输出电压为+24V、±15V（或±12V）及+5V。在插件面板上装有监控电源各电压工作与否的信号灯（发光二极管），还装有一个"+5V"欠压信号灯及开关电源总开关，在插或拔本装置的插件以前，务必把此开关按在"OFF"位置，以免插件电路中的 IC（集成电路）损坏，电源插件原理图如图 2-25 所示。

图中+5V 为 CPU 及其外围芯片提供工作电源；±15V 为模拟输入回路运放提供工作电源；+24V 为开出、开入回路提供电源。

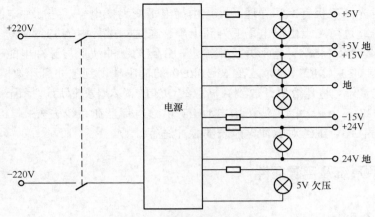

图 2-25　电源插件原理图

本 章 小 结

　　电力系统是一个动态大系统，系统中的设备、运行状态和参数是大量的、多变的。因此，实时地获取系统运行的各种参数及状态，对运行人员及时准确地了解系统的运行状态以及进一步的决策是至关重要的，而这一切的实现都是基于电力系统测控装置对各种数据的采集与处理。因此，测控装置是自动化系统的基础。

　　本章主要介绍了变电站综合自动化测控装置的总体结构。并详细地介绍了模拟量输入/输出回路以及开关量输入/输出回路的相关技术。

　　随着通信网络和一次设备智能化以及相关技术的发展，变电站自动化系统及其各种智能电子设备的功能、所要完成的任务和相应的软、硬件结构，也会不断地发展。

习 题

1. 模拟量输入通道包括哪些环节？各环节的主要作用是什么？
2. 变电站综合自动化系统典型硬件结构包含哪些部分？各部分的主要作用都是什么？
3. 什么叫开关量？举例说明哪些属于开关量。开关量输入通道包括哪些环节？
4. 什么是脉冲量？如何采集脉冲量？
5. 变电站数据采集有几种？哪些是模拟量？哪些是数字量？
6. AD574A 有哪些主要的控制信号？其意义如何？
7. 在数字量输入子系统中，为什么要加入消颤除噪电路？
8. 逐次逼近型的模拟量输入/输出通道是如何构成的？与基于 V/F 转换的模拟量输入回路有何区别？
9. 在数据采集过程中，光电隔离的作用是什么？
10. 简述多路选择开关 AD7506 的作用及工作原理。
11. 什么是同步采样及异步采样？
12. CPU 与外部设备交换数据共有几种控制方式?各种控制方式的适用条件都是什么？

第 3 章 变电站综合自动化算法

微机保护装置根据由数据采集系统提供的输入电气量得到离散的、量化的采样数据进行分析、运算和判断，以实现各种继电保护功能。微机保护算法可分为两种方式：一种是根据输入电气量的若干个采样值通过一定的数学式或方程式计算出保护所反映的量值以实现特定的保护功能；一种是利用微机强大的数据处理、逻辑判断能力，实现常规保护无法显示的功能。微机保护装置不管采用何种算法，其本质都是计算出可表征被保护对象运行及动作特征的物理量，并根据这些量构成各种继电保护功能。

本章主要介绍数字滤波的特点及基本原理和变电站综合自动化系统中常用的算法及对算法的评价和选择。

3.1 概述

在微机保护中，交流电压、电流信号经过采样和 A/D 变换成为可用于微机处理的数字量后，微机将对这些数字量进行分析、计算，确定保护所需的电气参数，并将这些参数和保护的动作特性方程与整定值进行比较判断，决定保护的动作行为。完成上述分析计算和比较判断以实现各种继电保护功能的方法称为保护算法。

电力系统继电保护的种类和保护原理各不相同，相应有各种不同的保护算法。但各种算法的核心都可归结为计算被保护对象的相关电气参数，如电压、电流的幅值与相位，测量阻抗，各种序分量或某次谐波分量的大小和相位等。因此，电气参数的计算方法构成了微机保护算法的基础。

目前，大多数的微机保护从原理上来说，主要是以故障信号中的稳态基波或某一谐波分量为基础构成，而在实际故障情况下，输入的电流、电压信号中，除了保护所需的有用成分外，还包含许多其他的无效"噪声"，如衰减直流和高次谐波等。保护算法的主要任务即是如何从包含有噪声分量的输入信号中，快速、准确地计算出所需的各种电气量参数。

参数计算的精度关系到保护装置的动作行为是否正确。要提高参数计算的精度，就要清除噪声分量的影响，因此，要对输入信号进行滤波处理，根据滤波后得到的有效信号进行参数计算。对输入信号的滤波，可采用模拟滤波或数字滤波。数字滤波有两个途径，其一是采用专门的数字滤波程序；其二是将数字滤波与电气量参数计算相结合，使参数计算本身具有良好的滤波性能。

微机对其输入信号进行的分析计算，是在模拟信号经过处理后的离散数字量基础上进行的。为此，在进行数字滤波和保护算法之前，我们先介绍一些离散系统表示和运算的基本知识。

3.2 微机保护的基础知识

3.2.1 微处理器的基本工作原理

微处理器就是集成在一片大规模集成电路上的运算器和控制器。从功能上讲，微处理器就是 CPU，它是微型机的核心部件，但它本身不能当计算机用。用微处理器作 CPU 的计算机就是微型机，当然它还需配备一定容量的存储器、输入/输出设备的接口电路及系统总线，才能组成一台计算机。

CPU 是由一片大规模集成电路芯片制成，不仅能进行算术逻辑运算，还能执行各种控制功能。通常 CPU 是由算术逻辑部件 ALU、累加器 AC、暂时寄存器 TR、标志寄存器 FL 和寄存器阵列 RA、程序计数器 PC、地址缓冲寄存器 AB、指令寄存器 IR、指令译码及机器周期编码器 IDCE、定时及控制部件 TC、数据缓冲寄存器 DB 等组成，如图 3-1 所示。

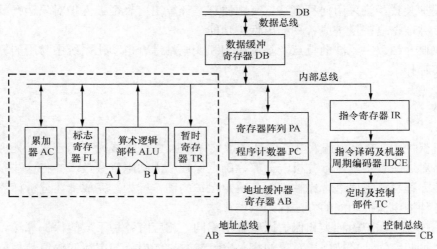

图 3-1　CPU 典型结构

算术逻辑部件 ALU、累加器 AC、暂时寄存器 TR、标志寄存器 FL 构成运算器。运算器是执行算术和逻辑运算的部件。因此，它既能进行加、减等算术运算，又能进行逻辑加、逻辑乘等逻辑运算。

CPU 的工作速度比较快，而外部设备（外设）的工作速度相对 CPU 的工作速度要慢得多，为保证数据信息的正确传送，使 CPU 工作更加快速灵活，在内部数据与数据总线之间设置数据缓冲寄存器。当数据不能马上被外设接收时，就可暂时将数据存入缓冲寄存器。同时，缓冲寄存器还起到隔离作用，将数据总线与内部总线相隔离。数据总线是 CPU 输入、输出数据信息的通道，而内部总线是 CPU 内部各种信息通道，地址数据、控制指令信息都将出现在内部总线上。数据总线与内部总线上的数据内容是不相同的，而且内部总线上数据内容千变万化。数据总线起于数据缓冲寄存器，止于外设数据端口。所谓数据端口就是 CPU 与外设数据信息交换的接口。

现代电力系统内各种综合自动化系统，都离不开计算机监控系统。而计算机监控统都应具有数据采集和输出控制部分，这两个部分构成了基本测控单元的主要内容。显然，基本测控单元是综合自动化系统的基础。离开了基本测控单元，综合自动化系统就失去了所有数据，当然也就无所谓"综合"，自动控制也失去了意义。

目前计算机监控系统，为了减少系统部分的负担，I/O 系统的基本测控单元都做成智能式，即数据采集和输出控制都有自己的 CPU，测控部分的 CPU 负责数据采集和输出控制的全过程。而测控 CPU 与系统的联系，由数据通信来完成。这不但减少系统的负担，而且大量地减少了现场至控制室之间的电缆。这是一种分散式的监控系统，在这个系统中主机和系统机负责系统管理、决策、统计等任务；而基本测控单元负责测控及将采集的数据上送主机；基本测控单元虽然要接受主机的控制，但它的任务是独立完成的。这就是综合自动化系统的"分散监控、集中管理"基本模式。目前主要的测控单元大部分都是基于单片机、工控机以及 DSP 来实现的。

3.2.2 数字滤波

从含有噪声的信号中提取有用信号的过程称为滤波。滤波器从广义来说是一个装置或系统，用于对输入信号进行某种加工处理。滤波器分为模拟滤波器和数字滤波器。模拟滤波器是由物理器件构成的。模拟滤波器按构成滤波器的物理器件来划分，可以分为两类：一类是无源滤波器，由 R/C 元件构成；一类是有源滤波器，由运算放大器和 R/C 等元件构成。模拟滤波器按滤波器的频率响应来划分，可以分为低通滤波器、高通滤波器、带通滤波器和带阻滤波器。数字滤波器不需要任何物理器件，实质上只是一段计算程序，由计算机执行该程序以达到滤波的目的。

与模拟滤波器相比，数字滤波器具有如下优点。

① 滤波精度高。通过加大计算机所使用的字长，可以很容易地提高滤波精度。

② 灵活性高。数字滤波器只是按数学公式编制的一段程序，实现起来比模拟滤波器要容易得多。只要改变算法或某些滤波系数就可灵活调整数字滤波器的滤波特性，易于适应不同应用场合的要求。

③ 可靠性高。不存在元件老化、温度变化对滤波器特性的影响。

④ 调试方便。数字滤波器没有像模拟滤波器那样存在着元件特性的差异，一旦程序设计完成，每台装置的特性就完全一致，无需逐台调试。

⑤ 不存在阻抗匹配的问题。

由于数字滤波器存在上述优点，故在一般的微机保护和微机监控中，都只在采样前设置一个简单的模拟低通滤波器，而在程序中选用合适的数字滤波方案。

数字滤波器根据其输出与输入信号之间的关系可以划分为递归型与非递归型两大类，两者各有其优缺点。

（1）递归型数字滤波器

递归型数字滤波器的输出信号不仅与输入信号有关，还与前几次的输出值有关，其表达式如下所示

$$y(n) = \sum_{k=1}^{N} b_k y(n-k) + \sum_{k=0}^{M} a_k x(n-k) \tag{3-1}$$

其中，a_k、b_k 分别为滤波器的特性常数；x、y 分别表示输入与输出信号。

递归滤波器由于有了递归（或称反馈），就有了记忆作用，所以除了个别特例外，都是无限冲击响应滤波器，简称 IIR（infinite impulse response）滤波器。

（2）非递归型数字滤波器

非递归型数字滤波器是将输入信号和滤波器的单位冲激响应作卷积而实现的一类滤波器。它的输出信号仅与输入信号有关，其表达式如下所示

$$y(n) = \sum_{k=0}^{N} h(k)x(n-k)$$　　　　　　　　　（3-2）

其中，$h(k)$ 为滤波器的单位冲击响应。

用非递归方式实现滤波器，其单位冲击响应必须是有限长的，否则意味着无限的运算量。式（3-2）中假定了冲击响应有 $h(0) \sim h(N)$ 共 $N+1$ 个值。非递归滤波器必定是有限冲击响应滤波器，简称 FIR（finite impulse response）滤波器。

根据频域的要求，样本的冲击响应往往是无限长的。为了用非递归的方法来实现，就不得不把它截断，从而使所设计的滤波器的频率特性偏离设计样本。递归滤波器由于可用有限的运算来实现具有无限冲击响应的滤波器的频率特性，因而和非递归型用截断法实现相比，在达到同样的逼近样本特性的条件下，运算量一般要小得多。

另外，IIR 滤波器往往在相频特性上呈现非线性，这会给功率、方向等计算带来麻烦。而 FIR 滤波器可以实现理想的线性相位，由量化舍入及系数不准确所造成的影响远比 IIR 滤波器小。

两种形式的滤波器各有优缺点，选择哪一种形式在很大程度上取决于应用场合。就微机保护来说，不同的保护原理、不同的算法、不同的软件安排等都会对滤波器有不同的选择。继电保护是实时系统，要求保护能快速对被保护对象的故障作出反应。就这一点来说，用非递归型好。这是因为它是有限冲击响应的，而且它的设计比较灵活，易于在频率特性和冲击响应之间，也就是在滤波效果和响应时间之间作出权衡。但是另一方面，由于继电保护是实时数据处理系统，数据采集单元将按照采样速率源源不断地向微机系统输入数据，微机处理的速度必须跟上这一实时节拍，否则将造成数据积压，无法工作。就这一点来说，用递归型较好，因为它的运算量要小得多。因此，要从算法的全局进行综合考虑。

3.2.3　常用的数字滤波器

关于数字滤波器的具体设计方法及实例，在各种数字信号处理的教材里都有介绍，在这里不作介绍，只列举出一些常用数字滤波器的系统函数及滤波特性。对于简单的数据采集和保护模块，利用这些方法已经可以得到满意的结果。如需要得到特殊的滤波效果，可以自行设计相应的滤波器。

（1）差分滤波器

在非递归型滤波器中，最简单的一种常用滤波器是差分（相减）滤波器，它的系统传递函数为 $H(Z) = 1 - z^{-k}$。在计算机中实现差分滤波的计算公式，即差分方程为

$$y(n) = x(n) - x(n-k)$$　　　　　　　　　（3-3）

其中，x 表示输入信号；y 表示输出信号；$x(n)$ 和 $x(n-k)$ 表示相隔 k 个采样间隔的采样值；

k 称为差分步长，$k \geqslant 1$。

将 $H(z)$ 中的 z 用 $e^{j\omega t}$ 代替，分析该滤波器的幅频特性及相频特性。

其幅频特性为

$$\left| H(e^{j\omega t}) \right| = \sqrt{(1 - \cos k\omega T_s)^2 + \sin^2 k\omega T_s} = \left| 2\sin\frac{k\omega T_s}{2} \right| \tag{3-4}$$

相频特性为

$$\varphi(\omega T_s) = \tan^{-1}\frac{\sin k\omega T_s}{1 - \cos k\omega T_s} = \frac{\pi(1 - 2fkT_s)}{2} \tag{3-5}$$

其中，ω 为信号角频率；f 为信号频率；f_s 为采样频率；T_s 为采样周期。

设工频分量为 f，m 次谐波频率为 mf，可以滤掉的谐波次数为

$$m = l\frac{f_s}{Kf} = l\frac{N}{K} = lm_0 ; \qquad m_0 = \frac{N}{K}, \ l = 0, 1, 2, \cdots \tag{3-6}$$

其中，N 为每周波采样点数。其幅频特性曲线如图 3-2 所示。

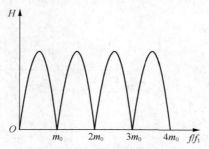

图 3-2　差分滤波器幅频特性曲线

差分滤波器不仅计算简单，而且可以消除直流分量，经常用于微机保护的启动元件，选相元件及反应突变量原理的保护。

差分滤波器中的一个常用特例是取 $k = 1$ 的情况，其方程为

$$y(n) = x(n) - x(n-1) \tag{3-7}$$

其幅频特性为

$$\left| H(e^{j\omega t}) \right| = \left| 2\sin\frac{\omega T_s}{2} \right| = 2\left| \sin\frac{\pi f}{f_s} \right| \tag{3-8}$$

相频特性为

$$\varphi(\omega T_s) = \frac{\pi}{2}\left(1 - 2\frac{f}{f_s}\right) \tag{3-9}$$

可见，对于直流分量（$f=0$），它有完全的滤除作用；但对于高频分量，它将起到一定程度的放大作用；对于衰减直流分量，差分滤波器也有一定的抑制作用。

（2）加法滤波器

其传递函数为 $H(Z) = 1 + z^{-k}$，在计算机中实现加法滤波的公式为

$$y(n) = x(n) + x(n-k) \tag{3-10}$$

其幅频特性为

$$\left|H(e^{j\omega t})\right| = \sqrt{(1 + \cos k\omega T_s)^2 + \sin^2 k\omega T_s} = 2\left|\cos\frac{k\omega T_s}{2}\right| \qquad (3\text{-}11)$$

相频特性为

$$\varphi(\omega T_s) = \tan^{-1}\frac{-\sin k\omega T_s}{1 + \cos k\omega T_s} = -k\pi f T_s \qquad (3\text{-}12)$$

可滤掉的谐波次数为 $m = \left(\dfrac{1}{2} + l\right)\dfrac{f_s}{kf_1} = \left(\dfrac{1}{2} + l\right)\dfrac{N}{k} = (1 + 2l)m_0$，其中 $m_0 = \dfrac{N}{2k}$，$l = 0, 1, 2, \cdots$。由此可知，其特点是无论 f_s 和 k 如何取值，都无法滤掉直流分量。其幅频特性曲线如图 3-3 所示。

（3）积分滤波器

积分滤波器的系统函数为

$$H(z) = 1 + z^{-1} + \cdots + z^{-k} = \frac{1 - z^{-(k+1)}}{1 - z^{-1}} \qquad (3\text{-}13)$$

$$y(n) = x(n) + x(n-1) + \cdots + x(n-k) \qquad (3\text{-}14)$$

其幅频特性为

$$\left|H(e^{j\omega t})\right| = \left|\frac{\sin\dfrac{(k+1)\omega T_s}{2}}{\sin\dfrac{\omega T_s}{2}}\right| = \left|\frac{\sin\dfrac{\pi(k+1)f}{f_s}}{\sin\dfrac{\pi f}{f_s}}\right| \qquad (3\text{-}15)$$

相频特性为

$$\varphi(\omega T_s) = -\pi\frac{kf}{f_s} \qquad (3\text{-}16)$$

可滤掉的谐波次数为

$$m = l\frac{f_s}{(K+1)f_1} = l\frac{N}{k+1} = lm_0; \qquad m_0 = \frac{N}{k+1}, \quad l = 0, 1, 2, \cdots \qquad (3\text{-}17)$$

其幅频特性曲线如图 3-4 所示。

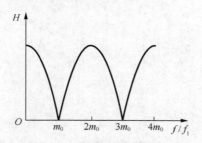

图 3-3　加法滤波器幅频特性曲线

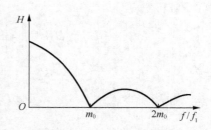

图 3-4　积分滤波器特性曲线

（4）加减滤波器

加减滤波器的传递函数为

$$y(n) = x(n) - x(n-1) + x(n-2) - \cdots + (-1)^k x(n-k) \qquad (3\text{-}18)$$

其幅频特性为

$$|H(e^{j\omega t})| = \begin{cases} \left|\dfrac{\sin\dfrac{(k+1)\omega T_s}{2}}{\cos\dfrac{\omega T_s}{2}}\right| = \left|\dfrac{\sin\dfrac{\pi(k+1)f}{f_s}}{\sin\dfrac{\pi f}{f_s}}\right|, & k = \text{奇数} \\[6mm] \left|\dfrac{\cos\dfrac{(k+1)\omega T_s}{2}}{\cos\dfrac{\omega T_s}{2}}\right| = \left|\dfrac{\cos\dfrac{\pi(k+1)f}{f_s}}{\sin\dfrac{\pi f}{f_s}}\right|, & k = \text{偶数} \end{cases} \qquad (3\text{-}19)$$

相频特性为

$$\varphi(\omega T_s) = \begin{cases} \dfrac{\pi}{2}\left(1 - 2\dfrac{kf}{f_s}\right), & k = \text{奇数} \\[4mm] -\pi\dfrac{kf}{f_s}, & k = \text{偶数} \end{cases} \qquad (3\text{-}20)$$

可滤掉的谐波次数为

$$m = \begin{cases} l\dfrac{f_s}{(k+1)f} = l\dfrac{N}{k+1} = lm_0, & m_0 = \dfrac{N}{k+1}, & k = \text{奇数} \\[4mm] \left(\dfrac{1}{2}+l\right)\dfrac{f_s}{(k+1)f} = \left(\dfrac{1}{2}+l\right)\dfrac{N}{k+1} = (1+2l)m_0, & m_0 = \dfrac{N}{2(k+1)}, & k = \text{偶数} \end{cases} \qquad (3\text{-}21)$$

其幅频特性曲线如图 3-5 所示。

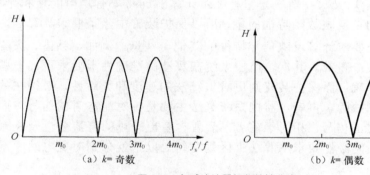

图 3-5　加减滤波器幅频特性曲线

以上所介绍的滤波器的特点如下。

① 运算简单，不需要进行乘法运算，加减法运算量也很小。差分和加法滤波器只需一次加减运算，而积分和加减滤波器在把方程式转换为递推计算公式以后加减次数也不多于两次。

② 梳状频谱，在频谱特性上出现一些较大的旁瓣。因此，它对实现考虑滤除的那些谐波可完全抑制，而对其他整次谐波和所有非整次谐波的滤波效果较差，称为"频率泄漏"。并且当系统频率发生波动时，会出现较大的误差。

③ 延时 τ_c 反比于 m。希望滤除的谐波次数 m 越低（直流除外），延时 τ_c 越长，两者呈反比变化。

④ 有限冲激响应。简单滤波单元虽然计算量很小，但性能难以满足要求。为了使滤波器

的性能满足要求，可以把具有不同特性的滤波单元进行组合。其中较常见的是滤波单元的级联，即把前一个滤波单元的输出作为后一个滤波单元的输入。

虽然这种级联滤波器完全因袭了前述单元滤波器的几个主要特点，但它比简单滤波单元的性能有了较大的改善。当然，它仍不能同时彻底地滤除直流分量和所有的整次谐波分量，并且级联滤波器可以对所有高频成分均有足够大的衰减。只要级联结构和采样频率选择合理，这种级联滤波器就可以得到相当好的梳状带通特性。

3.3 变电站综合自动化系统中常用的算法

变电站综合自动化系统中的算法就是指利用计算机处理的数字量后，对这些数字量（采样值）进行分析、计算，从而得到所需电气量参数，并实现各种保护和监控功能的方法。

研究算法的作用主要有两个：第一是提高运算的精确度。运算精度的研究是微机型装置理论研究的重点之一。一个好的算法应该具有良好的运算精度，只有能保证这一点才能达到自动化装置的判断和动作的准确性。即需要动作时自动化装置动作，不需要动作时自动化装置闭锁。第二是提高运算的速度。算法的运算速度将影响自动化装置检测量的检测和自动化装置的动作速度。一个好的算法要求运算速度高，这就是说在运算时，所用的实时数据窗短，所需采样的点数少，运算工作量少。特别是在计算暂态量时，算法的运算速度则更为重要。然而，提高运算速度和提高运算精度两者是相互矛盾的。因此，研究算法的实质是如何在速度与精度之间进行权衡。

保护装置和监控装置对算法的要求不同。首先，监控系统需要计算机得到的是反映正常运行状态的 P、Q、U、I 等物理量，进而计算出 $\cos\varphi$、有功电能量和无功电能量。而保护系统更关心的是反映故障特征的量，所以保护装置中除了要求计算 U、I、$\cos\varphi$ 等参数以外，有时还要求计算反映信号特征的其他一些量，例如，频谱、突变量、负序或零序分量以及谐波分量等。其次，监控系统在算法的准确性上要求更高一些，希望计算出的结果尽可能准确；而保护装置则更看重算法的速度和灵敏性，必须在故障后尽快反应，以便快速切除故障。再者，监控系统算法主要是针对稳态时的信号，而保护系统算法主要针对故障时的信号。相对于前者，后者含有更严重的直流分量及衰减的谐波分量等。信号性质的不同必然要求从算法上区别对待。以下就分别对变电站中常用的算法进行简单的介绍。

3.3.1 基于正弦函数模型的算法

在实际电力系统中，由于各种不对称因素及干扰的存在，电流与电压波形并不是理想的 50Hz 正弦波形，而是存在多次谐波的。尤其在故障时，还会产生衰减直流分量。但对于一些较粗略的算法，考虑到交流输入回路中设有 RC 滤波电路，而且对采样值还可以采用数字滤波，因此，为了减少计算量，增加计算速度，往往假设电流、电压为理想的正弦波。以电流为例，可表示为

$$i(t) = \sqrt{2}I\sin(\omega t + \alpha_1) \tag{3-22}$$

其中，I 为电流有效值，ω 为角频率，α_1 为初相角。采用交流采样法采样，设每周期采样 N 点，则可把式（3-22）离散化为如下形式

$$i(t) = \sqrt{2}I \sin(n \cdot \frac{2\pi}{N} + \alpha_1) \tag{3-23}$$

利用三角函数的特殊性质,可以构成多种不同的算法,现在简单叙述如下。

(1)半周积分算法

当被采样的模拟量是交流正弦量时可使用半周积分算法,如稳态短路电流的采样或后备保护的采样等。利用正弦函数在任意半个周期内绝对值的积分是一常数,并且积分值和起始点初相角无关的特点,可以构成半周积分算法。以电流为例求出该积分常数 S 为

$$S = \int_0^{\frac{T}{2}} \sqrt{2}I \left| \sin(\omega t + \alpha) \right| \mathrm{d}t = \frac{2\sqrt{2}}{\omega} I \tag{3-24}$$

其中,T 为电流周期。

另外,上式积分可以通过矩形或梯形积分法近似求出为

$$S = \sum_{k=0}^{N/2-1} \left| i_k \right| T_s \quad \text{或者} \quad S = \left[\frac{1}{2} \left| i_0 \right| + \sum_{k=1}^{N/2} \left| i_k \right| + \frac{1}{2} \left| i_{N/2} \right| \right] T_s \tag{3-25}$$

其中,i_k 为第 k 点采样值,N 为每周期的采样点数。

由上述两式可以求出电流有效值 I 为

$$I = S \frac{\omega}{2\sqrt{2}} \tag{3-26}$$

半周积分法的数据窗长度为半个周期,即 10ms。半周积分法运算量非常小,把式中的常数归入定值后,半周算法只涉及加减法运算;另外它有一定的滤除高频分量的能力,因为叠加在基频成分上的幅度不大的高频分量在半周积分中其对称的正负半周互相抵消,剩余的未被抵消的部分所占的比重就减小了。半周积分法的缺点是无法抑制直流分量。

由于半周积分算法要用求和代替积分,也会带来误差。分析结果表明,误差可达到 3.5%,半周积分算法不能满足监控系统测量精度的要求。但在微机保护中,由于其具有运算量少的特点,可利用它作为微机保护的启动算法。必要时,可配一个简单的差分滤波器来抑制电流中的非周期分量。

(2)两点乘积算法

利用相差为 $\pi/2$ 角度的两点互为正余弦的特点,可以构成两点乘积算法。设有相隔 $\pi/2$ 的两个采样时刻 n_1 和 n_2,满足以下关系式

$$n_2 - n_1 = \frac{N}{4} \tag{3-27}$$

其中,N 为采样周期点数。

用 i_1 和 i_2 表示两个时刻的电流采样值,则有

$$i_1 = i(n_1) = \sqrt{2}I \sin(n_1 \frac{2\pi}{N} + \alpha_1) \tag{3-28}$$

$$i_2 = i(n_2) = \sqrt{2}I \sin(n_2 \frac{2\pi}{N} + \alpha_1) = \sqrt{2}I \cos(n_1 \frac{2\pi}{N} + \alpha_1) \tag{3-29}$$

把上两式平方后相加,可得到 $I^2 = \dfrac{i_1^2 + i_2^2}{2}$,进而得到

$$I = \sqrt{\frac{i_1^2 + i_2^2}{2}} \tag{3-30}$$

其中，I 为电流有效值，i_1 和 i_2 为相隔 1/4 周期的两个采样点的值。

因此，只要取出相隔 1/4 周期的两个采样点的值，就可以按照上式求出所希望的电流有效值。同理，对于电压有效值可知 $U^2 = \dfrac{u_1^2 + u_2^2}{2}$，因此

$$U = \sqrt{\frac{u_1^2 + u_2^2}{2}} \tag{3-31}$$

其中，U 为电压有效值，u_1 和 u_2 为相隔 1/4 周期的两个采样点的值。

如果构成距离保护，则计算出电流和电压以后，可以进一步得到视在阻抗值 Z 及其幅角 α_z 为

$$Z = \frac{U}{I} = \sqrt{\frac{u_1^2 + u_2^2}{i_1^2 + i_2^2}} \tag{3-32}$$

$$\alpha_z = \alpha_U - \alpha_I = \arctan\left(\frac{u_1}{u_2}\right) - \arctan\left(\frac{i_1}{i_2}\right) \tag{3-33}$$

直接得到视在阻抗的实部 R 和虚部 X 为

$$R = Z\cos\alpha_z = \frac{u_1 i_1 + u_2 i_2}{i_1^2 + i_2^2} \tag{3-34}$$

$$X = Z\sin\alpha_z = \frac{u_1 i_2 - u_2 i_1}{i_1^2 + i_2^2} \tag{3-35}$$

由于上述算法用了两个相隔 $\pi/2$ 的采样值的乘积，因此，称为两点乘积算法。该算法本身的数据窗长度为 1/4 周期，对工频 50Hz 来说是 5ms，速度是很快的。这种算法本身对采样频率无特殊要求，但是由于该算法应用于有暂态分量的输入电量时，必须先经过模拟滤波和数字滤波，因此，采样率的选择要由所选用的数字滤波器来确定，而且计算的结果反映得是滤波器的输出信号，而不是实际模拟输入信号。如果被采样的正弦波频率有波动，就会影响两点算法的计算准确度和精度。

（3）导数算法

利用正（余）弦函数的导数是余（正）弦的特点，可以构成导数算法。这种算法只需要知道输入正弦量在某一个时刻 t_1 的采样值及在该时刻采样值的导数，即可算出有效值和相位。

设 t_1 时刻的电流 i_1 为

$$i_1 = \sqrt{2}I\sin(\omega t_1 + \alpha_{0I}) = \sqrt{2}I\sin\alpha_{1I} \tag{3-36}$$

则 t_1 时刻的导数为

$$i_1' = \omega\sqrt{2}I\cos\alpha_{1I} \tag{3-37}$$

则

$$I^2 = \frac{i_1^2 + (i_1'/\omega)^2}{2} \tag{3-38}$$

$$\tan\alpha_{1I} = \frac{i_1}{i_1'}\omega \tag{3-39}$$

同样，可得到电压有效值 U 和阻抗 Z 及其实部 R 和虚部 X 为

$$U^2 = \frac{u_1^2 + (u_1'/\omega)^2}{2} \tag{3-40}$$

$$Z = \frac{U}{I} = \sqrt{\frac{u_1^2 + (u_1'/\omega)^2}{i_1^2 + (i_1'/\omega)^2}} = \sqrt{\frac{\omega^2 u_1^2 + u_1'^2}{\omega^2 i_1^2 + i_1'^2}} \tag{3-41}$$

$$R = \frac{\omega^2 u_1 i_1 + u_1' i_1'}{\omega^2 i_1^2 + (i_1')^2} \tag{3-42}$$

$$X = \frac{\omega(u_1 i_1' - u_1' i_1)}{\omega^2 i_1^2 + (i_1')^2} \tag{3-43}$$

为求导数，可取 t_1 为两个相邻采样时刻 n 和 $n+1$ 的中点（如图 3-6 所示），然后用差分近似求导，则有

$$i_1' = \frac{i_{n+1} - i_n}{T_s} , \quad u_1' = \frac{u_{n+1} - u_n}{T_s} \tag{3-44}$$

而 t_1 时刻的电流、电压瞬时值则用平均值为

$$i_1 = \frac{i_{n+1} + i_n}{2} , \quad u_1 = \frac{u_{n+1} + u_n}{2} \tag{3-45}$$

可见，导数法需要的数据窗较短，仅为一个采样间隔，算式和乘积法相似也不复杂。采用导数法，要求数字滤波器有良好的滤去高频分量的能力（求导数将放大高频分量），要求有较高的采样频率。

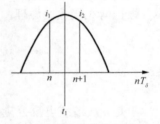

图 3-6 导数算法采样示意图

（4）二阶导数算法

用正（余）弦函数的二阶导数仍是正（余）弦的特点，可以构成二阶导数算法。对上面的电流函数求二阶导数得到

$$i_1'' = -\sqrt{2}\omega^2 I \cos(\omega t_1 + \alpha_I) \tag{3-46}$$

于是可求出电流的有效值

$$I^2 = \frac{\left(\dfrac{i_1'}{\omega}\right)^2 + \left(\dfrac{i_1''}{\omega^2}\right)^2}{2} \tag{3-47}$$

同样，可得到电压有效值 U 和阻抗 Z 及其实部 R 和虚部 X 为

$$u^2 = \frac{\left(\dfrac{u_1'}{\omega}\right)^2 + \left(\dfrac{u_1''}{\omega^2}\right)^2}{2} \tag{3-48}$$

$$Z = \frac{U}{I} = \sqrt{\frac{\left(\dfrac{u_1'}{\omega}\right)^2 + \left(\dfrac{u_1''}{\omega^2}\right)^2}{\left(\dfrac{i_1'}{\omega}\right)^2 + \left(\dfrac{i_1''}{\omega^2}\right)^2}} = \sqrt{\frac{\omega^2 u_1'^2 + u_1''^2}{\omega^2 i_1'^2 + i_1''^2}} \tag{3-49}$$

$$R = \frac{u_1 i_1'' - u_1' i_1'}{i_1 i_1'' - i_1'^2} \tag{3-50}$$

$$X = \frac{u_1' i_1 - u_1 i_1'}{i_1 i_1'' - i_1'^2} \tag{3-51}$$

导数和二阶导数算法由于要用差分来代替微分，会带来一些计算上的误差。据有关文献分析，由此而造成的误差最大为 4.5%，无法满足监控系统误差<0.5%的要求，因此，在监控系统中很少采用二阶导数算法。

3.3.2 基于周期函数模型算法

基于正弦函数模型的算法只是对理想情况的电流、电压波形进行了粗略的计算，由于故障时的电流、电压波形畸变很大，此时不能再把它们假设为单一频率的正弦函数，而是假设它们是包含各种分量的周期函数。针对这种模型，最常用的是傅氏算法。

（1）傅氏变换算法的基本原理

傅氏算法的基本思路来自傅里叶级数，即一个周期性函数可以分解为直流分量、基波及各次谐波的无穷级数，表示为

$$i(t) = \sum_{n=0}^{\infty} [b_n \cos n\omega_1 t + a_n \sin n\omega_1 t] \tag{3-52}$$

其中，ω_1 为基波角频率，a_n，b_n 分别表示各次谐波的正弦项和余弦项的幅值，其中比较特殊的是 b_0 表示直流分量，a_1，b_1 表示基波分量的正、余弦项的幅值。

根据傅氏级数的原理，可以求出 a_n，b_n 分别为

$$a_n = \frac{2}{T} \int_0^T i(t) \sin(n\omega_1 t) \mathrm{d}t \tag{3-53}$$

$$b_n = \frac{2}{T} \int_0^T i(t) \cos(n\omega_1 t) \mathrm{d}t \tag{3-54}$$

于是 n 次谐波电流分量可表示为

$$i_n(t) = b_n \cos n\omega_1 t + a_n \sin n\omega_1 t \tag{3-55}$$

据此可求出 n 次谐波电流分量的有效值为

$$I_n = \sqrt{\frac{a_n^2 + b_n^2}{2}} \tag{3-56}$$

其中，a_n、b_n 可以用积分法近似求出

$$a_n = \frac{1}{N} \left[2\sum_{k=1}^{N-1} i(k) \sin \frac{2kn\pi}{N} \right] \tag{3-57}$$

$$b_n = \frac{1}{N} \left[i(0) + 2\sum_{k=1}^{N-1} i(k) \cos \frac{2kn\pi}{N} + x(N) \right] \tag{3-58}$$

（2）傅氏变换算法的滤波特性

傅氏算法的积分运算能完全滤除各种整次谐波和纯直流分量。但实际上电流中的非周期分量并不是纯直流而是按指数规律衰减的。由于它的非周期性，使得傅氏算法虽然对这些分量有一定的抑制能力，但不能完全滤除这种按指数规律衰减的非周期分量包含的低频分量及非整次高频分量。因此，傅氏算法还必须辅以前级差分滤波，才能具有较

高的精确度。

傅氏算法由于原理简单，计算精度高，因此，在变电站综合自动化系统中得到了广泛应用。该算法存在的主要问题是数据窗较长，需要用到一周期数据才能完成参数计算，从而降低了动作速度。实际上，无论采用何种参数计算算法或何种数字滤波器，要提高参数计算的准确性，都不可避免地需要延长它们的数据窗，两者难以同时兼顾。就具体应用而言，对参数计算的准确性和计算速度的要求常常不是完全一致的。以线路距离保护为例，要求参数计算准确主要是为了保证在保护范围末端附近发生故障时，能有选择性地切除故障，在此情况下，对保护速动性的要求可适当降低。而对于近区故障，则要求保护能快速动作，但可放宽对参数计算精度的要求。有鉴于此，在算法设计中，一种合理、适宜的算法是采用具有变数据窗特性的参数计算算法或数字滤波器，通过实时调整算法的数据窗的长度来满足对参数计算精度和计算速度的不同要求。对于近区故障，可采用短数据窗算法，以加快保护的动作速度，而对于保护末端附近的故障，则通过延长算法的数据窗长度来提高参数计算的准确性。

总之，辅以前级差分滤波的傅氏算法精度很高，计算量也不大，因此，它是微机保护和监控常用的一种算法。

（3）基于傅氏算法的功率算法

利用傅氏算法求出的电流、电压相量的实部和虚部相差一个 $\sqrt{2}$ 系数，利用这一突出的优点来计算有功功率、无功功率和功率因数都是非常方便的，计算式如下

$$P = UI\cos\varphi = UI\cos(\varphi_U - \varphi_I) = UI\cos\varphi_U\cos\varphi_I + UI\sin\varphi_U\sin\varphi_I \tag{3-59}$$

$$P = \frac{u_b}{\sqrt{2}} \times \frac{i_b}{\sqrt{2}} + \frac{u_a}{\sqrt{2}} \times \frac{i_a}{\sqrt{2}} = \frac{1}{2}(u_b i_b + u_a i_a) \tag{3-60}$$

$$Q = UI\sin\varphi = UI\sin(\varphi_U - \varphi_I) = UI\sin\varphi_U\cos\varphi_I - UI\cos\varphi_U\sin\varphi_I \tag{3-61}$$

$$Q = \frac{1}{2}(u_a i_b - u_b i_a) \tag{3-62}$$

$$\cos\varphi = \frac{P}{UI} = \frac{u_b i_b + u_a i_a}{2\sqrt{(u_a^2 + u_b^2)(i_a^2 + i_b^2)}} \tag{3-63}$$

其中，φ_U 和 φ_I 分别为电流、电压波形的初相角。

（4）基于傅氏变换算法的滤序算法

在微机保护系统和监控系统中，除了要计算电流、电压的正序分量外，还要计算出负序或零序分量。微机保护可利用负序、零序分量的大小来启动保护装置；监控系统可监视系统不对称程度或不平衡程度。

在利用傅氏算法计算出三相电流或电压基波分量的实部与虚部 a_{1A}、b_{1A}、c_{1A}、a_{1B}、b_{1B}、c_{1B} 后，可以方便地得到负序和零序分量。

① 负序分量计算。

负序电压 $$3\dot{U}_2 = \dot{U}_A + a^2\dot{U}_A + a\dot{U}_A \tag{3-64}$$

其中 $a = e^{j\frac{2\pi}{3}}$

将 $\dot{U}_2 = a_2 + jb_2$ 及 $\dot{U}_A = a_{1A} + jb_{1A}$、$\dot{U}_B = a_{1B} + jb_{1B}$、$\dot{U}_C = a_{1C} + jb_{1C}$ 代入负序电压并把其实部与虚部分开，可以得到如下的式子

$$3a_2 = a_{1A} - \frac{1}{2}(a_{1B} + a_{1C}) + \frac{\sqrt{3}}{2}(b_{1B} - b_{1C}) \tag{3-65}$$

$$3b_2 = b_{1A} - \frac{1}{2}(b_{1B} + b_{1C}) - \frac{\sqrt{3}}{2}(a_{1B} - a_{1C}) \tag{3-66}$$

② 零序分量计算。

零序电压
$$3\dot{U}_0 = \dot{U}_A + \dot{U}_B + \dot{U}_C \tag{3-67}$$

把 $\dot{U}_A = a_{1A} + \mathrm{j}b_{1A}$、$\dot{U}_B = a_{1B} + \mathrm{j}b_{1B}$、$\dot{U}_C = a_{1C} + \mathrm{j}b_{1C}$ 代入零序电压并把其实部与虚部分开，可以得到如下的式子

$$3a_0 = a_{1A} + a_{1B} + a_{1C} \tag{3-68}$$

$$3b_0 = b_{1A} + b_{1B} + b_{1C} \tag{3-69}$$

3.3.3　基于随机函数模型算法

在系统发生故障时，电流中常常包含衰减直流分量，即保护装置的输入信号不是周期函数。另外，在较长的高压输电线上短路，或在有并联补偿电容器的系统中短路时，会产生一些非整数倍的高频分量。这些高频分量的频率和幅值大小是随机的，随着短路地点、系统网络结构及参数不同而不同。由于这些随机的频率分量的存在，使得采用前述算法的计算结果存在很大的误差，其大小从百分之几到百分之几十不等。因此，需要一些适合于随机模型的算法。

基于随机模型的算法主要有：①卡尔曼滤波算法；②最小二乘滤波算法。下面分别对这两种算法做一个简单的介绍。

（1）卡尔曼滤波算法

卡尔曼滤波是由 Girgis 和 Brown 首次引入微机保护中来的。卡尔曼滤波算法，也称卡尔曼最佳线性估计，是从另一种最小均方估计误差的角度出发，以递推的形式实现。它是从短路的暂态信号中，通过不断地"预测-修正"递推运算，最优地估计出基频相量。卡尔曼滤波的出发点是将故障信号中的基波分量看成是有效成分，而将故障信号中的高次谐波、低次谐波分量及衰减非周期分量作为噪声来处理，从含有噪声的测量中，通过不断地预测-修正运算，最优地估计出 50Hz 电流和电压相量。具体的算法在很多相关书籍中都有介绍，在这里就不详细介绍了。

（2）最小二乘滤波算法

当电流信号中存在衰减直流分量及整数倍频率分量时，可以表示为

$$i(t) = I_0 e^{-t/\tau} + \sum_{n=1}^{N} I_n \sin(n\omega_1 t + \varphi_n) + W \tag{3-70}$$

其中，τ 为直流分量的衰减时间常数；W 为各非整次谐波分量。

如果忽略非整次谐波分量 W 以及 6 次以上的整次谐波分量，并将衰减直流分量按泰勒级数展开，且只取其前两项，可以将式（3-70）写作

$$i(t) = I_0 - Kt + \sum_{n=1}^{5} I_n \sin(n\omega_1 t) \cos\varphi_n + \sum_{n=1}^{5} I_n \cos(n\omega_1 t) \sin\varphi_n \tag{3-71}$$

如果 $i(t)$ 的 N 点采样值代入式（3-71），可以得到 N 个方程，用矩阵表示为

$$\begin{bmatrix} 1 & t_1 & \sin\omega_1 t_1 & \cos\omega_1 t_1 & \cdots & \sin 5\omega_1 t_1 & \cos 5\omega_1 t_1 \\ 1 & t_2 & \sin\omega_1 t_2 & \cos\omega_1 t_2 & \cdots & \sin 5\omega_1 t_2 & \cos 5\omega_1 t_2 \\ \cdots & \cdots & \cdots & \cdots & \cdots & \cdots & \cdots \\ \cdots & \cdots & \cdots & \cdots & \cdots & \cdots & \cdots \\ \cdots & \cdots & \cdots & \cdots & \cdots & \cdots & \cdots \\ \cdots & \cdots & \cdots & \cdots & \cdots & \cdots & \cdots \\ 1 & t_N & \sin\omega_1 t_N & \cos\omega_1 t_N & \cdots & \sin 5\omega_1 t_N & \cos 5\omega_1 t_N \end{bmatrix} \begin{bmatrix} I_0 \\ -K \\ I_1\cos\varphi_1 \\ I_1\sin\varphi_1 \\ \cdots \\ \cdots \\ I_5\cos\varphi_5 \\ I_5\sin\varphi_5 \end{bmatrix} = \begin{bmatrix} i(t_1) \\ i(t_2) \\ \cdots \\ \cdots \\ \cdots \\ \cdots \\ i(t_N) \end{bmatrix} \tag{3-72}$$

将式（3-72）简记为

$$[A][X] = [I] \tag{3-73}$$

其中 $[X]$ 表示等号左边由 12 个未知数构成的列矩阵；$[A]$ 表示式（3-72）左侧 $N\times 12$ 常系数矩阵；$[I]$ 表示由电流采样构成的 $N\times 1$ 列矩阵。其中 $[A]$ 的各元素只要参考时间和采样频率确定以后，可以事先离线算出。为求出 12 个未知数，至少需要 12 个采样值，即 $N \geqslant 12$。取 $N=12$ 时，$[A]$ 为方矩阵，可求出 $[X]$ 为

$$[X] = [A]^{-1}[I] \tag{3-74}$$

但在一般应用中常取 $N > 12$，扩大数据窗，增大矩阵的规模，以改善精度。这时 $[A]$ 不再是方阵，则可以利用伪逆矩阵得出 $[X]$ 为

$$[X] = \left([A]^T \cdot [A]\right)^{-1} \cdot [A]^T \cdot [I] \tag{3-75}$$

在实际应用中，往往不需要计算所有的未知数。例如，采用二次谐波制动原理的变压器差动保护，只要求计算出基波和二次谐波，因此，只需计算出 $\left([A]^T \cdot [A]\right)^{-1} \cdot [A]^T$ 的第 3、4、5、6 行乘以 $[I]$，就可以得出 $I_1\cos\varphi_1$、$I_1\sin\varphi_1$、$I_2\cos\varphi_2$ 和 $I_2\sin\varphi_2$，从而求出基波和二次谐波的幅值为

$$I_i = \sqrt{(I_i\cos\varphi_i)^2 + (I_i\sin\varphi_i)^2}, \quad i=1,2 \tag{3-76}$$

以上是保留 5 次以下谐波的一种拟合方法，当然还可以有其他的拟合方法，它们的拟合精度和计算量将根据拟合的模型而改变。若考虑非整次谐波分量 $W \neq 0$，则情况比较复杂，这里不做详细介绍。

3.3.4　解微分方程算法

解微分方程仅用于计算阻抗。以应用于线路的距离保护为例，假设被保护线路的分布电容可以忽略，而从故障点到保护安装处的线路可以用电阻和电感串联电路来表示，于是短路时下述微分方程成立

$$u = R_1 i + L_1 \frac{\mathrm{d}i}{\mathrm{d}t} \tag{3-77}$$

其中，R_1，L_1 分别为故障点至保护安装处线路段的正序电阻和电感；u，i 分别为保护安装处的电压和电流。

若用于反映线路相间短路保护，则方程中的电压、电流的组合与常规保护相同，例如 AB 相间短路时，取 u_{ab}、$i_a - i_b$。对于单相接地取相电压及相电流加零序补偿电流。在式（3-77）中 u、i 和 $\dfrac{\mathrm{d}i}{\mathrm{d}t}$ 都是可以测量计算的，未知数为 R_1 和 L_1。如果在两个不同的时刻 t_1 和 t_2 分别测

量 u、i 和 $\dfrac{\mathrm{d}i}{\mathrm{d}t}$，就可以得到如下两个独立的线性方程

$$u_1 = R_1 i_1 + L_1 D_1 \tag{3-78}$$

$$u_2 = R_1 i_2 + L_1 D_2 \tag{3-79}$$

其中，D 代表 $\dfrac{\mathrm{d}i}{\mathrm{d}t}$，下标 1 和 2 分别表示测量时刻 t_1 和 t_2。

联解以上两式，可求得两个未知数 R_1 和 L_1

$$L_1 = \frac{u_1 i_2 - u_2 i_1}{i_2 D_1 - i_1 D_2} \tag{3-80}$$

$$R_1 = \frac{u_2 D_1 - u_1 D_2}{i_2 D_1 - i_1 D_2} \tag{3-81}$$

在用计算机处理时，电流的导数可以用差分来近似计算，最简单的方法是取 t_1 和 t_2 分别为两个相邻的采样间隔的中间值，如图 3-7 所示，于是近似有如下式子成立

$$D_1 = \frac{i_{n+1} - i_n}{T_s}, \quad D_2 = \frac{i_{n+2} - i_{n+1}}{T_s} \tag{3-82}$$

电流、电压则取相邻采样的平均值，有

$$i_1 = \frac{i_n + i_{n+1}}{T_s}, \quad i_2 = \frac{i_{n+1} + i_{n+2}}{T_s} \tag{3-83}$$

$$u_1 = \frac{u_n + u_{n+1}}{T_s}, \quad u_2 = \frac{u_{n+1} + u_{n+2}}{T_s} \tag{3-84}$$

从上述的方程可以看出，解微分方程法实际上解的是一组二元一次代数方程，带微分符号的量 D_1 和 D_2 是测量计算得到的已知数。此法所依据的方程式（3-77）中忽略了输电线路分布电容，由此带来的误差值用一个低通滤波器预先滤除电压和电流中的高频分量就可以基本消除。因为，分布电容的容抗只有对高频分量才是不可忽略的。有的文献称这种方法为 R-L 串联模拟法。

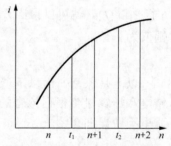

图 3-7　用差分法近似求导数法

3.4　算法的评价和选择

1. 基于正弦函数模型的算法性能分析

（1）两点乘积算法本身所需要的数据窗很短，理想情况下误差为零，不过由于算式较复杂，有可能使算法所需时间的加长与采样间隔的缩短发生矛盾，因此，限制了这种算法的广泛应用。如果对乘积算法采取特殊措施，如采用专用硬件加法器，则这种算法的应用会获得很大的改善。但实际电网信号不可能是纯正弦波，因此，要与带通数字滤波器配合使用。由于算法本身与采样频率无关，因此，对采样频率无特殊要求，但由于数据需先经过数字滤波，故采样频率的选择由所用的滤波器来确定。合理地选择采样频率可使数字滤波器的运算量大大降低。本算法主要用于配电系统电压、电源保护。

（2）导数法需要的数据窗较短，仅为两个采样间隔，且算式也不复杂，这对于加快保护的动作速度是有好处的。但是由于它要用导数，这将带来两个问题：一是要求数字滤波器有良好的滤去高频分量的能力，因为求导数将放大高频分量；二是由于用差分近似求导，所以算法的精度和采样频率有关，特别是 ΔT 较大时，误差增大。故采用此算法时，为达到一定的精度，要合理选择采样频率。导数算法常可用于输入信号中暂态分量不丰富或者计算精度要求不高的保护中，如直接应用于低压网络的电流、电压后备保护中，或者将其配备一些简单的差分滤波器以削弱电流中衰减的直流分量作为电流速断保护，加速出口故障的切除时间。

（3）半周积分算法本身所需的数据窗长度为工频的 1/2 周期，时延为 10ms，它进行的是积分运算，有一定的滤除高频干扰信号的作用，因为叠加在基频成分上的幅度不大的高频分量在半周积分中其对称的正负半周互相抵消，剩余的未被抵消的部分所占的比重就减小了。但它不能抑制直流分量。计算精度与采样频率有关，采样频率越高，精度越高。该算法计算简单，避免了平方等其他运算，其缺点是用梯形法求积分存在误差，因此，对于一些要求不高的电流、电压保护可以采用这种算法，还可以作为复杂保护的启动元件的算法，必要的时候可以分配一个简单的差分滤波器来抑制直流中的非周期分量。

2.　基于周期函数模型的算法性能分析

由于用离散值累加代替连续积分，所以傅氏算法的计算结果要受采样频率的影响。由于在计算时傅氏算法要用到全部 N 个采样值，因此，计算必须在系统发生故障后第 N 个采样值出现后才是准确的，在此之前，N 个采样值中有一部分是故障前的数值，一部分是故障后的数值，这就使计算结果不是真正反映故障的电量。傅氏算法的基础是假定输入信号是周期函数，可以分解为整倍数频率的分量之和，其中包括恒定的直流分量。但是，在电力系统中，实际的输入信号中的非周期分量包含的是衰减的直流分量。首先对衰减的直流分量截取一个数据窗的宽度，作为输入信号，然后对它进行频谱分析，可以得到一个连续的、包含基频分量的频谱。如果作周期延拓，也可以分解为傅氏级数，即包含有基频、倍频和直流分量。因此，当采用傅氏算法，而输入中含有衰减直流分量时，计算所得的基频或倍频分量必定含有误差。

3.　基于随机函数模型的算法性能分析

（1）最小二乘算法可以任意选择拟合预设函数的模型，从而可以消除输入信号中任意需要消除的暂态分量（包括衰减的直流分量和各种整数次甚至分次谐波分量），而这只需要在预设模型中包括这些分量即可。因此，使用这种算法可能获得很好的滤波性能和很高的精度。同时，可以利用一个预设函数拟合，同时计算输入信号中各种所需计算的分量。如在变压器差动保护中，不仅需要计算出基波分量的大小，有时还需计算出二次谐波（如作为涌流时制动用）、三次谐波（如作为过励磁制动用）的大小等。最小二乘算法的精度一方面受数据窗大小影响、数据窗越大，精度越高；另一方面，受选择的拟合函数模型影响，模型包含的谐波次数越多，精度就越高，但表达式也越复杂，计算量也越大，因此，在实用中还需在精度与速度之间仔细权衡。

（2）卡尔曼滤波器用于参数估计时，能否得到满意的结果，能否得到待估参数的精确值，主要取决于卡尔曼滤波器是否收敛。造成卡尔曼滤波发散主要有以下 3 种原因。

- 对物理系统了解得不准确导致建模不准确或者是在简化数学模型时引入了误差。
- 对动态噪声和测量噪声的统计性质缺乏准确的了解。
- 在计算过程中存在着累积误差。

在具体应用卡尔曼滤波器时，为了便于计算，往往只考虑了基波分量，而将各次谐波分量都归入噪声中，在电压模型中更是将衰减直流分量也归入噪声中，这样虽然简化计算，但却引入了误差。因此，在将卡尔曼滤波理论运用到电力系统故障分析中时，常采用如下辅助措施：① 前置低通滤波器，以滤除各次谐波 ② 通过提高电压和电流模型的阶数，即在模型中引入谐波分量，但这样就增加了算法的运算量，降低了运算速度。

4. 解微分方程算法的性能分析

解微分方程算法可以不必滤出非周期分量，因而算法的总时窗较短，同时该算法不受电网频率的影响，因此，解微分方程算法在线路保护中得到广泛应用。但是将这种算法和低通滤波器而不是带通滤波器配合使用时，受信号中的噪声影响比较大。解微分方程算法允许用短数据窗的低通滤波器，如果采用窄带通滤波器与此法配合，那么可以得到很高的精度，同时还保留了不受电网频率变化影响的优点。为了较好地解决速度和精度的问题，可以采用长、短数据窗的滤波器相结合配合解微分方程算法的方案。

5. 算法的评价与选择

算法是微机保护和监控理论研究的重点之一。分析和评价各种算法优劣的标准是精度和速度。一个好的算法应该是运算精度高，所用数据窗（需要的采样点数）短，运算工作量小。就微机保护而言，运算精度高可使保护装置对区内、区外故障判断准确，而算法所用数据窗短、运算工作量小，有利于提高保护装置的动作速度。然而这两者之间是相互矛盾的。研究算法的实质是如何在速度与精度之间进行权衡。

解决计算速度和计算精度的矛盾主要从两方面着手：一是寻找更好的算法；二是在微机系统的硬件上改进，而硬件的改进又存在着经济、技术的矛盾，以及可靠性问题。这些问题则依赖微机硬件技术本身的进步而逐步得到解决。例如，随着 DSP（数字信号处理）芯片的推出，关于计算速度的问题将不再是影响算法选择的因素。DSP 由于采用硬件乘除法，使得乘除运算与加减运算具有几乎同样的速度，因而逐渐被广泛应用于需要快速精确计算的微机保护装置系统中。在硬件能力许可的条件下，装置所实现的功能将成为影响算法选择的主要因素。

微机监控和微机保护中对算法的要求有所不同。由于微机监控中不仅需要计算电流、电压的有效值，还需要计算有功功率和无功功率等，因此，辅以差分滤波器的傅氏算法往往被采用。对于微机保护则需要根据对象保护类型、电压等级等的不同来选择不同的算法。对要求输入信号为纯基波分量的一类算法来说，由于算法本身所需的数据窗很短（最少只要两三点采样）、计算量很小，因此，常可用于输入信号中暂态分量不丰富或计算精度要求不高的保护中，例如，直接应用于低压网络的电流、电压后备保护中，或者将其配备一些简单的差分滤波器，以削弱电流中衰减的直流分量，作为电流速断保护，减少出口故障时的切除时间。另外，还可作为复杂保护的启动元件的算法，如距离保护的电流启动元件就可采用半周积分算法来粗略地估算，以判别是否发生故障。但是，如将这类算法用于复杂的保护，则需配以良好的带通滤波器，这样将使保护总的响应时间加长、计算工作量大。全周傅氏算法、最小二乘法算法和解微分方程算法都有用于构成高压线路阻抗保护的实例，各有其特点。一般在采用傅氏算法时需考虑衰减直流分量造成的计算误差，以及采取适当的补偿措施。应用最小二乘法算法，在设计、选择拟合模型时要顾及到精度和速度两方面，否则可能造成精度虽然很高，但响应速度太慢、计算量太大等不可取的局面。解微分方程算法一般不宜单独应用于分布电容不可忽略的较长线路，但若将它配以适当的数字滤波器而构成的高压、超高压长距离输电线的距离保护，还是能得到满意的效果的。

同时，在算法选择的过程中还要注意到不同功能的 IED 对算法的不同要求。虽然微机保护装置和其他自动装置以及微机监控系统的测量单元等的模拟量输入回路的基本原理大致相同，但在具体的算法要求上还是存在许多不同之处。以监控系统和保护装置为例进行说明。

首先，监控系统需要计算得到的是反映正常运行状态的 P、Q、U、I、$\cos\varphi$、kWH 和 $kvarh$ 等物理量；而保护装置更关心的是反映故障特征的量，所以保护装置中除了会要求计算 U、I、$\cos\varphi$ 等以外，有时还会要求计算反映信号特征的一些其他量，如频谱、突变量、负序或零序分量以及谐波分量等。

其次，监控系统在算法的准确度上要求更高一些，希望计算出的结果尽可能准确；而保护则更看重算法的速度及灵敏性，必须在故障后尽快反应，以便快速切除故障。

监控系统有关测量值的算法，主要针对稳态时的信号；而保护算法主要针对故障时的信号。相对于前者，后者含有更严重的直流分量及衰减的谐波分量等。信号性质不同，必然要求从算法上区别对待。所以要根据智能电子设备不同的功能要求，选择不同的算法。

本 章 小 结

随着数字信号处理技术和微机技术的迅速发展，各种快速、精确的算法不断被提出并被广泛的应用。从最简单的基于正弦函数的两点乘积、导数及半周积分，到基于周期函数的傅氏算法，再到基于随机函数模型的卡尔曼滤波算法，再到复杂的小波变换等，算法林林总总，各有其特点和适用场合。本章只介绍一些最常用的算法，并分析其特点，以便在不同应用场合选择合适的算法。算法的原理及特性的详细推导不在本书的介绍范围，请参看其他相关文献。

习　　题

1. 什么是递归滤波与非递归滤波？其各自适用的场合是什么？
2. 什么是数字滤波？与模拟滤波相比，数据滤波有什么优点？
3. 列举几种常用的数字滤波器并说明其工作原理。
4. 基于正弦函数模型的数字滤波算法有哪几种？分别是什么？
5. 与基于正弦函数模型的算法相比，基于周期函数模型的算法有何优势？
6. 简述傅氏变换算法的基本原理及滤波特性。
7. 什么是最小二乘滤波算法？其有何优缺点？
8. 如何对各种不同的滤波算法进行评价和选择？

第4章 变电站综合自动化微机保护子系统

继电保护是与电力系统相伴而生的。继电保护装置经历了机电型、整流型、晶体管型、集成电路型和数字计算机型 5 个阶段。继电保护装置是随着电力系统的发展和构成保护的器件的升级而发展的，第一次飞跃是由机电型到半导体型，主要体现在无触点化、小型化、低功耗；第二次飞跃是由半导体型到微机型，主要体现在数字化、智能化。微机保护绝不只是模拟保护的简单数字化，它把微机的运算能力、记忆能力、分析能力、通信能力赋予继电保护装置，使继电保护装置采用更加广泛的新原理、新方法和新技术成为可能。

本章主要介绍微机保护装置的硬件结构及软件功能并阐述输电线路、变压器、母线和电力电容器等相关线路和设备的微机保护的基本原理和内容。最后展望了微机保护技术的发展方向。

4.1 微机保护的发展及特点

4.1.1 微机保护的发展

电力系统的飞速发展对继电保护不断提出新的要求，微电子技术、计算机技术与通信技术的飞速发展又为继电保护技术的发展不断地注入了新的活力。微机保护的产生与发展是从 20 世纪 60 年代开始的。1965 年开始有人倡议用计算机构成继电保护装置，涉及理论计算方法和程序结构的研究。数据计算将电流、电压的模拟量进行量化处理，形成采样序列，通过计算机对这些数字量进行运算处理，实现保护功能。20 世纪 70 年代，微机保护的研究工作主要是在理论探索阶段，着重于算法的研究、数字滤波的研究及实验室样机试验，为计算机继电保护的发展奠定了比较完整和牢固的基础。经过 20 世纪 80 年代的继续努力，现在计算机保护的算法已经比较完善和成熟。在 20 世纪 70 年代初期和中期，计算机硬件出现了重大突破，大规模集成电路技术的飞速发展，微型计算机和微处理器进入了实用阶段，而且价格大幅度下降，可靠性、运算速度大幅度提高，这使得微机保护的研究出现了热潮。20 世纪 70 年代后期，国外已经有少数微机保护样机在电力系统中试运行。20 世纪 90 年代，微处理器、计算机网络的重大发展则不仅仅是在硬件上集成度更高、运算速度更快、存储容量更大，而且在通信、结构、可靠性等整体性能上发生了质的变化，保护越来越向原理的智能化、装置的信息化方向发展。

目前国内微机保护的发展已经历了 3 个阶段：第一代至第三代微机保护的硬件设计重点是如何使总线系统更隐蔽，以提高抗干扰水平。第一代微机保护装置是单 CPU 结构。几块印制电路板与 CPU 相连组成一个完整的计算机系统，总线暴露在印制电路板之外。第二代微机保护是多 CPU 结构，每块印制电路板上以 CPU 为中心组成一个计算机系统。第三代保护的技术创新的关键之处是利用了一种特殊单片机，将总线系统与 CPU 一起封装在一个集成电路块中，因此，具有极强的抗干扰能力，即所谓的"总线不出芯片"原则。如今，数字信号处理器（DSP）在微机保护硬件系统中得到广泛应用，DSP 先进的 CPU 结构、高速的运算能力及与实时信号处理相适应的寻址方式等许多优良特性，使许多由于 CPU 性能等因素而无法实现的继电保护算法可以通过 DSP 来轻松完成。以 DSP 为核心的微机保护装置已经是当今主流产品。此外，在微机保护硬件发展同时，各种保护原理方案和各种算法的微机线路保护和微机主设备保护相继问世，为电力系统提供了一批性能优良、功能齐全、工作可靠的微机继电保护装置，同时积累了丰富的运行经验。随着微机保护装置的深入研究，在微机保护软件、算法等方面也取得了很多理论成果。

随着计算机及通信技术的发展，信息采集、处理、传输均可通过计算机完成，发电厂与变电站自动化系统就是以计算机为基础，将微机保护、微机控制、微机远动、微机自动装置、微机故障录波等分散的技术集成在一起，从而实现电网的现代化管理。当代继电保护的发展是以模拟保护数字化、数字保护信息化为线索的。在计算机技术、数字信号处理技术、智能技术、网络技术及通信技术的共同推进下，信息技术（IT）正在改变着保护的现状，微机保护已集保护、控制、测量、录波、通信功能于一体，具有以下特征。

① 自诊断和监视报警。

② 远方投切和整定。

③ 信息共享、多种保护功能集成并得到优化。

④ 支持并推动综合自动化的发展。

⑤ 采用先进的 DSP 算法进行波形识别，识别对象由稳态量发展到暂态量。

⑥ 提供动态修改定值的可能性。

基于此，微机继电保护装置应采用分层分布式系统结构，系统设计体现面向对象，功能有机集成，系统各部分有机协调的思想，系统考虑工程的实用化（分散、就地安装等模式）。分散式系统的功能配置宜采用能下放的功能尽量下放的原则。站控层应能实现对整站监视、保护、控制以及设备检测的功能综合管理，同时考虑适应多种网络接口。在确保保护功能的相对独立性和动作可靠性的前提下，部分模块采用保护、测量、控制一体化设计。为保障测量值的精度要求，保护和测量可分别采用不同的 TA、TV 绕组。采用总线型局域网络，其通信速率高、传输可靠。此外，保证经济合理性及技术先进性。

4.1.2　微机保护的特点及优势

1. 微机保护的特点

微机保护与常规的保护装置相比较，具有以下的显著特点。

① 可以实现继电保护的各种动作特性，提高继电保护的性能指标。

- 利用计算机强大的计算功能实现常规继电保护已有的功能以及不能获得的功能。

- 由于采用全数字处理技术，测量特性就不需要定期检验。

- 由于采用数字滤波技术及优化的计算方法，使测量精度大大提高。

- 利用计算机强大的记忆功能可以更好地实现故障分量保护等。
- 可引进自动控制、新的数学理论和技术，如自适应算法、状态预测、模糊控制、人工智能及小波算法等。
- 附加了许多功能，例如，负荷检测及事件/故障记录。

② 由于很多功能都集成到一个微机保护装置中，使设计简洁且成本较低。

③ 由于集成了完善的自检功能，减少了维护、运行的工作量，带来较高的可用性。

④ 数字元件特性不易受温度变化、电源波动、使用年限的影响，不易受元件更换的影响。

⑤ 硬件较通用，装置体积较小，减少盘位数量，装置功耗低。

⑥ 更加人性化的人机交互，就地的键盘操作及显示。

⑦ 简洁可靠的获取信息，通过串行口同 PC 机通信，就地或远方控制。

⑧ 采用标准的通信协议（开放的通信体系），使装置能够同上位机系统通信。

微机型继电保护装置的普遍特点可归纳为：维护调试方便，具有自动检测功能；可靠性高，具有极强的综合分析和判断能力可实现常规模拟保护很难做到的自动纠错，即自动识别和排除干扰，防止由于干扰而造成的误动作，并具有自诊断能力，可自动检测出保护装置本身硬件系统的异常部分，配合多重化配置可有效地防止拒动；保护装置自身的经济性；可扩展性强，易于获得附加功能；保护装置本身的灵活性大，可灵活地适应于电力系统运行方式的变化；保护装置的性能得到很好的改善，具有较高的运算和大容量的存储能力等。这些特点在很大程度上反映了保护软件设计的重要性和灵活性特征。一方面，在保护软件方面，新型保护软件的设计强调保护系统多重原理的实现以及保护数据处理流程的透明性（即在一定条件下，配备相应的保护测试软件，继电保护对于用户是开放的）。另一方面，保护将具有多功能特性、增强的网络功能及用户界面友好等特点。微机型继电保护装置为安全、设计、施工、检修、维护、管理等诸多方面带来直接或间接的经济效益和社会效益。

2. 微机保护的优势

微机保护比常规的继电器型保护或晶体管型保护装置有不可比拟的优越性，具体体现在以下几个方面。

（1）易于解决常规保护装置难于解决的问题，使保护功能得到改善

常规距离保护应用在短距离输电线路上，其允许接地点过渡电阻能力差；在长距离重负荷输电线路上躲负荷阻抗能力差；在振荡过程中，为了防止距离保护 I、II 段误动，通常是故障后短时开放 I、II 段，之后立即闭锁 I、II 段，这样在振荡过程中再发生 I、II 段范围内的故障时，只能依靠距离保护 III 段切除故障。对于这些问题，在微机保护中可以采用一些新原理，或利用微机的特点找到一些新的解决方法。

（2）灵活性强，可以缩短新型保护的研制周期

不同原理的微机保护的硬件可以是一样的，搭配不同的软件即可实现不同的保护功能。这种灵活性是常规保护无法实现的。

（3）综合判断能力强

利用微型计算机的逻辑判断能力，很容易解决用模拟电路很难实现的问题，可以使继电保护的动作规律更合理。

（4）性能稳定，可靠性高

微机保护的功能主要取决于算法和判据，对于同类型的保护装置，只要程序相同，其保护性能必然一致，所以性能稳定。电磁式继电器运动机构可能失灵，触点性能不良，接触不

好。晶体管型继电器的元器件受温度影响大，而微机保护采用了大规模集成电路，所以装置的元件数目、连接线等都大大减少，可靠性大大提高。

（5）保护的灵敏性高

微机保护利用微机的记忆功能，可明显改善保护性能，提高保护的灵敏性。比如由微机软件实现的功率方向元件，可消除电压死区。

（6）运行维护工作量小，现场调试方便

微机保护的功能及特性都是由软件实现的，只要微机保护的硬件电路完好，保护的特性即可得到保证；运行人员只需作几项简单的操作，即可证明装置完好性，比传统的保护调试维护更为方便；可在线修改或检查保护定值，不必停电校验定值。

由于微机保护具有这些突出的优越性，因此，在变电站综合自动化系统中，采用微机保护是必然的。

4.2 微机型保护及控制装置的硬件结构与软件功能

以往继电保护装置的不同功能是由不同器件或者电路构成的。如不同的继电器、不同的晶体管或集成电路构成功率方向元件、阻抗元件等。而不同功能的微机保护主要是利用不同的软件构成不同的保护功能。除了少数元件如电压形成部分，绝大多数的硬件都是通用的。因此，微机继电保护在硬件的生产、调试、维护方面具有极大的优势。

微机继电保护在运行上有很大的灵活性。例如，定值修改方便，而且可以预先整定好多套定值存在只读存储器中。然后根据运行方式不同选择不同定值，甚至可以通过远程通信下载定值。微机保护的组成可以分成硬件部分和软件部分，下边将进行详细的介绍。

4.2.1 微机型保护及控制装置的硬件结构

微机继电保护装置硬件可以分成 5 个基本部分：①数据采集系统；②运算系统（CPU 主系统）；③开关量输入/输出系统；④人机接口与通信系统；⑤电源系统。微机保护硬件系统构成示意图如图 4-1 所示。

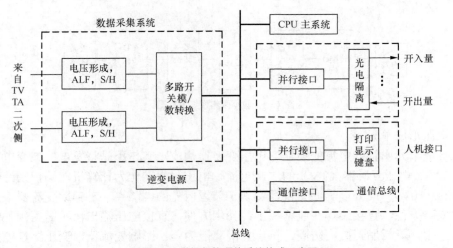

图 4-1 微机保护硬件系统构成示意图

被保护一次设备的电气量经过电压互感器（TV）和电流互感器（TA）转换成为二次电压和电流。数据采集系统的主要功能是将 TV、TA 输入的电压和电流通过电压形成电路变成模/数转换器（A/D）或压频转换器（VFC）可以测量的电压，再经过模拟滤波器（ALF）、采样保持器（S/H）、多路转换开关和模/数转换器转变成与一次电量成线性关系的数字量。CPU 主系统包括微处理器（CPU），只读存储器（ROM），随机存储器（RAM）及定时器等。CPU 为装置的控制和运算元件，有的系统中为了提高运算速度以满足高性能保护的复杂运算还增加专门的运算元件——数字信号处理器（DSP）。只读存储器用来存放程序、常数、保护定值等不能改写的数据，掉电也不会丢失，可以保存十几年。程序和常数一般用 EPROM 或 FLASHROM 器件存放，保护定值为了可以在调试时写入，一般放在 E^{2}PROM 或 FLASHROM 中。RAM 用于存放临时数据，包括测量的数据、运算的中间结果等，掉电后数据会消失。定时/计数器用于采样时间间隔的定时，计数器芯片还可以用于压频转换器的脉冲计数。人机接口系统采用并行接口芯片连接液晶显示屏、键盘和打印机，用于调试、定值调整等。通过通信接口芯片并加以光电隔离后实现与其他设备通信。输入/输出系统经过并行接口芯片、光电隔离元件和附加电路驱动中间继电器实现跳闸、合闸、信号输出，通过光电隔离后实现开关状态输入等功能。总线包括了所有的数据线、地址线和控制线，微机的所有芯片都连在总线上。逆变电源将蓄电池的直流电源逆变成高频交流电源再整流成为微机供电的低压直流电源。蓄电池的直流电源有可靠性高的特点。

除上述器件外，在微机系统结构中还有逻辑器件，如译码器、逻辑门电路、时钟芯片、自恢复芯片等。随着电子技术的高速发展，目前的复杂可编程逻辑芯片 CPLD 集成了大部分除 CPU 以外的芯片，如 FLASHROM、RAM、自恢复、时钟、定时/计数器等，还可以编程构成逻辑单元、译码器、并行接口、串行接口、计数器、乘法器等。目前高档的 32 位单片机本身就集成了构成计算机的所有芯片包括数字信号处理器（DSP）、只读存储器、随机存储器等，只需要扩展少数芯片如一些 A/D 转换器等。有的 A/D 转换芯片中还集成了多路转换开关、采样保持器等。

1. 数据采集系统

微机继电保护数据采集系统包括电压形成、模拟滤波、模/数转换等模块。其信号处理流程图如图 4-2 所示。

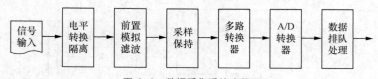

图 4-2 数据采集系统流程图

（1）电压形成单元

电压形成单元由辅助电流变换器、电压变换器构成。其作用是将发电厂或变电站中电流互感器（TA）、电压互感器（TV）的二次电流、电压输出转化为计算机能够识别的弱电信号（+/-5V 或+/-10V）。此外，辅助变换器实现了装置内外的电隔离。对辅助变流器、变压器的要求是：安装方便、直接装焊在线路板上；使用方便、直接电压输出，不需用额外的信号放大电路；采用环氧树脂封装，防潮、抗震、隔离能力强。影响变流器、变压器性能的主要因素是铁芯材料。一般来说，继电保护装置采用带气隙的双"C"型铁芯，保证在测量范围内不饱和。对于测量或不太重要的保护回路可以采用环形铁芯、"R"型铁芯或坡莫合金，用于保证测量的准确性，但其暂态特性较差。此外，作为微机保护的最重要的端口，辅助变压器、变流器回路一定要可靠。不要一味追求体积减小，这样可能造成线圈线径太细、易断线，从而降低了可靠性。现在设计辅助变流器时可在一次、二次线圈之间加入屏蔽层，并可靠接地。

（2）模拟滤波单元

模拟滤波单元包括有源滤波和无源滤波两种。一般采用无源两级 RC 滤波器构成，使数据采集系统满足采样定律，限制输入信号中的高频信号进入系统。

（3）模/数转换单元

微机保护装置的模/数转换系统一般采用压频转换（VFC）及逐次逼近式 A/D。由于 VFC 具有抗干扰能力强，同 CPU 接口简单而容易实现多 CPU 共享 VFC 等优点，在我国的微机保护领域得到了广泛应用并成为主流产品。VFC 适用于涉及工频量保护原理的保护装置。在真实反映输入信号中的高频分量的场合下，逐次逼近式 A/D 就成为首选。当今各种逐次逼近式的 A/D 器件不断推出，且价格适中，如带有同步采样器，具有并行/串行输出接口的快速的 14-bit、16-bit 的 A/D 器件，它们可以满足各种保护装置的要求，是今后的发展趋势。

（4）采样回路的精确工作范围及误差

以某中压保护及测控装置为例，各电流、电压回路的精确工作范围及误差如表 4-1 所示。高压、超高压回路电流范围更大，可以达到 $0.05 \sim 30 I_n$。

表 4-1　　　　　　　　　　　　　　采样回路精确工作范围及误差

		保护回路		测量回路	
		测量范围	精度	测量范围	精度
三相电压		$0.4 \sim 120\text{V}$	0.2%	与保护公用	同保护
三相电流		$0.08 \sim 20 I_n$	3%	$0 \sim 1.2 I_n$	0.2%
零序电压		$0.4 \sim 120\text{V}$	3%		
线路抽取电压		$0.4 \sim 120\text{V}$	3%		
零序电流	$I_n = 1\text{A}$	$0.002 \sim 1.200\text{A}$	3%		
	$I_n = 5\text{A}$	$0.08 \sim 20 I_n$	3%		

2. 数字处理系统

微机保护装置是以中央处理器 CPU 为核心，根据数据采集系统采集到的电力系统的实时数据，按照给定算法来检测电力系统是否发生故障以及故障性质、范围等，并由此做出是否需要跳闸或报警等判断的一种安全装置。微机保护原理是由计算程序来实现的，CPU 是计算机系统自动工作的指挥中枢，计算机程序的运行依赖于 CPU 来实现。因此，CPU 的性能好坏在很大程度上决定了计算机系统性能的优劣。

微处理器 CPU 采用数据总线为 8、16、32 位等的单片机、工控机以及 DSP 系统。单片机通过大规模集成电路技术将 CPU、ROM、RAM 和 I/O 接口电路封装在一块芯片中，因此，具有可靠性高、接口设计简易、运行速度快、功耗低、性能价格比高的优点。使用单片机的微机保护具有较强的针对性，系统结构紧凑，整体性能和可靠性高，但通用性、可扩展性相对较差。DSP 的突出特点是计算能力强、精度高、总线速度快、吞吐量大，尤其是采用专用硬件实现定点和浮点加乘（矩阵）运算，速度非常快。将数字信号处理器应用于微机继电保护，极大地缩短了数字滤波、滤序和傅里叶变换算法的计算时间，不但可以完成数据采集、信号处理的功能，还可以完成以往主要由 CPU 完成的运算功能，甚至完成独立的继电保护功能。利用 Intel 体系在个人计算机领域的优势，很多器件厂家通过集成外围器件和接口，推出了一系列与个人计算机软硬件兼容的嵌入式处理器，例如 Intel386EX，AMD386/486E 等。由于可利用个人计算机丰富的开发手段、应用软件和电路设计技术，很多工控机厂家纷纷在其基础上开发出 ISA、STD、PC104 等工控机。

程序存储器可分为电擦除可编程只读存储器 E^2PROM、紫外线擦除可编程只读存储EPROM、非易失性随机存储器 NVRAM、静态存储器 SRAM、闪速存储器 FLASH 等。其中 E^2PROM 存放定值，EPROM、FLASH 存放程序，NVRAM 存放故障报文、重要事件。比较重要的、持久的数据应保存在片内的 RAM 中。

3. 开关量输入/输出系统

开关量输入/输出系统的作用是完成各种保护及控制装置的出口跳闸、信号输出、外部接点输入及人机对话等功能。

开关量输入电路包括断路器和隔离开关的辅助触点或跳合闸位置继电器接点输入，外部装置闭锁重合闸触点输入，轻瓦斯和重瓦斯继电器接点输入，还包括装置上连接片位置输入等回路。对微机保护装置的开关量输入，即接点状态（接通或断开）的输入可以分成以下两大类。

① 安装在装置面板上的接点。这类接点包括在装置调试时用的或运行中定期检查装置用的键盘接点以及切换装置工作方式用的转换开关等。

② 从装置外部经过端子排引入装置的接点。例如，需要由运行人员不打开装置外盖而在运行中切换的各种压板、转换开关以及其他保护装置和操作继电器的触点等。

开关量输出主要包括保护的跳闸出口以及本地和中央信号等，一般都采用并行接口的输出口来控制有接点继电器的方法，但为提高抗干扰能力，也经过一级光电隔离。

4. 通信接口

微机继电保护装置的通信接口包括：维护口、监控系统接口、录波系统接口等。一般可采用 RS485 总线、CAN 网、LAN 网、以太网及双网光纤通信模式，以满足各种变电站对通信的要求。满足各种通信规约：IEC870-5-103、PROFIBUS-FMS/DP、MODBUS RTU、DNP 3.0、IEC61850 以太网等。

微机继电保护对通信系统的要求是：快速、支持点对点平等通信、突发方式的信息传输、物理结构——星形网、环形网、总线网、支持多主机等。

5. 电源

可以采用开关稳压电源或 DC/DC 电源模块。提供数字系统+5V、+24V、±15V 电源。国内微机保护装置电源 5V 地采用"浮地技术"，而国外装置的 5V 地一般直接接大地。有些系统采用多组 24V 电源。各个电源用途如表 4-2 所示。

表 4-2　　　　　　　　　　　　　保护装置中各个电源的功能

电源系统	用途
+5V 系统	计算机系统主控电源
±15V 系统	数据采集系统、通信系统电源
+24V 系统	开关量输入、输出，继电器逻辑电源

4.2.2　微机型保护及控制装置的软件功能

1. 微机保护软件基本结构

微机保护装置 CPU 插件软件的基本结构，如图 4-3 所示。

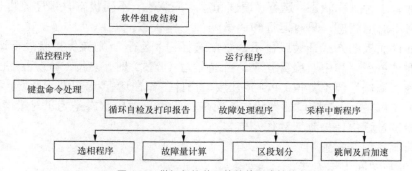

图 4-3　微机保护装置软件的组成结构

软件分为两大部分：一为监控程序，作用是调试和检查微机保护装置的硬件电路，输入、修改、固化保护装置的定值；二为运行程序，这是微机保护程序的主要部分。运行程序的作用是完成不同原理的保护功能，包括三部分：①循环自检及打印报告程序；②采样中断服务程序；③故障处理程序。

人机对话插件上的运行程序部分与 CPU 插件上运行程序有着明显的区别。人机对话插件上运行程序的主要内容是：巡检各 CPU 插件的程序；接收各 CPU 插件报告并整理打印的程序和键盘命令处理程序。其定时器的中断服务程序不是进行采样，而是执行软件时钟。检查有无启动元件动作的开入量以及同步各 CPU 插件时钟的程序。

2. 微机保护软件配置

微机保护的硬件分为人机接口和保护两大部分，软件也分为接口软件和保护软件两大部分。

（1）接口软件配置

接口软件是指人机接口部分的软件，程序分为监控程序和运行程序。执行哪一部分程序由接口面板的工作方式或显示器上显示的菜单选择来决定。调试方式下执行监控程序，运行方式下执行运行程序。

监控程序是键盘命令处理程序，为接口插件（或电路）及各 CPU 保护插件（或采样电路）进行调节和整定而设置的程序。

运行程序由主程序和定时中断服务程序构成。主程序主要完成巡检（各 CPU 保护插件）、键盘扫描和处理及故障信息的排列和打印。定时中断服务程序包括了以下几部分：软件时钟程序、硬件时钟控制并同步各 CPU 插件的软时钟、检测各 CPU 插件启动元件是否动作的检测启动程序。软时钟是每经 1.66ms 产生一次定时中断，在中断服务程序中软件计数器加 1，当软件计数器加到 600 时，秒计数加 1。

（2）保护软件的配置

保护 CPU 插件的软件配置有主程序和两个中断服务程序。主程序有 3 个基本模块：初始化和自检循环模块、保护逻辑判断模块和跳闸处理模块。通常把保护逻辑判断和跳闸处理总称为故障处理模块。前后两个模块在不同的保护装置中基本上是相同的，而保护逻辑判断模块就随不同的保护装置而相差甚远。

中断服务程序有定时采样中断服务程序和串行口通信中断服务程序。在不同的保护装置中，采样算法是不相同的，采样算法有些不同或因保护装置有些特殊要求，使得采样中断服务程序部分也不相同。不同保护的通信规约不同，也会造成程序的很大差异。

（3）保护软件的工作状态

保护软件有 3 种工作状态：运行、调试和不对应状态。不同状态时程序流程也就不相同。有的保护没有不对应状态，只有运行和调试两种工作状态。

当保护插件面板的方式开关或显示器菜单选择为"运行"，则该保护就处于运行状态，其软件就执行保护主程序和中断服务程序。当选择为"调试"时，复位 CPU 后就工作在调试状态。当选择为"调试"但不复位 CPU 并且接口插件工作在运行状态时，就处于不对应状态。也就是说保护 CPU 插件与接口插件状态不对应。设置不对应状态是为了对模/数插件进行调整，防止在调试过程中保护频繁动作及告警。

（4）中断服务程序配置

① 实时性与中断工作方式。

微机保护装置是实时性要求较强的工控计算机设备，是离不开中断的工作方式。实时性就是指在限定的时间内，对外来事件能够及时作出迅速反应的特性，如保护装置需要在限定的极短时间内完成数据采样，在限定时间内完成分析判断并发出跳闸、合闸命令或告警信号，在其他系统对保护装置巡检或查询时及时响应等。这些都是保护装置的实时性的具体表现。保护要对外来事件做出及时反应，就要求保护中断自己正在执行的程序，而去执行服务于外来事件的操作任务和程序。系统的各种操作的优先等级是不同的，高一级的优先操作应该首先得到处理。也就是说保护装置为了要满足实时性要求，必须采用带层次要求的中断工作方式。

由于外来事件是随机产生的，凡需要 CPU 立即响应并及时处理的事件，必须用中断的方式实现。

② 中断服务程序。

保护装置的外部事件主要是指电力系统状态、人机对话、系统机的串行通信要求。电力系统状态是保护最关心的外部事件，保护装置必须时刻掌握保护对象的运行状态。因此，要求保护定时采样系统状态，一般采用定时器中断方式，每经 1.66ms 中断源程序的运行，转去执行采样计算的服务程序，采样结束后通过存储器中的特定存储单元将采样计算结果传送给源程序，然后回去执行被中断了的程序。这种采用定时中断方式的采样服务程序称为定时采样中断服务程序。

在采样中断服务程序中，除了有采样和计算外，通常还含有保护的启动元件程序及保护某些重要程序。如高频保护在采样中断服务程序中安排检查收发信机的收信情况；距离保护中还设有两个相电流差突变元件，用以检测发展性故障。

保护装置还设有随时接受人员的干预，即改变保护装置的工作状态、查询系统运行参数、调试保护装置。这种人机对话是通过键盘方式进行的，常用键盘中断服务程序来完成。有的保护装置采用查询方式。当按下键盘时，通过硬件产生了中断要求，中断响应时就转去执行中断服务程序。键盘中断服务程序或键盘处理程序属于监控程序的一部分，它把按键符号及其含义翻译出来并传递给源程序。

系统机与保护的通信要求是属于高一层次对保护的干预。这种通信要求常用主从式串行口通信来实现。当系统主机对保护装置有通信要求时，或者接口 CPU 对保护 CPU 提出巡检要求时，保护串行通信口就提出中断请求。在中断响应时，就转去执行串行口通信的中断服务程序。串行通信是按一定的通信规约进行的，其通信数字帧常有地址帧和命令帧两种。系统机或接口 CPU（主机）通过地址帧呼唤通信对象，被呼唤的通信对象（主机）就执行命令帧中的操作任务。从机中的串行口中断服务程序就是按照一定规约，鉴别通信地址和执行主机的操作命令程序。

③ 保护的中断服务程序配置。

一般保护装置总是配有定时采样中断服务程序和串行通信中断服务程序。对单 CPU 保护，CPU 除保护任务之外还有人机接口任务，因此，还可以配置有键盘中断服务程序。

4.2.3　微机保护软件主要模块

微机继电保护的软件设计过程是：①充分了解被保护电气设备的特性，包括正常和故障状态下的不同特征；②根据被保护电气设备的特性设计保护方案，传统保护方案中有许多经验可以借鉴；③熟悉数字信号处理的原理和实现方法，在软件设计中灵活应用；④设计保护算法的粗框图，根据硬件条件设计详细程序框图。必要时可以改进硬件设计；⑤软件设计、调试、装置通过试验检验软件正确性。不同的微机继电保护的硬件结构基本相同，不同的保护功能主要是通过软件功能不同来实现的。不同原理的微机保护的软件都由以下几个部分组成。

（1）初始化和自检

微机保护通电复位是指微机保护装置受到强干扰而程序出格后被自动恢复电路（WatchDog）复位。微机继电保护复位首先进入自检程序，需要检测只读存储器（ROM）中的程序代码和数据是否正确；随机存储器（RAM）的读写是否正常，数据采集系统和开关量输入、输出系统是否正确。因为硬件失效微机保护必须自动退出，否则可能会误动作。自检应在几毫秒内完成，因为在微机保护装置受到强干扰的同时被保护的设备可能已经产生故障了，微机保护装置必须在自检后立即进入正常运行。

微机保护自检后要初始化采样定时器，设定采样的时间间隔、设定中断控制器、并行口及串行口工作方式、A/D 转换器初始化或设置 VFC 的计数器等。这些初始化只要执行一些指令，可以在极短时间内完成。

（2）数据采集

微机保护的数据采样是等时间间隔，按每周波固定的采样点数对所有被测量的电流、电压通道同时保持和 A/D 转换。因此，保持和 A/D 转换是在定时器发出的中断请求后在中断程序中进行的。在中断程序中要对所有模拟量输入通道同时保持，由于各通道的采样/保持控制信号线是并联的，因此，可以同时保持。随后对各通道模拟量依次进行 A/D 转换，A/D 转换结束后各模拟通道返回采样状态。如果是 VFC 转换方式，就没有同时保持的元件，而是通过依次读取 VFC 的计数器完成 A/D 转换。由于读取计数器的速度极快，依次读取的时间差几乎可以不计。

（3）数字滤波

在微机继电保护的数据采集系统中，首先用模拟低通滤波器滤除高频分量使信号满足采样定理条件。采样后的数据中仍然包含有大量的谐波分量，而继电保护的故障判断的算法如电压、电流、阻抗等都是以工频分量计算的，有的保护需要用二次谐波或三次谐波甚至五次谐波判断故障。所以要从原始采样数据中提取单一的基波分量或高次谐波分量。微机继电保护完成此项功能使用的是数字滤波器技术来实现，而不是传统保护使用电路来实现。数字滤波的计算时间根据算法不同而不同，有的可以在两次采样的时间间隔内完成，有的则要在判别故障后分别用故障前、后的数据作滤波计算。

（4）保护算法

被保护设备的故障有两种情况：一种是有明显特征的如被保护元件短路、断路、变压器投切等；另一种是无明显特征的如设备过电流、过负荷、发电机失磁、失步、过励磁等。第一种保护利用故障判别软件、操作开关的辅助接点等判断事件的发生。根据事件发生前、后数据分别作滤波计算后再计算和判断故障性质。这种保护对微机运算速度的要求较低。第二种保护要在每次采样后都要进行数字滤波计算，再计算相关电气量，并根据保护算法进行故障判断。这种保护对微机运算速度的要求较高。由于目前采用了高速的数据处理器（DSP）和高性能的 32 位单片机使实时故障计算得以实现。

（5）人机接口和通信

微机继电保护都有人机对话接口，由键盘、液晶显示器、打印机、通信接口以及相关软件组成。液晶显示器和打印机有并行接口和串行接口两种形式。人机对话接口用于调试、状态监视、保护定值整定，保护动作报告和故障录波打印输出。微机保护通过通信接口与综合自动化系统通信，实现远程监控。

（6）算法流程

在设计微机保护软件时一般都是模块化设计，就是将每个功能设计成为子模块。如故障检测、阻抗计算、数字滤波等子模块。每个子模块可以由不同的人员设计，主程序调用子模块构成完整保护软件。在设计子模块时要制定详细的流程图，兼顾各种情况、制定软件各模块的接口。早期微机保护的软件都是用汇编程序写的，工作量大，软件开发速度慢，可读性差。现在采用高速的 DSP 和高性能的 32 位的单片机，速度已经不成问题，除了少数与 A/D等硬件接口的软件要用汇编程序外，绝大部分软件都可以用高级语言，主要是 C 语言编写，从而减少了工作量，提高了软件开发速度和软件的更新速度。

4.3　输电线路的微机保护

输电线路运行中最常见和最危险的故障是各种类型的短路，比如说三相短路、两相接地短路和单相接地短路。有时也会出现单相断线和两相断线故障。输电线路发生故障可能引起以下问题。

① 短路点通过很大的短路电流而引起电弧，使故障进一步扩大。

② 强大的短路电流使短路回路中的电气设备可能遭到破坏，影响电力系统的稳定运行同时使用户的正常供电遭到破坏。

输电线路常见的不正常运行状态有过负荷、过电压、频率降低、中性点不接地系统的单相接地等。短时的不正常状态一般不会造成严重影响，长时间存在不正常状态则可能损坏设备或演变成故障。因此，对不正常状态必须及时告警并及时消除。

4.3.1　线路三段式电流保护

与常规保护相同，微机电流保护也是设计成三段式的。Ⅰ 段是瞬时电流速断保护，Ⅱ 段是限时电流速断保护，Ⅲ 段是过电流保护，三段均可选择带方向线路保护或不带方向馈线保护。为了提高过电流保护的灵敏度及提高整套保护动作的可靠性，线路的电流保护均经低电压闭锁。这样做看起来较复杂，在常规保护中通常很少这样配置，但对于微机线路保护设置低电压闭锁是不需要增加任何硬件的，可以完全采用软件来实现。三段式电流保护，其时限特性如图 4-4 所示。第 I 段为无时限电流速断保护，它的保护范围为本线路的一部分，动作时限为 t_1'，它由继电器的固有动作时限决定。第 II 段为带时限电流速断保护，保护范围为线路 L1 的全部并延伸至线路 L2 的一部分，动作时限为 $t_1'' = t_2' + \Delta t$。第III段为定时限过电流保护，保护范围包括 L1 和 L2 全部，其动作时限为 t_1'''，它是按照阶梯原则来选择的，即 $t_1''' = t_2'' + \Delta t$，其中 t_2'' 为线路 L2 的过电流保护动作时限。当线路 L2 在 k2 点发生短路时，L2 的保护拒动或断路器 QF2 拒动时，线路 L1 的过电流保护可起后备作用使断路器 QF1 跳闸而切除故障，这种后备作用称为远后备。线路 L1 在 k1 点发生故障，当主保护拒动时，L1 的过电流保护可起后备作用，这种后备作用称为近后备。

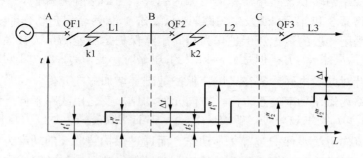

图 4-4　三段式电流保护各段保护范围及时限配合

三段式电流保护其动作电流的整定与系统运行方式密切相关，整定要求如下。

① 无时限电流速断保护

保护装置动作电流应大于最大运行方式下被保护线路末端发生三相短路时通过的电流

$$I_{op}' = K_{rel} I_{k \cdot max} \tag{4-1}$$

其中，K_{rel} 为可靠系数，$I_{k \cdot max}$ 为最大运行方式下被保护线路末端三相短路电流。

动作电流还应满足灵敏度的要求，对于无时限电流速断保护，应校验最小运行方式下其首端两相短路时灵敏系数不小于 2，也可用保护范围来衡量，即校验最小运行方式下保护范围不小于线路全长的 20%。

② 时限电流速断保护

保护装置的动作电流应与相邻下一级线路无时限电流速断保护相配合

$$I_{op}'' = K_{rel} K_{br \cdot max} I_{op}' \tag{4-2}$$

其中，I_{op}' 为相邻下级线路无时限电流速断定值，K_{rel} 为可靠系数，$K_{br \cdot max}$ 为最大分支系数，取本线路最大分支电流与相邻下一级线路故障电流之比。最小运行方式下线路末端两相短路时限电流速断保护的灵敏系数不应小于 1.3～1.5。

③ 定时限过电流保护。按躲开本线路最大负荷电流整定

$$I_{op}''' = \frac{K_{rel} K_{sta}}{K_{re}} I_{L \cdot max} \tag{4-3}$$

其中，$I_{L \cdot max}$ 为本线路最大负荷电流，K_{rel} 为可靠系数，K_{re} 为返回系数，K_{sta} 为电动机自启

动系数，取自启动时最大电流与正常最大负荷电流之比。定时限过电流保护应满足在最小运行方式下末端两相短路时灵敏系数不小于 1.2。

输电线路相间电流保护不一定都要装设三段式，有时只装其中的两段就可以了。例如，对于线路-变压器组接线，无时限电流速断按全线路速断考虑，可适当伸入变压器时，就不装设带短时限的电流速断保护，只装设无时限电流速断和过电流保护即可。又如在很短的线路上，装设无时限电流速断往往其保护范围很短，甚至没有保护范围，这时就可以只装设带短时限的电流速断和过电流保护，如有必要，可增设其他类型的保护。

4.3.2 方向过电流保护

1. 基本原理

对于两端电源供电的辐射形网络或单端电源供电的环网，如图 4-5（a）所示，为了切除故障元件，应在线路两端装设断路器和继电保护装置。当 k1 发生短路时，只要求 3、4 两套保护动作断开断路器 3 和 4；而 k2 发生短路时，只要求 1、2 两套保护动作断开断路器 1 和 2。在这种情况下，采用一般的过电流保护作为相间短路保护是不能满足选择性要求的。例如，当 k1 发生短路时，要求 $t_2 > t_3$；但是，当 k2 发生短路时，要求 $t_3 > t_2$。要同时满足这两个要求是不可能的。针对此类电网，需在过电流保护基础上增加方向元件。通常规定短路功率方向由母线指向线路为短路功率的正方向，方向元件动作，反之由线路指向母线为反向，方向元件不动作。当 $t_3 > t_2$ 发生短路时，如图 4-5（a）中的实线箭头所示，流过保护装置 2 的功率方向是由线路流向母线，保护装置 2 不动作。而通过保护装置 3 的功率方向是由母线流向线路，保护装置 3 应该动作；当 k2 发生短路时，流过保护装置 3 的功率方向是由线路流向母线，此时，保护装置 3 不动作，而通过保护装置 2 的功率方向是由母线流向线路，此时，保护装置 2 应该动作。

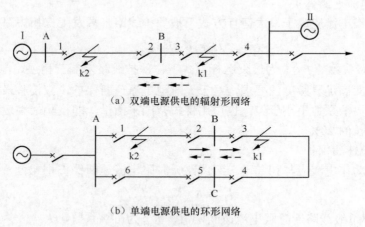

（a）双端电源供电的辐射形网络

（b）单端电源供电的环形网络

图 4-5 方向过电流保护的原理

图 4-6 为两侧电源供电网络中各保护的动作方向和时限配合，当 L2 发生短路时，保护装置 2、5 因短路功率方向由线路流向母线而不动作。而保护装置 1、3、4、6 因短路功率方向由母线流向线路都可能动作，但由于 $t_6 > t_4$，$t_1 > t_3$。故保护 3、4 先动，跳开断路器 3、4 后，保护 1、6 随即返回，从而保证了动作的选择性。

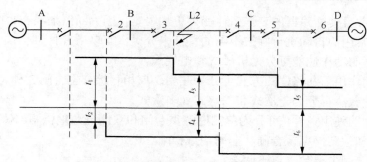

图 4-6 方向过电流保护的时限配合

2. 微机型方向过电流保护

反应相间短路故障的方向元件普遍采用 90° 接线方式，所加的电流和电压的组合情况如表 4-3 所示。保护相间短路的功率方向最大灵敏角一般采用电流超前于电压 30° 或 45° 两种方式，目前在微机保护中一般仍然沿用了这一原理，只是由软件来实现判断是正方向发生故障还是反方向发生故障。其相位比较方向元件的正方向动作方程如下

$$-(85° + \alpha) \leqslant \arg \frac{\dot{U}_r}{\dot{I}_r} \leqslant 85° - \alpha \tag{4-4}$$

其中，$\dot{U}_r$ 和 $\dot{I}_r$ 分别与下表中的电压与电流相对应。

表 4-3 功率方向保护中 90° 接线方式电流和电压的组合

	电流 I	电压 U
A 相方向元件	I_A	U_{BC}
B 相方向元件	I_B	U_{CA}
C 相方向元件	I_C	U_{AB}

方向过电流保护一般接成按相启动方式，只有故障相的方向元件才能判别故障方向，而非故障相的方向元件由于流过的是负荷电流，其方向是不定的，不能作为故障方向的判别。另外考虑到在线路始端很接近母线的一段范围内发生三相金属性短路时，由于母线残余电压很小，方向元件可能判断不出来，为此，微机保护配置有记忆功能，此时取短路前的电压进行方向判别，可以躲过母线近处三相短路时方向元件的死区。

与常规保护相同，微机电流保护也是设计成三段式的。三段均可选择带方向线路保护或不带方向线路保护。为了提高过电流保护的灵敏度及提高整套保护动作的可靠性，线路的电流保护可经低电压闭锁。

4.3.3 自动重合闸

自动重合闸装置是将因故跳开后的断路器按需要自动再投入的一种自动装置。电力系统运行经验表明，架空线路绝大多数的故障都是瞬时性的，而永久性故障一般不到 10%。因此，在由继电保护动作切除短路故障之后，电弧将自动熄灭，绝大多数情况下短路处的绝缘可以自动恢复。由于采用自动重合闸不仅提高了供电的可靠性，减少了停电损失，而且还提高了电力系统的暂态稳定水平，增大了高压线路的送电容量，因此，架空线路一般采用自动重合闸装置。但是，当重合闸重合于永久性故障时，也有其不利影响，主要会使电力系统在一次

侧受到故障冲击并且使断路器的工作条件变得更加艰难，因为断路器要在短时间内连续两次切断故障电流。常用的自动重合闸按不同的特征来分类，有以下几种。

① 按重合闸的动作性能可分为机械式和电气式。

② 按重合闸作用于断路器的方式可分为三相、单相和综合重合闸 3 种。

③ 按动作次数，可分为一次式和二次式（多次式）。

④ 按重合闸的使用条件，可分为单侧电源重合闸和双侧电源重合闸。双侧电源重合闸又可分为检定无压和检定同期重合闸、非同期重合闸。

三相自动重合闸主要包含以下两类。

（1）单电源线路的三相自动重合闸

单电源线路是指单侧电源辐射状单回线路、平行线路和环状线路，其特点是仅由一个电源供电，不存在非同步重合问题，重合闸装置装于线路送电侧。重合闸时间除应大于故障电弧熄弧时间及周围介质去游离时间外，还应大于断路器及操作机构恢复到准备合闸状态（复归原状准备好再次动作）所需的时间。

（2）双电源线路的三相自动重合闸

在双电源线路上实现重合闸的特点是必须考虑线路跳闸后电力系统可能分裂成两个彼此独立的部分，有可能进入非同步运行状态，因此，除应满足单电源线路的三相自动重合闸的基本条件外，还必须考虑时间配合和同期条件两个问题。所谓时间配合是指线路两侧保护装置可能以不同时限断开两侧断路器。重合闸时间应考虑故障电弧的熄灭时间和足够的去游离时间，并留有一定时间裕度。通常取 0.5～3s。所谓同期问题是指线路断路器断开后，线路两侧电源电动势相位差将增大，有可能失去同步。这时，后合闸一侧的断路器重合闸时，应考虑线路两侧电源是否同步以及是否允许非同步合闸问题。一般情况下，双电源线路应采用检查线路无电压（"检无压"）和检查同期（"检同期"）的三相自动重合闸；对于双源供电的平行线路，可采用检查相邻线路有电流的三相自动重合闸。

对于 220kV 及以上超高压输电线路，由于输送功率大，稳定问题比较突出。采用一般的三相重合闸方式可能难以满足系统稳定的要求，尤其是对于通过单回线联系两个系统的线路，当线路故障三相跳闸后，两个系统完全失去联系，原来通过线路输送的大功率被切断，必然造成两个系统功率不平衡：送电侧系统功率过剩，频率升高；受电侧系统功率不足，频率下降。对于这种线路采用一般的"检同期"等待同期重合闸的方式很难达到同期条件。若采用非同期重合闸方式，将引起剧烈振荡，其后果是严重的。至于采用快速三相重合闸，则必须符合一定条件。考虑到超高压输电线路间距离大，发生相间短路的机会相对较少。实践证明单相接地故障次数约占总故障次数的 85%左右，而且多数是瞬时故障。于是就提出这样一个问题：单相故障时，能否只切除故障相，然后单相重合闸。在重合闸周期内，两侧系统不完全失去联系，这样将大大有利于保持系统稳定运行。这就是广泛采用综合重合闸的基本出发点。综合重合闸应具有下列功能：

单相接地故障时，只切除故障相，经一定延时后，进行单相重合闸；如果重合到永久性故障时，跳三相，不再进行第二次重合。如果在切除故障后的两相运行过程中，健全的两相又发生故障，这种故障发生在发出单相重合闸脉冲前，则应立即切除三相，并进行一次三相重合闸；如果故障发生在发出单相重合脉冲后，则切除三相后不再进行重合闸。当线路发生相间故障时，切除三相进行一次三相重合闸。

根据以上功能，综合重合闸装置应设置重合闸方式切换开关，以便于运行部门根据实际运行条件，分别实现下列几种方式。

① 综合重合闸方式。单相接地故障时，实现单相重合闸；相间故障时，实现三相重合闸；合到永久性故障时，断开三相而不再进行重合闸。

② 三相重合闸方式。不论任何故障类型，均实现三相重合闸方式；当重合故障时，断开三相不再进行重合闸。

③ 单相重合闸方式。单相接地故障时，实现一次单相重合闸；相间故障时，或单相重合于永久性故障时，断开三相不再进行重合闸。

④ 直跳方式。任何类型的故障，各种保护均可通过本装置出口跳三相而不进行重合闸。

综合重合闸装置的选相元件的作用是：当线路发生单相接地故障时，能准确地选出故障相。一般选相元件可以是接地距离选相元件和相电流差突变量选相元件两种。这两种原理可以兼用，以互相取长补短的方法来为外部保护进行选相跳闸。阻抗选相一般不会误动，然而阻抗选相元件在单相经特大过渡电阻接地时可能拒动。相电流差突变量选相元件的灵敏度高，不会在大过渡电阻时拒动，但它仅在故障刚发生时动作可靠，而在单相重合过程中可能由于联锁切机、切负荷或其他操作而引起误动，因此，综合重合闸在启动元件刚动作时采用相电流差突变量选相元件，而后则采用阻抗选相元件。

4.3.4　微机线路距离保护

线路的电流、电压保护是根据电力系统发生短路时系统电压降低和电流增大的特点构成的，这些电流、电压保护存在一个共同的问题是当电力系统运行方式变化时，保护装置的灵敏度或保护范围将随之变化。例如，在系统容量较小的运行方式下，瞬时电流速断或限时电流速断的保护范围将变得较小。另一方面，在多电源的复杂电网中，方向过电流保护也往往不能保证有选择地切除故障。

在电力系统正常工作时，保护装置安装处的电压为系统的额定工作电压，线路的电流为负荷电流。而在发生短路时，保护装置安装处的电压为残余电压，它比正常工作电压降低了很多；这时线路的电流为短路电流，比正常负荷电流增大了很多。距离保护反映的就是保护安装处的电压、电流的比值 U/I，在电力系统正常工作状态和故障状态下的电压、电流的比值有非常大的跃变，比单纯的电流值或电压值更清楚地区别正常状态和故障状态。在电力系统正常工作状态下，比值 U/I，基本反映了负荷阻抗。在短路故障状态下，比值 U/I，反映了保护安装处到短路点的阻抗，这个短路阻抗的大小与保护安装处到短路点的线路长度成正比，也就是说代表了保护安装处到短路点的距离。比值 U/I 所反映的距离大小不随系统运行方式的变化而变化，因此，利用电压与电流的比值构成的保护装置比简单的电流，电压保护更灵敏，而且不受系统运行方式的影响。另外，微机距离保护还有故障测距和故障录波等功能。

距离保护是反映故障点至保护安装处的距离，并根据距离的远近而确定动作时间的一种保护装置。距离越近，动作时间越短，以保证有选择地切除故障线路。微机距离保护是在传统的距离保护基础上发展起来的，尽管微机距离保护的软件相当复杂，但是其主要构成与传统的距离保护还是相对应的。距离保护主要逻辑构成部件或者通常称为构成元件有三大部分：启动元件、距离元件和时间元件。传统距离保护的这些元件有一一对应的电路，微机保护中这些元件主要以软件的形式体现，距离保护逻辑实现图如图 4-7 所示。

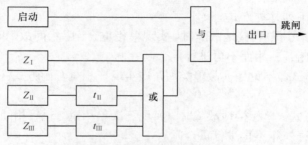

图 4-7　三段式距离保护的组成逻辑框图

启动元件的主要作用是在发生故障的瞬间启动整套保护并和距离元件动作后的输出组成与门，启动出口回路动作于跳闸，以提高保护的可靠性。启动元件可以由过电流继电器、低阻抗继电器或反应负序和零序电流的继电器构成。微机距离保护中一般没有与这些继电器相对应的硬件模块，这些继电器以软件模块体现。对于某一条被保护线路，选择哪一种或哪几种启动方式要根据具体情况确定。

距离元件（Z_I、Z_{II}、Z_{III}）的主要作用是测量短路点到保护安装地点之间的阻抗，或者说测量短路点到保护安装地点之间的距离。一般 Z_I 和 Z_{II} 采用方向阻抗继电器，Z_{III} 采用偏移阻抗继电器。距离元件的阻抗特性有很多种，例如圆形、椭圆形和多边形等。微机距离保护中没有与距离元件相对应的硬件模块，距离元件也以软件模块体现，不同的算法可以构成不同的阻抗特性。对于某一条被保护线路，具体选择哪一种或哪几种阻抗特性需根据具体情况确定。时间元件的主要作用是按照故障点到保护安装处的远近，根据预定的时限特性确定动作的时限，以保证动作的选择性。在微机距离保护中时间元件也以软件模块体现。

在距离保护的整定计算中，假定保护装置具有阶段式时限特性，并认为保护具有方向性，整体计算的电力系统网络接线如图 4-8 所示，整定原则如下。

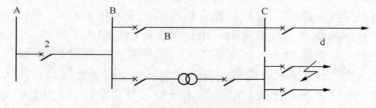

图 4-8　选择整定阻抗的网络接线

（1）距离 I 段

距离 I 段采用方向阻抗特性。为了保证动作的选择性，距离 I 段的整定值应按躲开下一条线路出口处短路的原则来确定，如图 4-8 所示，其整定值应为

$$Z'_{zd.2} = K_k Z_{AB} \tag{4-5}$$

$$Z'_{zd.1} = K_k Z_{BC} \tag{4-6}$$

可靠系数 K_k 取 0.8～0.85。因此，距离 I 段在理想情况下只能保护线路全长的（80%～85%）动作时限为保护的固有动作时间。

（2）距离 II 段

距离保护 II 段亦采用方向阻抗特性，应该能保护线路全长，并力求动作时限尽可能短，因此，它必须与相邻元件的距离 I 段配合，按以下两原则来确定启动阻抗。

① 与相邻线路距离 I 段配合，并考虑分支系数 K_f 的影响，即

$$Z_{zd.2}^{"} = K_k(Z_{AB} + K_{fz.min}Z_{zd.1}^{'}) \qquad (4-7)$$

其中，可靠系数 K_k 取 0.8～0.85；$K_{fz.min}$ 为保护 1 第 I 段末端短路时可能出现的最小分支系数。

② 与相邻变压器上装设的瞬时动作保护配合，并考虑分支系数 K_{fz} 的影响。设变压器的阻抗为 Z_b，则启动阻抗应整定为

$$Z_{zd.2}^{"} = K_k(Z_{AB} + K_{fz.min}Z_b) \qquad (4-8)$$

考虑到 Z_b 的误差较大，式中的可靠系数一般采用 $K_k = 0.7$；$K_{fz.min}$ 则应采用当 d 点短路时可能出现的最小数值。

计算后，应取以上两式中数值较小的一个。距离 II 段的动作时限与相邻线路的 I 段相配合，一般取为 0.5s。

③ 灵敏性校验。与电流保护反应电流数值增大而动作所不同，距离保护是反应于测量阻抗的数值下降而动作的，因此，其灵敏系数为

$$K_{lm} = \frac{\text{保护装置的动作阻抗}}{\text{保护范围内发生金属性短路时故障阻抗的计算值}} \qquad (4-9)$$

距离 II 段的灵敏系数用启动阻抗与本线路末端短路时的测量阻抗之比求得，以保护 2 为例

$$K_{lm} = \frac{Z_{zd.2}^{"}}{Z_{AB}} \qquad (4-10)$$

一般要求 $K_{lm} > 1.25$。当校验灵敏系数不能满足要求时，应进一步延伸保护范围，使之与下一条线路的距离 II 段相配合，时限整定为 1～1.2s，考虑原则与限时电流速断保护相同。

（3）距离 III 段

① 保护装置的启动阻抗应按小于正常时的最小负荷阻抗 $Z_{f.min}$ 来整定。

当线路上流过最大负荷电流 $\dot{I}_{f.max}$ 且母线上电压最低时（用 $\dot{U}_{f.min}$ 表示），在线路始端所测量到的阻抗为

$$Z_{f.min} = \frac{\dot{U}_{f.min}}{\dot{I}_{f.max}} \qquad (4-11)$$

参照过电流保护的整定原则，考虑到外部故障切除后，在电动机自启动的条件下，保护第 III 段必须立即返回的要求，应采用

$$Z_{dz} = \frac{1}{K_k K_{zq} K_h} K_{f\cdot min} \qquad (4-12)$$

其中，可靠系数 K_k 取 1.15～1.25，返回系数 K_h 取 1.17；自启动系数 K_{zq} 为大于 1 的数值，由网络具体接线和负荷性质确定。

② 继电器的启动阻抗为

$$Z_{zd.J} = Z_{dz}\frac{n_{TA}}{n_{TV}} \qquad (4-13)$$

其中，$\dfrac{n_{TA}}{n_{TV}}$ 为电流互感器与电压互感器的匝数比，继电器的整定阻抗应根据 $Z_{zd.J}$ 所采用的阻抗继电器动作特性来确定。动作时限较相邻与之配合的保护的动作时限高出一个 Δt。

③灵敏性校验。距离 III 段作为远后备保护时，其灵敏系数应按相邻元件末端短路的条件来校验，并考虑分支系数为最大的运行方式，要求 $K_{lm} > 1.2$；当作为近后备保护时，则按本线路末端短路的条件来校验，要求 $K_{lm} > 1.5$。

距离保护是依据测量阻抗决定是否动作的一种保护，因此，能使测量阻抗发生变化的因素都会影响距离保护的正确动作。一般来说，有如下几个方面。

- 短路点过渡电阻。
- 电力系统振荡。
- 保护装置电压回路断线。
- 输电线路的串联电容补偿。
- 电流互感器和电压互感器的过渡过程。
- 短路电流中的暂态分量。
- 输电线路的非全相运行。

根据继电保护所提出的基本要求来评价距离保护可以做出如下几个主要的结论。

① 距离保护可以在多电源的复杂网络中保证动作的选择性。

② 距离 I 段是瞬时动作的，但是它只能保护线路全长的 80%～90%，因此，两端合起来就使得在 30%～40%的线路长度内的故障不能从两端瞬时切除。对于 220kV 及以上电压的网络中有时候就不能满足电力系统稳定运行的要求，因而不能作为主保护来应用。

③ 由于阻抗继电器同时反应电压的降低和电流的增大而动作，因此，距离保护较电流、电压保护具有较高的灵敏度。此外，距离 I 段的保护范围不受系统运行方式变化的影响，其他两段受到的影响也较小，因此，保护范围比较稳定。

④ 距离保护较为复杂。

4.4　变压器及母线的微机保护

变压器是电力系统中重要的供电设备，它的故障将给供电可靠性和系统的运行带来严重的影响。因此，必须根据变压器的容量和重要程度考虑装设性能良好、工作可靠的继电保护装置。

变压器的内部故障可以分为油箱内和油箱外两种。油箱内的故障包括绕组的相间短路、接地短路、匝间短路以及铁芯的烧损等。油箱外的故障，主要是套管和引出线上发生相间短路和接地短路。变压器的不正常运行状态主要有：外部相间短路引起的过电流、外部接地短路引起的过电流和中性点过电压、过负荷以及漏油引起的油面降低。对大容量变压器，在过电压或低频率等异常运行方式下，还会发生变压器的过励磁故障。

4.4.1　电力变压器的保护类型及配置

根据 DL400—1991《继电保护和自动装置设计技术规程》的规定，变压器一般应装设以下保护装置。

① 变压器油箱内部各种短路故障和油面降低的瓦斯保护。

② 变压器绕组和引出线相间短路、大电流接地系统侧绕组和引出线的单相接地短路及绕组匝间短路的纵联差动保护。

③ 变压器外部相间短路并作为瓦斯保护和差动保护的后备的低电压启动过电流保护或

者复合电压启动的过电流保护或者负序过电流保护。

④ 大电流接地系统中变压器外部接地短路的零序电流保护。

⑤ 变压器对称过负荷的过负荷保护。

⑥ 变压器过励磁的过励磁保护。

电力变压器的微机保护的配置较齐全、灵活。以下分别介绍中压和高压变电站主变压器的保护配置。

1. 中压变电站主变压器的保护配置

（1）主保护

① 比率制动式差动保护。中压变电站主变容量不会很大，通常采用二次谐波闭锁原理的比率制动式差动保护。

② 差动速断保护。

③ 本体主保护。

（2）后备保护

主变后备保护均按侧配置，各侧后备保护之间、各侧后备保护与主保护之间软件、硬件均相互独立。

① 小电流接地系统变压器后备保护的配置。

- 三段复合电压闭锁方向过流保护。Ⅰ段动作跳本侧分段断路器，Ⅱ段动作跳本侧断路器，Ⅲ段动作全跳三侧。

- 三段过负荷保护。Ⅰ段发信，Ⅱ段启动风冷，Ⅲ段闭锁有载调压。

- 冷控失电，主变过温告警（或跳闸）。

- TV 断线告警或闭锁保护。

② 大电流接地系统变压器后备保护的配置。

对于高压侧中性点接地的变压器，除上述保护外应考虑设置接地保护。通常针对如下 3 种接地方式配置不同的保护。

- 中性点直接接地运行，配置二段式零序过流保护。

- 中性点可能接地或不接地运行，配置一段两时限零序无流闭锁、零序过压保护。

- 中性点经放电间隙接地运行，配置一段两时限式间隙零序过流保护。

对于双绕组变压器，后备保护只配置一套，装于降压变的高压侧（或升压变的低压侧）；对于三绕组变压器，后备保护配置两套：一套装于高压侧作为变压器本身的后备保护；另一套装于中压或低压的电源一侧，并只作为相邻元件的近后备保护，而不作变压器本身的后备保护。因为一般变压器均装有瓦斯保护和一套主保护，一套高压侧（即主电源侧）的后备保护。

2. 高压、超高压变电站主变压器的保护配置

（1）主保护配置

① 比率制动式差动保护，除采用二次谐波闭锁原理外，还可以采用波形鉴别闭锁原理或对称识别原理克服励磁涌流误动。

② 工频变化量比率差动保护。

③ 差动速断保护。

④ 本体主保护。

（2）后备保护配置

高压侧后备保护可按如下方式配置。

① 相间阻抗保护，方向阻抗元件带 3%的偏移度。

② 二段零序方向过流保护。

③ 反时限过激磁保护。

④ 过负荷报警。

4.4.2 变压器的差动保护

1. 变压器差动保护的基本原理

差动保护的基本原理是基于基尔霍夫电流定律，把变压器、发电机或其他被保护电力设备看成是一个节点，如果流入节点的电流等于流出节点的电流，则节点无泄漏，这时说明被保护设备无故障。如果流入节点的电流不等于流出节点的电流，则节点中存在其他电流通路，说明被保护设备发生了故障，用输入电流与输出电流的差作为动作量的保护就称为差动保护。

在正常运行时流入变压器的电流等于流出变压器的电流，但是变压器各侧的额定电压不同，接线方式不同，各侧电流互感器变比不同，各侧电流互感器的特性不同产生的误差，以及有载调压产生的变比变化等使变压器差动考虑的因素较多。例如，实际工程中微机差动保护装置无法对变压器铁芯饱和等进行识别和自动补偿。变压器的各侧绕组有一个公共铁芯，这样被保护对象包含 n 条电路和一条公共磁路，公共磁路需要励磁电流，励磁电流是无法接入微机差动保护装置的，它成为变压器差动保护的不平衡电流，是无法进行识别和自动补偿的。微机差动保护装置在软件设计上充分考虑了上述因素，几乎所有微机差动保护装置的 TA 接线都基本相同，各侧 TA 都按星形接法接入到微机差动保护装置，TA 的匹配和变压器接线方式引起的各侧电流之间的相位关系全部由微机差动保护装置自动进行处理、变换和匹配。

下面以变压器的纵联差动保护为例，说明差动保护的基本原理。

为构成变压器的纵联差动保护，在变压器的各侧分别装设电流互感器，每侧电流互感器一次回路的正极性均置于靠近母线的一侧；二次回路的同极性端子用导引线相连接；差动继电器则并联连接在电流互感器二次回路的两个臂上。双绕组纵联差动保护原理接线如图 4-9 所示，图中仍规定一次侧电流的正方向为从母线流向被保护的变压器。以双绕组变压器为例，流入差动继电器的电流为各电流互感器二次电流的总和，即 $\dot{I}_J = \dot{I}_2' - \dot{I}_2''$

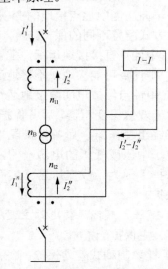

图 4-9 双绕组变压器纵联差动保护的原理接线

由于变压器高压侧和低压侧的额定电流不同，因此，为了保证纵联差动保护在正常运行和外部故障时流入差动继电器的电流 $\dot{I}_J = 0$ 保护不会误动作，就必须适当选择两侧电流互感器的变比。例如在图 4-9 中，应使

$$\frac{I_1'}{n_{11}} = I_2' = I_2'' = \frac{I_1''}{n_{12}} \tag{4-14}$$

$$\frac{n_{12}}{n_{11}} = \frac{I_2^{''}}{I_1^{'}} = n_{\mathrm{B}} \qquad\qquad (4\text{-}15)$$

其中，n_{11} 为高压侧电流互感器的变比；n_{12} 为低压侧电流互感器的变比；n_{B} 为变压器的变比。

由式（4-14）可知，构成变压器纵联差动保护的基本原则就是：必须适当选择两侧电流互感器的变比，使其比值等于变压器的变比。这样选择好电流互感器变比后，当在变压器内部发生故障时，如果变压器两侧均有电源，则两侧电源都要向短路点提供短路电流，且两侧电流按规定正方向看均为正。因此，流入差动继电器的电流 I_{J} 为两侧电源提供的短路电流变换到二次侧数值的和，即等于短路点总电流归算到二次侧的数值。当 I_{J} 大于规定值时，继电器动作于跳闸。由此可见，纵联差动保护的基本原理实际上是比较被保护元件各侧电流的幅值和相位，即对各侧电流相量的比较。

2. 变压器不平衡电流产生的原因

根据纵联差动保护的基本原理可知，当变压器正常运行或外部故障时，如果不计电流互感器励磁电流的影响，则流入继电器的电流 $\dot{I}_{\mathrm{J}} = 0$。在实际运行中由于励磁电流的存在以及其他因素的影响，正常运行或外部故障时 $\dot{I}_{\mathrm{J}} \ne 0$，会有一定数值大小的电流流入差动继电器，称其为不平衡电流 $\dot{I}_{\mathrm{bp}}$。

为了保证变压器纵联差动保护动作的选择性，差动继电器的动作电流 $I_{\mathrm{dz.J}}$ 应躲开外部短路时出现的最大不平衡电流 $\dot{I}_{\mathrm{bp.max}}$。所以说，不平衡电流越大，继电器的启动电流越大，灵敏度越低。由于产生变压器纵联差动保护不平衡电流的原因较多，不平衡电流大就成为变压器纵联差动保护的重要特点。下面简单介绍一下各种不平衡电流产生的原因。

（1）变压器励磁涌流 I_{LY} 产生的不平衡电流

变压器的励磁电流 I_{L} 仅流经变压器接通电源的一侧，因此，通过电流互感器反应到差动回路中就不能被平衡。在正常运行情况下，此电流很小，一般不超过额定电流的 2%～6%；在外部故障时，由于电压降低，励磁电流减小，励磁电流 I_{L} 的影响就更小。但是，在电压突然增加的特殊情况下，例如变压器空载投入和外部故障切除后电压恢复时可能出现数值很大的励磁电流，这种在暂态过程中出现的数值很大的变压器励磁电流通常称为励磁涌流。励磁涌流的存在会导致纵联差动保护误动作。

（2）变压器两侧电流相位不同产生的不平衡电流

变压器常采用 Y，d11 的接线方式，其两侧电流的相位差 30°。如果两侧的电流互感器仍采用通常的接线方式，则二次电流由于相位不同会产生很大的不平衡电流流入继电器。

（3）计算变比与实际变比不同产生的不平衡电流

由于两侧的电流互感器都是根据产品目录选取标准变比，而变压器的变比也是一定的。因此，三者的关系很难满足 $\frac{n_{12}}{n_{11}} = n_{\mathrm{B}}$ 的要求，从而在差动回路中产生不平衡电流。

（4）两侧电流互感器型号不同产生的不平衡电流

变压器两侧电流水平不同使得变压器两侧电流互感器的型号必然不同，型号不同的电流互感器在饱和特性、励磁电流（归算至同一侧）的数值上也就不同，因此，在差动回路中所产生的不平衡电流也就较大。这种不平衡电流是不可避免的，只能靠尽可能减小电流互感器铁芯的饱和程度来削弱它的影响。

（5）变压器带负荷调整分接头产生的不平衡电流

带负荷调整变压器的分接头是保证电力系统运行电压稳定的重要手段。而改变分接头就是改变变压器的变比 n_B，如果差动保护已按照某一变比调整好，则当分接头改变时，就会产生一个新的不平衡电流流入差动回路，由此产生的不平衡电流的数值也随着分接头的变化在改变。在微机型变压器保护中，可在软件中设计进行动态调平衡的算法，但其他类型的保护中则不具备这个条件。

3. 变压器差动保护整定计算

① 最小动作电流 $I_{\mathrm{op.min}}$

$$I_{\mathrm{op.min}} = K_{\mathrm{rel}}(K_{\mathrm{fzq}}K_{\mathrm{st}}f_{i(n)} + \Delta U + \Delta M)I_{\mathrm{TN}} \tag{4-16}$$

其中，K_{fzq} 为分周期分量系数；K_{st} 为电流互感器同型系数；K_{rel} 为可靠系数，范围是 1.3～1.5；$f_{i(n)}$ 为电流互感器的比值误差；ΔU 为变压器分接头调节引起的误差（相对额定电压）；ΔM 为电流互感器变比未完全匹配产生的误差，$\Delta M \approx 0.05$。在一般情况下可取

$$I_{\mathrm{op.min}} = (0.2 \sim 0.5)I_n \tag{4-17}$$

② 拐点电流 I_{knee} 可选取

$$I_{\mathrm{knee}} < 1.0I_n \tag{4-18}$$

③ 最大制动系数 $K_{\mathrm{res.max}}$ 和制动特性斜率 m

外部短路时的最大不平衡电流 $I_{\mathrm{unb.max}}$ 为

$$I_{\mathrm{unb.max}} = K_{\mathrm{st}}K_{\mathrm{nper}}f_i I_{k.\mathrm{max}} + \Delta U_1 I_{K.1.\mathrm{max}}\Delta U_M I_{K.M.\mathrm{max}} + \Delta m_\mathrm{I} I_{K.\mathrm{I.max}} + \Delta m_\mathrm{II} I_{K.\mathrm{II.max}} \tag{4-19}$$

其中，K_{st} 电流互感器的同型系数；K_{nper} 电流互感器的非周期系数；f_i 电流互感器的比值误差；$I_{k.\mathrm{max}}$ 为流过靠近故障侧电流互感器的最大外部短路周期分量电流；$I_{K.1.\mathrm{max}}$、$I_{K.M.\mathrm{max}}$ 为在所计算的外部短路时，流过调压侧电流互感器的最大周期分量电流；$I_{K.\mathrm{I.max}}$、$I_{K.\mathrm{II.max}}$ 为在所计算的外部短路时，流过非靠近故障点的另两侧电流互感器的最大周期分量电流；Δm_I、Δm_II 分别为 I 侧和 II 侧的电流互感器变比不完全匹配而产生的误差。

对于两绕组变压器，上式简化为

$$I_{\mathrm{unb.max}} = I_{k.\mathrm{max}}(K_{\mathrm{st}}K_{\mathrm{nper}}f_i + \Delta U + \Delta m) \tag{4-20}$$

最大制动系数 $K_{\mathrm{res.max}}$ 为

$$K_{\mathrm{res.max}} = K_{\mathrm{rel}}I_{\mathrm{unb.max}}/I_{\mathrm{res}} \tag{4-21}$$

其中，I_{res} 为差动保护制动电流，它与差动保护原理、制动回路接线方式有关，对于两绕组变压器 $I_{\mathrm{res}} = I_{\mathrm{s.max}}$。

由式（4-16）决定 $I_{\mathrm{op.min}}$，由式（4-18）决定 I_{knee}，由式（4-21）决定 $K_{\mathrm{res.max}}$。

④ 内部短路的灵敏度校验。在系统最小运行方式下，计算变压器出口金属性短路的最小短路电流 $I_{k.\mathrm{min}}$（周期分量），同时计算相应的制动电流 I_{res}；由继电器的比率制动特性查出对应于 I_{res} 的继电器动作电流 I_{op}，则灵敏系数 K_{sen} 为

$$K_{\mathrm{sen}} = I_{k.\mathrm{min}}/I_{\mathrm{op}} \tag{4-22}$$

⑤ 速断保护的定值整定。为了加速切除变压器严重的内部故障，常常增设差动速断保护，

其动作电流按照励磁涌流来整定，即

$$I_{op} = K_{rel} I_{ex.max}$$ （4-23）

其中，$I_{ex.max}$ 为变压器实际的最大励磁涌流；K_{rel} 为可靠系数，可取为 1.15～1.30。

实际的最大励磁涌流 $I_{ex.max}$ 是一个很难正确确定的电流，对于大型发电机的一个变压器组，由于不存在出现很大励磁涌流的客观条件，可取

$$I_{ex.max} = (2 \sim 3) I_{TN}$$ （4-24）

其中，I_{TN} 为变压器额定电流。

对于降压变压器，最大励磁涌流可取

$$I_{ex.max} = (4 \sim 8) I_{TN}$$ （4-25）

对于发-变组之间有断路器，升压变压器可能单独运行的变压器，应按降压变压器考虑。灵敏系数为

$$K_{sen} = I_{k.min} / I_{op}$$ （4-26）

若 $K_{sen} < 1.2$ 就取消差动速断保护。

⑥ 变压器差动保护中防止励磁涌流引起误动的整定

- 二次谐波对基波之比（I_2 / I_1）。

通常选取下列条件作为差动保护的闭锁判据

$$I_2 / I_1 \geqslant 15\% \sim 20\%$$

- 间断角原理闭锁判据。

一种是直接由各相涌流间断角 θ_1 实现闭锁，则要求 $\theta_1 \geqslant 65°$；另一种是由涌流导数波形的间断角 θ_d 和波宽 θ_w 实现闭锁，则要求 $\theta_d \geqslant 65°$ 和 $\theta_w \geqslant 140°$

4. 微机型变压器差动保护的特点

与整流型、晶体管型和集成电路型等常规变压器保护相比，微机型变压器差动保护由于采用了单片微型机，具有记忆功能和优越的信息处理功能，所以能够更好地解决传统保护中的问题。微机型变压器差动保护的特点如下。

① 可将差动回路二次侧电流的直接差接改为数字差。电流互感器的副边不用再并接在一起，差动电流和制动电流分别用各侧同极性电流相加和相减得到，减小了因变比不同及励磁特性不同而引起的不平衡电流。

② 变压器两侧电流相位不同产生的不平衡电流可由电流互感器副边 Y，d 变换改为数字计算补偿。常规变压器差动保护对于 Y，d 变压器，需将星形侧三相电流互感器副边接成三角形以保证变压器两侧同相电流相位一致。当变压器星形侧保护区外发生不对称短路时，故障相和非故障相流过的电流大小悬殊，各相电流互感器的励磁工作点存在较大差异，从而在三角形相连的电流互感器副边产生额外的不平衡电流，导致差动回路中不平衡电流增大。当不对称短路发生在三角形侧区外时，因变压器 Y，d 的变换作用，这种影响会减轻一些，但仍然存在。在微机型变压器差动保护中，Y，d 变压器星形侧的电流互感器仍然可以 Y 接，而用数值计算来完成 Y，d 变换以消除由于两侧电流相位不同产生的不平衡电流。

③ 可改善励磁涌流的鉴别能力。目前已经提出许多制动及波形识别的方法来鉴别励磁涌流，这些方法需要复杂的数学运算，在常规保护中是难以实现的。

④ 由计算变比和实际变比不同产生的不平衡电流可用数字运算进行补偿。预先在变压器

一侧（三绕组变压器在两侧）电流上乘以某个固定系数，使正常运行和外部短路时差动电流为零。这种方法比常规保护中采用速饱和变流器的平衡线圈进行补偿更为准确。

⑤ 可采用运算实现电流互感器断线的报警和闭锁。

⑥ 采用灵活的算法可获得高速度和高灵敏度。通过长短数据窗算法的配合提高严重故障时保护的动作速度；利用单片机的记忆功能可方便地获取故障突变量，进一步提高内部故障时的动作灵敏度。

4.4.3 变压器的后备保护

按照继电保护配置原则，中、小型变压器装设一套主保护，当主保护或有关断路器拒动时，应装设后备保护（近后备保护、远后备保护或者两者都安装），为变压器提供后备保护作用，以及作为相邻元件的远后备保护。

1. 变压器零序电流保护

在电力系统中，接地故障是主要的故障形式，所以在大接地电流系统中的变压器都要求装设接地保护（零序保护）作为变压器主保护的后备保护和相邻元件接地短路的后备保护。

当电力系统接地短路时，零序电流的大小和分布是与系统中变压器中性点接地的数目和位置有很大关系的。通常对只有一台变压器的升压变电所，变压器都采用中性点直接接地的运行方式。对有若干台变压器并联运行的变电所，则采用一部分变压器中性点接地运行的方式。因此，对只有一台变压器的升压变电所，通常在变压器上装设普通的零序过电流保护，保护接于中性点引出线的电流互感器上。

变压器接地保护方式及其整定值的计算与变压器的型式、中性点接地方式及所连接系统的中性点接地方式密切相关。变压器接地保护要在时间上和灵敏度上与线路的接地保护相配合。

中性点直接接地的普通变压器接地后备保护由两段式零序过电流保护构成，零序过电流保护装置接在变压器接地中性点回路电流互感器二次侧。零序过电流保护的整定如下。

（1）零序过电流保护 I 段的动作电流应与相邻线路零序过电流保护第 I 段相配合

$$I_{op.0.I} = K_{rel}K_{brI}I_{op.0.I/II} \tag{4-27}$$

其中，$I_{op.0.I}$ 为零序过电流保护 I 段的动作电流；K_{rel} 为可靠系数；K_{brI} 为零序电流分支系数，其值等于出线零序过电流保护 I 段保护区末端发生接地短路时，流过本保护的零序电流与流过线路的零序电流之比；$I_{op.0.II/II}$ 为线路零序过电流保护 I 段或 II 段的动作电流。

110kV 及 220kV 变压器零序过电流保护 I 段以时限 $t_1 = t_0 + \Delta t$（t_0 为线路零序过电流保护 I 段或 II 段的动作时间）断开母联或分段断路器。以时限 $t_2 = t_1 + \Delta t$ 断开变压器各侧断路器。330kV 及 500kV 变压器高压侧零序过电流保护 I 段只设一个时限，即 $t_1 = t_0 + \Delta t$，断开变压器各侧断路器。

（2）零序过电流继电器 II 段的动作电流应与相邻线路零序过电流保护的后备段相配合

$$I_{op.0.II} = K_{rel}K_{brI}I_{op.0.I.II} \tag{4-28}$$

其中，$I_{op.0.II}$ 为零序过电流保护 II 段的动作电流；K_{rel} 为可靠系数；K_{brI} 为零序电流分支系数，其值等于出线零序过电流保护后备段保护区末端发生接地短路时，流过本保护的零序电流与流过线路的零序电流之比；$I_{op.0.I.II}$ 为线路零序过电流保护后备段的动作电流。

110kV 及 220kV 变压器 II 段零序过电流保护以时限 $t_3 = t_{1.max} + \Delta t$ 断开母联或分段断路器。

以 $t_4 = t_3 + \Delta t$ 断开变压器各侧断路器，$t_{1.\max}$ 为线路零序过电流保护后备段的动作时间。330kV 及 500kV 变压器高压侧 II 段零序过电流保护只设一个时限，即 $t_3 = t_{1.\max} + \Delta t$ 断开变压器各侧断路器。

（3）灵敏系数校验

$$K_{sen} = 3I_{k0.\min} / I_{op.0} \tag{4-29}$$

其中，$I_{k0.\min}$ 为 I 段（或 II 段）保护区末端接地短路时流过保护安装处的零序电流；$I_{op.0}$ 为零序过电流保护 I 段（或 II 段）的动作电流。

2. 复合电压启动的过电流保护

复合电压启动的过电流保护的整定方法如下。

（1）电流继电器的整定计算

过电流保护的动作电流应按躲过变压器的额定电流整定，其计算公式为

$$I_{op} = K_{rel}I_{Tn} \tag{4-30}$$

其中，I_{op} 为过电流保护的动作电流；K_{rel} 为可靠系数；I_{Tn} 为变压器的额定电流。

（2）低电压保护的动作电压整定计算

低电压保护的动作电压应按躲过电动机自启动条件整定。当电压取自变压器的低压侧电压互感器时，其计算公式为

$$U_{op} = (0.5 \sim 0.6)U_n \tag{4-31}$$

其中，U_n 为变压器的额定电压。

当电压取自变压器的高压侧电压互感器时，计算公式为

$$U_{op} = 0.7U_n \tag{4-32}$$

（3）负序过电压的动作电压整定计算

负序过电压的动作值按躲过正常运行时出现的不平衡电压整定，不平衡电压值一般可通过实测确定，当无实测值时，根据电力系统运行规程的规定可取为

$$U_{op.2} = 0.06U_n \tag{4-33}$$

（4）灵敏系数校验

过电流保护的灵敏系数为

$$K_{sen} = I_{k.\min} / I_{op} \tag{4-34}$$

其中，$I_{k.\min}$ 为后备保护区末端两相金属性短路时流过保护的最小电流。要求 $K_{sen} \geq 1.2$。

低电压保护的灵敏系数为

$$K_{sen} = U_{op} / U_{c.\max} \tag{4-35}$$

其中，$U_{c.\max}$ 为在计算运行方式下，灵敏系数校验点发生金属性三相短路时，保护安装处的最高残压。要求 $K_{sen} \geq 1.2$。

负序过电压的灵敏系数为

$$K_{sen} = U_{k.\min.2} / U_{op.2} \tag{4-36}$$

其中，$U_{k.\min.2}$ 为后备保护区末端两相金属性短路时，保护安装处的最小负序电压。要求 $K_{sen} \geq 5$。

4.4.4 母线微机保护

母线保护与变压器保护同属于元件保护，因此，其主保护均采用比率差动保护。为了防止电流回路断线引起差动保护误动，同样采用复合电压闭锁整套保护装置，这是元件差动保护的共同特点。母线保护的特殊之处在于母线是各路电流的汇流处，当发生区外故障时，故障单元的 TA 流过连接在母线上各元件的总故障电流，使得该 TA 严重饱和，由此产生的差动不平衡电流比变压器、发电机等差动保护的区外故障不平衡差流大得多。于是有效克服区外故障的不平衡差流防止母线差动保护误动，就成了提高母线保护性能的关键因素。

母线保护的动作判据是基于对母线上流入与流出的连接元件的电流的比较。这个方法已成功地应用多年，电力系统利用此构成比率制动式电流差动保护，并应用于低阻抗式、高阻抗式电流差动保护中。由于正确的判据与巧妙的技术的结合，因此，上述两者均取得最佳的效果。按照母线保护装置的输入阻抗值的大小，可分为低阻抗型母线保护（一般为几欧姆）、中阻抗型母线保护（一般为几百欧姆）和高阻抗型母线保护（一般为几千欧姆）。

1. 低阻抗型母线保护

常规的母线保护以及微机型母线保护均为低阻抗型母线保护。它们一般采用先进的、久经考验的判据，如电流差动原理、电流相位比较原理及二者的组合构成分相差动方案。如 REB500 型母线保护采用比较电流的幅值及相位构成跳闸逻辑，在不需要双重化或增加检测回路的情况下取得较高的可靠性。电力系统采用低阻抗型母线保护有以下原因。

① 对主 TA 没有特殊的要求。

② 每个连接元件的 TA 的变比可以不一致，可以采用标准的如 5P20、30VA 的保护用 TA 铁芯。

③ 可以和其他保护共用一组 TA 铁芯。

④ TA 二次回路不允许切换，即不允许开路。

⑤ TA 绕组可通过对差动回路电抗的测量进行监视，并可判出 TA 断线。

低阻抗型母线保护的广泛使用在于其装置的相对简单。因为保护所需的模块均集成在系统中，并与变电站有机地连成一体。保护在出厂前均可以做完备的实验。它将减少变电站二次投资。另一个优点是系统监视较为简单，特别是微机母线保护具有完善的自监及互监功能。此外，微机保护还包括事故记录，断路器失灵保护以及接地保护、过电流保护等后备保护。

2. 高阻抗型母线保护

由于输入回路呈现高阻抗，电流差动保护对于系统的稳定有正面影响。高阻抗型母线保护最关注的是高可靠性，其方法是设计一个附加的高阻抗保护系统，作为检测元件，并提供第二个跳闸判据。但是这种方法需要一种与之匹配的 TA 绕组，并且每个连接元件的二次回路必须连接牢固。TA 绕组必须满足以下要求。

① TA 绕组不能与其他保护共享。

② 有相同的变比。

③ 二次绕组必须有较低的阻抗。

④ 励磁电流必须很低。

对于双母线系统不宜采用高阻抗保护。为了获得选择性，在双母线系统的各种运行方式下 TA 二次回路不得不根据运行方式（隔离开关的位置不同）进行切换。倒闸过程中 TA 绕组可能发生开路，结果导致二次绕组上的高电压而造成损坏。

同时，母线内部故障时，由于在高阻上产生相当高的电压（一般有几千伏），高阻抗继电器本身需要附加压控电阻和短路绕组进行保护。

高阻抗保护系统除了需要在工程建设、维护等方面增加相当多的投资外，变电站还需增加额外的设备。总之，尽管高阻抗保护系统投资似乎较少，但是，运行、维护、维修十分困难。另外，如果考虑到专用 TA 绕组的费用，高阻抗保护不是最佳的选择。

3. 中阻抗型母线保护

中阻抗型母线保护是一种快速、灵敏、采用比率制动式电流差动原理的保护方案。它既具有低阻抗、高阻抗保护的优点，又避开了它们的缺点，特别是在处理 TA 饱和方面具有独特的优势。应该说，除了微机保护固有的优势外，中阻抗型母线保护是目前最好的一种母线保护方案。

比率制动继电器将差动电流与穿越性制动电流相比较，以鉴别差动电流是故障电流还是不平衡电流。它能保证在区外故障时有良好的选择性，在区内故障时有很高的灵敏度。其基本动作判据可归纳为如下所示

$$\left|\sum I_i\right| - K_{res}F(I_i) \geqslant I_{set} \tag{4-37}$$

其中，$\sum I_i$ 为线路各端电流的相量和（规定各端电流的正方向为母线流向被保护线路）；$F(I_i)$ 为制动量函数；K_{res} 为制动系数；I_{set} 为差动保护的整定值。

根据不同的制动量函数可以构成各种各样的差动保护判据。而现在母线电流差动保护装置几乎均采用如下的判据构成母线保护的主判据。

$$\left|\sum_{i=1}^m I_i\right| > I_{set} \tag{4-38}$$

$$\left|\sum_{i=1}^m I_i\right| > K_{ret} \cdot \sum_{i=1}^m |I_i| \tag{4-39}$$

其中，K_{ret} 为制动系数，I_{set} 为整定值。

现代母线保护要求动作速度快的根本原因在于：当母线发生内部故障时，即使 TA 饱和，母线保护也能抢在其饱和之前动作。根据分析，当 TA 完全饱和时，TA 的二次电流在故障开始时至少有 3～5ms 以上的线性传变区。因此，母线保护整组动作时间小于 10ms 这一重要指标很自然地被提出来。如果考虑出口继电器动作时间及其他因素，这就要求 5～8ms 内必须完成差动保护判据的计算并决定母线保护动作行为。这样，许多计算机保护的计算方法，如基于纯正弦变化的算法、基于以非周期分量、基频和倍频分量为模型的傅氏算法、基于以非周期分量、随机高频分量为模型的最小二乘法和卡尔曼滤波算法等均不能很好地应用于母线保护中。

4.5　电力电容器的微机保护

电力系统中广泛应用并联电容器实现对系统无功功率的补偿，用以提高功率因数和进行电压调节。在超高压系统也有采用串联补偿的。与同步调相机相比，电容器投资省、安装快、运行费用低。随着高压大容量晶体管技术的发展和微机电容器自动投切装置的应用，电容器的调节特性大大改善，电容器在电力系统中得到更加广泛的应用。电容器的安全运行对保证电力系统的安全、经济运行有着重要的作用。

4.5.1 电容器的故障及保护配置

电容器的故障主要分为 3 类，包括电容器内部故障、电容器外部故障以及系统异常。下面就对 3 种类型的故障做一个简单的介绍。

1. 电容器内部故障

电力电容器组是由电容器元件并联和串联组成的。当电力电容器内部故障时，内部电流增大，致使内部气体压力增大，轻者发生漏油或"凸肚"现象，重者会引起爆炸。电力电容器保护应反映电容器组内部局部击穿与短路，并及时切除故障，防止故障扩大。

2. 电容器的外部故障

系统电压过高及过低可能危及电容器的安全运行。因电容器内部功耗与电压平方成正比，过电压时电容器因内部功耗增大使温升显著增高，将进一步损坏电容器内部绝缘介质。外部短路故障时，使电容器失压，但在电荷尚未释放时，可能在恢复供电时再次充电使电容器过压；另一种情况是恢复供电时，变压器与电容器同时投入，容易引起操作过电压和谐振过电压，从而使电容器过压。

3. 系统异常

系统异常是指过电压、失压和系统谐波。IEC 标准和我国国家标准规定，电容器长期运行的工频过电压不得超过 1.1 倍额定电压。电压过高将导致电容器内部损耗增大并发热损坏。严重过电压还将导致电容器的击穿。系统失压本身不会损坏电容器，但是在系统电压短暂消失或供电短时中断时可能发生下列现象使电容器发生过电压和过电流而损坏。

① 电容器组失压后放电未完毕又随即恢复电压使电容器组带剩余电荷合闸，产生很大的冲击电流和瞬时过电压，使电容器损坏。

② 变电站失压后恢复送电时若空载变压器和电容器同时投入，LC 电路空载投入的合闸涌流将使电容器受到损害。

③ 变电站失压后恢复送电时可能因母线上无负荷而使母线电压过高造成电容器过电压。

按照相关的规程要求并联补偿电容器组应装设下列保护。

① 对电容器组和断路器之间连接线的短路，可装设带有短时限的电流速断和过电流保护，动作于跳闸。

② 对电容器内部故障及其引出线短路，可以对每台电容器分别装设专用的熔断器。

③ 当电容器组中故障电容器切除到一定数量时，引起电容器端电压超过 110%额定电压，保护应将断路器断开。对不同接线的电容器组，可采用不同的保护方式。

④ 电容器组的单相接地保护。

⑤ 对电容器组的过电压应装设过电压保护，带时限动作于信号或跳闸。

⑥ 对母线失压应装设低电压保护，带时限动作于信号或跳闸。

⑦ 对于电网中出现的高次谐波有可能导致电容器过负荷时，电容器组宜装设过负荷保护，带时限动作于信号或跳闸。

4.5.2 电容器组的保护

1. 电流速断保护

电流速断保护应保证在电容器端部发生相间短路时可靠动作，同时应避免电容器投入瞬

间的涌流造成误动。规程规定，速断保护的动作电流应按最小运行方式下电容器端子上发生两相短路时有足够的灵敏系数来整定，即

$$I_{op} = I_{K\ min}^2 / K_{sen} \tag{4-40}$$

其中，I_{op} 为保护动作电流；$I_{K\ min}^2$ 为电容器端部最小二相短路电流；K_{sen} 为灵敏系数。为了可靠地避免合闸涌流产生误动，电流速断保护应增设约 0.2s 的延时。

2. 过电流保护

过电流保护是电流速断保护的后备保护。它应按躲过电容器组长期容许的最大工作电流整定。即

$$I_{op} = K_{rel} I_n / K_{re} \tag{4-41}$$

其中，K_{rel} 为可靠系数；K_{re} 为返回系数，可取所选保护装置的返回系数；I_n 为电容器的额定线电流。K_{rel} 的取值是考虑到电容器组容许在 1.3 倍额定电流下长期工作，且电容器组的电容量可容许 10%的偏差。

过电流保护可以采用定时限或反时限，当采用定时限时，为了可靠躲过涌流，过流保护的动作时间应比速断保护更长。当采用反时限时可参照所用电容器组的过电流损坏特性与所选微机保护装置的反时限特性确定。

3. 不平衡电压保护

电容器组是由许多台电容器串、并联组成的，个别电容器故障应由其相应的熔断器切除，对整个电容器组无多大影响。但是，当电容器组中多台电容器故障被熔断器切除后，就可能使继续运行的剩余电容器严重过载或过电压，因此，必须考虑专用的保护措施。单星形接线电容器组多采用不平衡电压，其保护方式有以下 3 种。

（1）中性点电压偏移保护

中性点与大地之间连接电压互感器的一次绕组，利用二次电压的变化启动保护。当某相的电容器切除后，电容器的变化将使三相电压不平衡，中性点将发生偏移，使保护动作，将整组电容器切除。

（2）零序电压保护

单星形接线的电容器组保护接线，一般采用零序电压保护。保护采用电压互感器的开口三角形电压，当某相的电容器因故障切除时，三相电压不平衡，开口处出现电压，利用这个电压值启动保护，将整组电容器切除。电压互感器的一次绕组与电容器并联作为放电线圈，可防止母线失压后再次送电时因剩余电荷造成的电容器过电压。

（3）电压差动保护

若电容器组为单星形接线，而每相为两组电容器组串联组成时，则可用电压差动保护。

4. 不平衡电流保护

不平衡电流保护是利用故障相电容器容抗减小后电流增加，用增加的电流值与正常相电流值之间的差电流来启动保护，动作于断路器跳闸。

5. 电容器的过压、失压保护

电容器有较大的承受过电压的能力。我国标准规定电容器容许在 1.1 倍额定电压下长期运行，在 1.15 倍额定电压下运行 30min，在 1.2 倍额定电压下运行 5min，在 1.3 倍额定电压下运行 1min。过电压保护原则上可以按此标准规定进行整定，但为了可靠起见可以选择在 1.1 倍额定电压时动作于信号，1.2 倍额定电压经 5～10s 动作跳闸。此时限是为了防止因电压

波动而引起误动。过电压保护的电压继电器可以接在放电电压互感器的二次侧，也可接在母线电压互感器二次侧。在微机保护中一般用后者，因为这样可以同时满足过压、失压保护和测量所需的电压采样。但采用此接法时应注意需由电容器组的断路器或隔离开关的辅助接点闭锁电压保护，使断路器断开时保护能自动返回。当有串联电抗器时，电抗器会使电容器上电压升高，动作电压应按下式整定。

$$U_{op} = K_v(1 - X_L / X_C)U_{ph.n}$$ （4-42）

其中，X_L 为串联电抗器电抗；X_C 为电容器组容抗；K_v 为过电压系数；$U_{ph.n}$ 为电容器组额定相电压。

4.6 微机继电保护技术的新发展

随着计算机及通信技术的发展，信息采集、处理、传输均可通过计算机完成，发电厂与变电站自动化系统就是以计算机为基础，将微机保护、微机控制、微机远动、微机自动装置、微机故障录波等分散的技术集成在一起，从而实现电网的现代化管理，并可以给运行、安全、设计、施工、检修、维护、管理等诸多方面带来直接或间接的经济效益和社会效益。

当代继电保护的发展是以模拟保护数字化、数字保护信息化为线索的。在计算机技术、数字信号处理技术、智能技术、网络技术及通信技术的共同推进下，信息技术（IT）正在改变着保护的现状，微机保护已集保护、控制、测量、录波、通信功能于一体，具有以下特征。

① 自诊断和监视报警。

② 远方投切和整定。

③ 信息共享、多种保护功能集成并得到优化。

④ 支持并推动综合自动化的发展。

⑤ 采用先进的 DSP 算法进行波形识别，识别对象由稳态量发展到暂态量。

⑥ 提供动态修改定值的可能性。

基于此，微机继电保护装置应采用分层分布式系统结构，系统设计体现面向对象、功能有机集成，系统各部分有机协调的思想，系统考虑工程的实用化（分散、就地安装等模式）。分散式系统的功能配置宜采用能下放的功能尽量下放的原则。站控层应能实现对整站监视、保护、控制以及设备检测的功能综合管理。同时考虑适应多种网络接口，在确保保护功能的相对独立性和动作可靠性的前提下，部分模块采用保护、测量、控制一体化设计。为保障测量值的精度要求，保护和测量可分别采用不同的 TA、TV 绕组。采用总线型局域网络，其通信速率高、传输可靠。在设计微机保护装置时，应充分考虑电磁干扰对智能电子设备（IED）装置的要求。并保证经济合理性及技术先进性。

随着电力系统的高速发展和计算机技术、通信技术的进步，国内外继电保护技术进一步发展的趋势为：计算机化，网络化，保护、控制、测量、数据通信一体化和人工智能化。

本 章 小 结

由于电子技术、控制技术、计算机通信技术、特别是微型计算机技术的迅猛发展，继电保护领域出现了巨大的变化。微机保护与传统几点保护的最大区别就在于微机保护不仅有实现继电保护功能的硬件电路，而且还有实现保护和管理功能的软件。

微机保护装置的硬件结构可分为数据采集系统、运算系统、开关量输入/输出系统、通信系统、人机接口系统和电源系统 6 大部分。微机保护装置的软件分为接口软件和保护软件两大部分。接口软件是人机接口部分的软件，其程序可分为监控程序和运行程序。保护软件主要是指各种保护实现所需要的算法实现。主要包含 3 个基本模块，初始化及自检循环模块、保护逻辑判断模块和跳闸处理模块。

输电线路运行中最常见和最危险的故障是各种类型的短路，比如说三相短路、两相接地短路和单相接地短路。有时也会出现单相断线和两相断线故障。输电线路保护是微机保护中最重要的任务。电力系统中输电线路比任何其他元件需要的保护都多。本章主要介绍了输电线路的三段式电流保护、方向电流保护以及距离保护的相关理论知识。

电力元件的保护与输电线路的保护有着根本的不同。输电线路保护的复杂性是由继电保护装置位于线路两端引起的。而电力元件总是位于一个固定地点，这使得可以方便地比较其不同引线端的测量值，而这是跳闸动作决策过程的一个重要的组成部分。元件保护都有一定的类似性。一个基本理念就是采用差动保护，它的特点就是测量所有流入一个设备的点电流之和，无论是发电机还是母线，这个电流和都为零。本章主要介绍了变压器、母线及电力电容器的微机保护。

习　　题

1. 变压器励磁涌流的特点是什么？
2. 简述零序电流保护的原理及特点。
3. 什么叫远后备保护、近后备保护？举例说明。
4. 画出微机型保护及控制装置的硬件结构示意图，并简述各部分的功能。
5. 三段式电流保护的意义何在？哪一段为线路的主保护，哪一段为线路的后备保护？
6. 何谓方向电流保护？为什么要采用方向电流保护？
7. 方向电流保护为什么要按相启动？
8. 何谓距离保护？它有何优缺点？
9. 何谓距离保护的时限特性？
10. 变压器一般都应带有什么保护装置？
11. 变压器差动保护的不平衡电流是如何产生的？
12. 如何选择变压器差动保护中变压器各侧电流互感器的变比？
13. 为什么要装设母线保护？哪些母线应装设专用的母线保护？

第 5 章　变电站综合自动化监控系统

变电站监控系统是指具有数据采集、监视、控制功能的计算机系统，是以检测控制工厂内部各个设备和仪表为主体，加上检测装置、执行机构与被检测控制的对象共同构成的整体。在这个系统中，计算机直接参与被监控对象的检测、监督和控制。变电站综合自动化监控系统能提供必要的实时运行信息，尤其是开关和保护行为的信息（事故报警信息），使值班人员和系统调度人员把握安全控制、事故处理的主动性，同时可以提高电网的运行管理水平，减少变电、配电损失，提高供电质量。

本章主要介绍变电站监控系统的基本功能及组成、冗余备份方式以及无人值班变电站的监控方式。

5.1　变电站监控子系统的组成

变电站综合自动化系统中监控子系统的构成与变电站的类型和规模有关。110kV 及以下电压等级的中小型变电站，其监控子系统相对比较简单。220kV 及以上大中型变电站有的本身就是枢纽变电站，对监控子系统的要求相对较高，对暂态过程的状态检测与控制、远动通信等方面都有较高的要求。因此，这类变电站的监控子系统的构成也会相对复杂些。

在变电站综合自动化系统中，较简单的监控子系统是由上位机、网络管理单元、测控单元远动接口、打印机等部分组成。在无人值班的变电站，主要负责与调度中心的通信，使变电站综合自动化系统具有 RTU 功能，完成四遥的任务；在有人值班变电站，上位机除了负责与调度中心通信外，还负责人机联系，使综合自动化系统通过上位机完成当地显示、制表打印、开关操作等功能。在一些监控系统中，上位机只负责进行人机联系，与调度的通信任务是由网络管理单元负责完成的。在规模较大的变电站中，会以工作站的形式设有当地维护工作站、工程师工作站以及远动通信服务控制器等。因此，大型变电站的监控系统可以是单机系统，也可以是多机系统。

无论是大型变电站还是小型变电站，其自动化系统一般由 3 部分组成：①间隔层的分布式综合设备；②站内通信网；③变电站层的监控系统及通信系统。变电站综合自动化系统的结构图如图 5-1 所示。其中，监控系统及通信系统是信息利用和流动的枢纽，是变电站综合自动化系统优劣的重要指标。

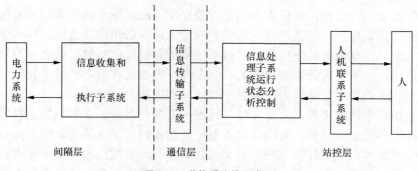

图 5-1 监控系统的组成图

5.1.1 变电站综合自动化监控子系统的典型结构

一个 110kV 的变电站监控系统的典型配置如图 5-2 所示。

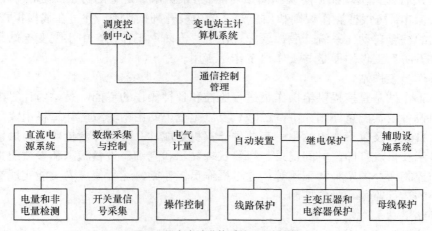

图 5-2 变电站监控系统配置结构图

整个系统是由变电站层和间隔层两层设备构成。变电站主站监控系统采用平行的结构，各监控主站与远动主站等相互独立，互不影响对方工作。间隔层设备按站内一次设备分布式配置，除了在 10kV 间隔层测控与保护装置一体化外，其余装置均按间隔布置，而保护完全独立，维护与扩建很方便。

间隔层主要是指现场与一次设备相连的采集终端装置，主要包括备自投装置、微机保护装置、智能测控仪表、出线开关回路的信号采集器等设备。间隔层主要采集各种反应电力系统运行状态的实时信息，并根据运行需要将有关信息传送到监控主站或调度中心。所有这些信息既包括反映系统运行的各种电气量，如频率、电压、功率等，也包括某些与系统运行相关的非电气量，如反映周围环境的温度、湿度等。间隔层所传送的数据既可以是直接从传感器采集的原始数据，也可以是经过终端装置处理过的信息。同时间隔层的装置还接收来自监控主站或上一级调度中心根据运行需要而发出的操作、调节和控制命令。

通信层主要是指通信管理控制系统。通信控制管理系统由通信管理机的相关软件和硬件装置、通信线路等部分组成。通信管理机的任务是实现与现场智能设备的通信及在监控后台及调度主站的通信。一方面，通信管理机可以独立实现对现场智能装置通信采集，如保护和测控装置，同时把采集到的信息选择性地发到与通信管理机相连的监控后台系统或远方调度系统；另一方面，通信管理机还把监控后台系统或远方调度主站的信息命令编码并转发到间隔层的智能设备，达到对现场智能设备的控制操作。通信层在整个系统中起到了关键的枢纽作用。通信层的规约接入支持能力直接影响系统的扩展能力。

监控层是指变电站的计算机监控系统与调度中心控制系统。主要包括微机五防站、操作员站、工程师站、远动主站等。监控层的主要任务是实时采集全站的数据并把数据存入实时数据库与历史数据库，通过各种功能界面实现实时监测、远程控制、数据查询、报表打印等功能，是监控系统与工作人员的人机接口，所有通过计算机对变电站的操作控制全都在监控层进行。下面对监控层的各种监控装置做一下简单的介绍。

（1）微机五防工作站

微机五防的主要功能是对遥控命令进行防误闭锁检查。系统内嵌软件，可与不同厂家的"五防"设备进行接口实现操作防误和闭锁功能；可根据用户定义的防误规则，进行规则校验，并闭锁相关操作；可根据操作规则和用户定义的模板开列操作票，并可在线模拟校验。目前，大型变电站的综合自动化系统一般都要配置微机"五防"工作站。中小型变电站一般不单独配置微机"五防"工作站而是与操作员工作站合用。

（2）操作员工作站

操作员工作站是直接提供给操作员进行监控和各种操作的界面，是站内计算机监控系统的人机接口设备。其配置原则如下：220kV及以上变电站由两套双屏计算机组成，并配置两台打印机；110kV及以下变电站由一套单屏计算机组成，并配置一台打印机。操作员工作站用于图形显示及报表打印、时间记录、报警状态显示和查询、设备状态和参数的查询、操作指导、操作控制命令的解释和下达等。通过操作员工作站，运行值班人员能实现对整个变电站生产设备的运行监测和操作控制。

（3）远动主站

远动主站负责站内变电站计算机监控系统和站外监控中心、各级调度中心进行数据通信，实现远方实时监控的功能。远动主站要求双机配置。远动主站直接连到以太网上，同间隔层的测量和保护设备直接通信，通过周期扫描和突发上送等方式采集变电站的数据，创建实时数据库作为数据处理中枢，满足调度主站对数据实时性的要求。

（4）继保工程师站

继保工程师站的配置原则为：220kV及以上变电站一般独立配置，由一套计算机组成；110kV及以下变电站中，与操作员工作站合用。继保工程师站主要用于监视全厂的继保装置的运行状态、手机保护事件记录及报警信息、收集保护装置内的故障录波数据并进行显示和分析、查询全厂保护配置、按权限设置修改保护定值并进行保护信号复归和投退保护等。继保工程师站主要有以下的功能：通信管理、保护信息处理、录波管理、图形及系统监控、报警管理、GPS校时、数据库管理、历史记录查询与报表。

GPS校时主要由GPS同步时钟来完成。GPS同步时钟由时钟接收器、主时钟等组成。时钟接收器由天线及接口模块组成，有独立装置和内置于主时钟装置两种方式，负责接收GPS等天文时钟的同步时钟信号。主时钟装置包括时钟信号输入单元、主CPU、时钟信号输出单元等组成。在500kV变电站中要求双主时钟配置；220kV及以下变电站一般配置单个时钟。

5.1.2 变电站综合自动化监控系统软件

变电站计算机监控系统的软件至少由系统软件、支持软件和应用软件 3 部分组成。

系统软件指操作系统和必要的程序开发工具（如编译系统、诊断系统以及各种编程语言、维护软件等）。所采用的操作系统一般为 UNIX 操作系统和 Windows 操作系统。

支持软件主要包括数据库软件和系统组态软件等。目前变电站监控系统所采用的数据库一般分为实时数据库和历史数据库。其中，实时数据库一般在内存中开辟数据空间，用于存储实时数据，结构由厂家自行定义。它的特点是结构简单、访问速度快。历史数据库一般在硬盘中，用于存储历史数据、事件等，通常采用商用数据库，也有采用厂家自定义的数据文件格式。系统组态软件用于界面编程和数据库生成。它应满足系统各项功能的要求，为用户提供交互式的、面向对象、方便灵活、易于掌握和多样化的组态工具，应提供一些类似宏命令的编程手段和多种实用函数，以方便扩展组态软件的功能。用户能很方便地对图形、曲线、报表、报文进行生成和修改。

应用软件则是在上述通用开发平台上，根据变电站特定功能要求所开发的软件系统。应用系统软件的性能直接确定监控系统的运行水平。它应满足功能要求和各项技术指标的要求。且当用户有自行开发的要求时，用户程序中许多接口是与应用软件系统有关的。所以，应用软件系统应有规范的开发过程和完善的技术资料，使用户能清楚其内部结构和机理，还要有通用的接口方式，使用户能顺利地完成开发工作。人机联系部分的应用软件主要有 SCADA 软件，AVQC 软件和"五防"闭锁软件。

通常，系统软件和支持软件采用成熟的商业软件，其通用性好、可靠性高。部分支持软件是由供货厂家自行开发的而应用软件则基本上全为供货厂家开发，其界面设置、操作方法差异很大。

5.1.3 变电站综合监控系统简介

1. PoweComm2000 变电站自动化监控子系统

PoweComm2000 变电站监控系统是专门针对 220/500kV 高电压等级变电站设计的。其主控制层主要由两部分组成，一部分是站级控制层，包括由两套 D200SMU 冗余系统组成的主装置和 SCADA 系统；另一部分为间隔层，由多个 D25 测控装置构成，一般分布于现场各个继保小室。PoweComm2000 变电站监控系统在全国众多 220/500kV 变电站已得到了广泛的应用。

PoweComm2000 软件系统所配置的操作系统、数据库、人机界面、图形接口、网络通信协议符合下列标准：UNIX、Windows NT，POSIX；SQL、ODBC、SYBASE、ORICAL；TCP/IP、ISO-OSI；X-WINDOWS/MOTIF。

（1）PoweComm2000 操作系统软件

PoweComm2000 操作系统软件使用最新版本的 UNIX 操作系统，它包括操作系统生成包、编译系统、诊断系统和各种软件维护、开发工具等，同时操作系统软件要具备下面的性能。

① 具有良好的实时性。

② 可以多线程处理事务。

③ 可以防止数据文件丢失或破坏。

④ 有系统生成的方法，使之适应硬件和实时数据库的变化。

⑤ 支持虚拟存储的能力。

⑥ 能有效地管理各种外部设备。

⑦ 编译可采用 PASCAL、C、C++等高级语言和汇编语言。

（2）PoweComm2000 支持软件

支持软件主要包括两类，一类是提供用于系统诊断、管理、维护、扩充及远方登录等服务的软件工具；另一类是数据库及数据库管理系统。

数据库要具有良好的实时性、可靠性、可扩充性和适应性，便于数据规模的不断扩充和数据结构的不断更新，适应新应用程序的不断加入和旧应用程序的修改。同时数据库的各种性能指标要满足系统功能和性能指标的要求。数据库的规模要满足监控系统所需采集的全部数据，适合各种数据类型。数据库管理系统要满足以下要求。

① 实时性。进行访问数据库、在线生成、在线修改数据库和并发操作时，能够满足实时性的要求，不影响系统实时运行。在并发操作下满足系统实时性的要求。

② 灵活性。能够提供多种接口，方便其他的程序访问数据库。

③ 可维护性。提供数据库维护工具，以便运行人员方便地监控和修改数据库内的各种数据。

④ 可恢复性。数据库在 PoweComm2000 监控系统事故消失后，能迅速恢复到事故前的状态。

⑤ 并发操作。由于数据库中的数据是共享的，因此，数据库管理系统要保证可以对数据库进行并发操作。在多个用户同时访问数据库时，不会影响数据库中数据的完整性和准确性。

⑥ 数据的一致性。在任意工作站上对数据库中数据进行修改，数据库管理系统都可以自动地对所有相关工作站中的相关数据同时进行修改，以保证相关数据的一致性。

⑦ 提供安全的计算系统数据库生成功能。计算系统数据库生成方式简便。各个就地控制单元具有独立执行本地控制所需的各种数据，以便在站控级控制层停下，而本地控制不受影响。

⑧ 具有故障恢复机制。在计算机系统故障和误操作时，保护数据库数据，提供报警信息并能自动恢复。

⑨ 供数据库应用软件的开发工具。提供高级语言对数据库的读写格式和开发工具包，以便于用户进行数据库功能扩充。

⑩ 具有良好的可扩充性、适应性。

（3）PoweComm2000 人机接口软件

维护人员可在软件上定义数据库和各种数据集的动态数据和各种动态字符、矢量汉字，并提供下列 4 种字符、汉字表格和图形生成程序。

① 特殊字符和图符生成程序。用于生成变电站监控所需的字符（如断路器、隔离开关）和图符（如变压器等）。字符状态是动态的与变电站实际状态相符。

② 汉字库和汉字生成系统。提供标准的二级汉字库，并且包括 0～9 区码图形字符，支持相应的用于屏幕显示的 24*24 汉字字模库；提供汉字生成工具，以便站内用户根据需要生成显示用的字模和打印用的字模。

③ 画面生成和修改程序。提供作图工具，能在线地、方便直观地在屏幕上生成和修改画面，并直接在画面上定义动态点（包括汉字动态）。

④ 打印报表的生成和修改。能在线地、方便直观地在屏幕上生成和修改打印报表，并直接定义动态点和动态汉字，报表宽度可设置为打印机的最大宽度。

背景画面及静态数据存放在各工作站中，各工作站可独立完成画面的在线编辑、修改及调用。在任意工作站上对画面的生成和修改，其他工作站数据库和画面同时得到生成和修改。

（4）PoweComm2000 网络系统软件

PoweComm2000 网络系统采用成熟可靠的软件，它管理各个工作站和就地控制单元相互之间的数据通信，保证它们的有效传送、不丢失。该系统支持双总线网络、自动监测网络总线和各个接点的工作状态，自动选择、协调各接点的工作和网络通信。

2. PS6000 变电站自动化系统

PS6000 变电站自动化系统是国电南自公司推出的综合自动化系统。其网络结构采用双以太网、基于 TCP/IP 协议，软件设计思想采用面向对象的模块化设计和开放的软件接口标准，硬件选型灵活多样，适用于高压、超高压等级变电站，满足 35～500kV 各种电压等级变电站自动化需要。PS6000 基于 Windows NT/ Windows 2000 操作系统，硬件以 Alpha 工作站或高档 PC为主，配合先进的软件系统，为用户提供可靠、安全、易用的操作平台。数据库采用 MS SQL Server 与嵌入实时库相结合的技术，既保证了系统的实时性，又满足了系统开放的原则。

PS6000 变电站自动化系统软件系统的结构图如图 5-3 所示。

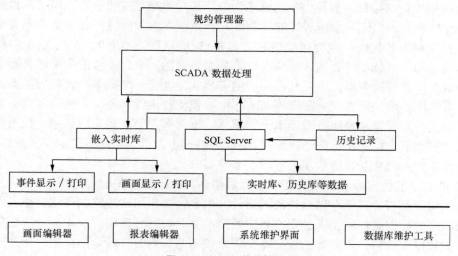

图 5-3　PS6000 软件结构图

PS6000 系统监控软件由操作系统软件、支撑系统软件、编译软件、诊断软件、数据库系统软件、应用软件等软件组成。

（1）PS6000 操作系统软件

PS6000 操作系统软件支持实时多任务和多用户的操作环境，可以有效地利用 CPU 和系统资源；具有完整的软件开发环境，能按硬件规模及发展要求组成系统；具有任务分配手段和中断处理能力，按紧急程度和处理时间，响应软、硬件发出的各类中断请求；实现主存储器的动态管理，存储器保护和存储器检错、纠错，与实时功能有关的软件驻留主存储器，以减少存储之间的信息交换，增加响应能力；可以有效管理输入/输出设备；具有文件管理功能；支持从一个外存储器到另一个存储器复制文件的功能；具有编辑功能，允许用户在屏幕上进行编辑。

（2）PS6000 支撑系统软件

支撑系统软件包括如下：中文 Windows NT Server/Windows 2000 操作系统；Microsoft SQL Server 商用数据库；中文 WINDOWS NT WORK STATION 4.0；ODBC 数据库驱动程序；中

文 Office；网络诊断软件；各种软件的开发环境。

（3）PS6000 编译软件

程序语言包括 C++、VB、J++等高级语言，按 IEEE 格式完成浮点计算，产生共用的内部码，各种语言间可相互调用，分享程序库，减少 CPU 和存储器负担。

（4）PS6000 诊断软件

PS6000 诊断软件具有如下功能：可以在线诊断，诊断过程不影响实时系统的运行；可以诊断故障点和故障类型，作为一个结果产生报警；在主站与外接装置通信失败时，自动记录故障时间，故障恢复时，自动接受被中断的数据；在查错程序中包括足够数量的命令，如存储器内容的显示、修改、传送和校核，寄存器内容的修改和显示、程序执行的跟踪；对远方设备和电能表进行远方测试和诊断；通过电话线对系统进行远方测试和诊断。

（5）数据库系统软件

PS6000 系统的数据库采用 SQL Server 或 Oracle 8 数据库，其特点是：支持开放、标准的 SQL 语言数据库访问接口，提供方便的网络访问；应用系统独立设计，系统可拓性强；服务器的维护程序严密，保证冗余服务器的一致性；当系统发生故障时，保证数据不丢失；触发器功能为保证相关数据的一致性带来便利；具备自动数据备份功能。系统采用分布式客户/服务器体系结构。系统实时数据库系统支持多种服务器的冗余。在线的应用服务器可拥有自己的一个或多个备份服务器，也可几种应用服务器共同拥有一个或多个备份服务器。系统平台的实时数据库系统采用客户/服务器体系结构，以便支持内部和外部系统有尽可能多的客户访问，保证实时库管理系统服务管理水平的增强，不对客户节点机造成负担。数据库管理系统支持来自多个节点机的多客户访问连接，并能更进一步为单一访问客户实现多重访问请求，如用于支持单一人机交互任务实现多屏幕、多窗口方式工作等。

PS6000 系统的数据库管理系统程序具有通用性，数据的访问机制独立于存储格式和物理数据库的结构，具有相对于存储结构的透明性。由此，如果用户建立的数据库模式发生了改变，访问程序的数据结构完全不必要作相应改变，并且访问程序将可以用同一个数据结构与多种模式的数据库接口。本产品的数据库管理系统不是针对某一特定的应用，而是支持在它上面建立各种需要实时性服务的应用，虽然这些应用分布在不同的节点上，但对它们的访问是透明和统一的。

PS6000 系统提供的数据库管理系统真正实现了彻底的开放，在统一的系统平台环境下，用户可在线任意增加库、表，在原有的表中增加字段，而不影响原来的应用程序的运行。而且用户可以不用编程，也不必考虑系统设计环境，用户只要用标准的 SQL 语言就可以对新增加的表、字段进行实时处理。用户可以方便地任意增加新的功能。不用考虑运行环境、各个程序之间的联系，只需考虑所要增加的新功能本身。系统提供的高级计算处理语言是一种功能强大的、直观的高级表达，它所计算处理的对象直接选自实时数据库。

高级计算处理环境提供的语言主要包括以下主要功能：①加、减、乘、除、幂运算；②三角函数、LOG 函数；③逻辑运算、位操作；④系统时钟；⑤条件判断；⑥循环语句；⑦自定义过程调用返回语句；⑧函数调用；⑨数据库操作语句；⑩用户定义变量。

高级计算处理的启动方式有：①间隔启动方式：每一指定时间间隔，启动计算；②定时启动方式：在用户指定时间，启动特定的计算；③事件启动方式：随机事件发生时，启动相关计算。

PS6000 系统提供人性化的人机交互访问界面，可方便地生成和查询数据；可以单个或成组增加数据记录、删除数据记录；修改数据项、按照单个或成组数据项复制单个或成组数据记录；支持用户指定的检索。对数据库的修改，无论来自应用程序的访问，还是来自任何工作站上用人机交互访问界面修改数据库，系统均可维护主数据库和备用数据库的一致性。

（6）应用软件

① 网络管理软件。网络管理软件管理计算机之间的通信，提供运行方法的管理，计算机状态的管理，冗余度一览表，切换、协调、监视和控制等功能。

② 人机接口软件。人机接口软件的主要功能有：高分辨率的显示，包括动态字符和汉字二级矢量汉字库；快速画面显示；产生所有类型的菜单和画面（单线图、棒图、趋势曲线、系统图和表格等），具有连续光标移动、放缩和画面移动功能；完成部分区域放缩，多级放缩，连续放缩功能；利用人机接口软件，用户能够产生电力系统需要的字符。字符的状态是动态的，根据电力系统的实际状态，赋予字符不同颜色，显示在屏幕上的汉字是矢量字符，提供汉字生成工具。人机接口软件包提供画面生成工具，使用户能方便和直接生成、修改和取得画面。根据画面人机接口软件能够直接定义动态点和动态汉字。

③ 计算机通信支持软件。计算机通信支持软件的任务是负责管理本系统所涉及的各种通信传输介质及各种传输协议并进行有效的通信调度；负责监测各传输通道的状态，提供通道质量数据。

5.2　变电站综合自动化监控系统的基本功能及特点

变电站综合自动化监控系统是利用先进的计算机技术、现代电子技术、通信技术和信息处理技术等对变电站二次设备（包括控制设备、信号传输、故障录波、继电保护及自动装置、远动装置等）的功能进行重新组合、优化设计和信息共享，完成数据的分析处理、显示、报警、记录、控制、远方数据通信以及各种自动、手动智能控制等任务。变电站综合自动化系统可以改变常规继电保护装置不能与外界通信的缺陷，取代常规的测量系统，如变送器、录波器等；改变常规的操作机构，如操作盘、模拟盘等；取代常规的告警、报警装置，如中央信号系统；取代常规的电磁式和机械式防误闭锁设备；取代常规远动装置等。下面将分别介绍变电站监控子系统的基本功能和特点。

5.2.1　监控系统的基本功能

1. 实时数据采集

采集变电站实时运行数据和电气设备运行状态，主要包括模拟量、开关量、电能量、数字量等数据的采集。并将这些采集到的数据存于数据库供计算机处理使用。

（1）模拟量的采集

变电站采集的典型模拟量有：各段母线电压；线路电流、电压和功率值；馈线电流电压和功率值；主变压器电流、功率值；电容器的电流、无功功率及频率、相位、功率因数；主变压器的油温、变电站室温、直流电源电压、站用电压和功率等。同时监控系统对模拟量按照需要进行相应得处理，如越限报警、追忆记录等。

（2）状态量的采集

变电站采集的典型状态量有：断路器的状态、隔离开关状态、有载调压变压器分接头的位置、同期检查状态、继电保护动作信号、运行告警信号等。这些信号都以状态量的形式，通过光电隔离电路输入至计算机，只是在输入方式上有所区别。

（3）脉冲量的采集

变电站采集的典型脉冲量是脉冲电能表输出的电能量。对电能量的采集主要采用电能脉冲计量法和软件计算法来实现。对电能量（包括有功电能和无功电能）的采集在硬件接口上与状态量的采集一样经光电隔离后输入微机系统。

（4）数字量的采集

变电站采集的典型数字量主要是指采集变电站内由计算机构成的保护和自动装置的信息。它主要有以下几类。

① 通过监控系统与保护系统通信直接采集的各种保护信号，如保护装置发送的测量值及定值、故障动作信息、自诊断信息、跳闸报告、波形等。

② 全球定位系统（GPS）信息。

③ 通过与电能计费系统通信采集的电能量等。

2. 运行监视功能

运行监视功能主要是指对变电站的运行工况和设备状态进行自动监视，即对变电站各种状态量变位情况的监视和各种模拟量的数值监视。通过状态量变位监视，可监视变电站各种断路器、隔离开关、变压器分接头的位置和工作情况，继电保护和自动装置的动作情况以及它们的动作顺序等。模拟量的监视分为正常的测量和超过限定值的报警、事故模拟量追忆等。当变电站有非正常状态发生或设备异常时，监控系统能及时在当地或远方发出话音报警，并在显示器上自动弹出报警画面，为运行人员提供分析处理事故的信息，同时可将事故信息进行打印、记录和存储。

报警内容为系统能对开关变位、事件顺序记录、通道中断、继电保护动作等异常信息进行报警、显示、记录；报警信息可按遥信变位、SOE 记录、通道中断、操作记录等分类保存。报警方式主要有自动弹出报警画面并伴随报警声音，闪光报警、信息操作提示等。

通常变电站应报警的参数有：母线电压报警；线路电流负荷越限报警；主变压器过负荷报警；系统频率偏差报警；消弧线圈接地系统中性点位移电压越限及累计时间超出允许值报警；母线上的进出功率及电度量不平衡越限报警；直流电压越限报警等。

3. 故障录波与测距功能

故障录波与测距功能可进行故障记录，并能对故障进行录波，以用于对故障进行综合分析。变电站的故障录波和测距可采用以下两种方法来实现。

① 由微机保护装置兼作故障记录和测距，再将记录和测距的结果送监控机存储及打印输出或直接送集控主站，这种方法可节约投资、减少硬件设备，但故障记录量有限，适用于中、低压变电站。

② 采用专用的微机故障录波器，并能与监控系统通信。

在 110kV 及以上的变电站由于发生故障影响大，必须尽快查出故障点，以便缩短维修时间，尽快恢复供电，减少损失。设置故障录波和故障测距是解决此问题的最好途径。110kV 以下电压等级的配电线路一般只设置简单的故障记录功能。

4. 事件顺序记录与事故追忆功能

事故顺序记录就是对变电站内的继电保护、自动装置、断路器等在事故时动作的先后顺序自动记录。记录事件发生的时间应精确到毫秒级。事故追忆是指对变电站内的一些主要模拟量，如线路、主变压器各侧的电流、有功功率、主要母线电压等，在事故前后一段时间内做连续测量记录。要具备事件顺序记录与事故追忆功能，系统必须具有强大的数据库功能，可对断路器合闸、保护动作顺序记录，对遥信、遥测、遥控信息分类处理、统计、存储、报警、查询及记忆。系统采集环节应有足够的内存，以存放足够数量和长时间的事件记录，确保当地监控子站和集控主站通信中断时不丢失信息。事故追忆的时间越长，需要的数据库容量越大。可根据系统的实际情况和需要来确定追忆时间的长短。一般事故前的追忆时间为 5s～1min，事故后的追忆时间为 5s～1min。

通过事件顺序记录和事故追忆功能可以知道断路器的动作情况，系统或某一回路在事故前后所处的工作状态，对于分析和处理事故起辅助作用。

5. 控制及安全操作闭锁功能

实现变电站正常运行的监视和操作，可以对断路器和隔离开关进行分、合操作，对变压器分接头进行调节控制，对电容器组和电抗器组进行投、切控制，同时要能接受遥控操作命令，进行远方操作，所有远方/就地切换应有完善的闭锁。系统具备操作权限闭锁（设置密码）、"五防功能闭锁"。五防功能是指防止带负荷拉、合隔离开关；防止误入带电间隔；防止误分、合断路器；防止带电挂接地线；防止带地线和隔离开关。

操作管理权限按分层（级）原则管理。监控系统设有专用密码的操作口令，使调度员，遥调、遥信操作员，系统维护人员和一般人员能够按权限分层（级）操作和控制。

6. 数据处理与记录功能

数据处理与记录功能的内容主要包括：主变压器和输电线路有功功率和无功功率每天的最大值和最小值以及相应的时间；母线电压每天定时记录的最高值和最低值以及相应时间；统计断路器动作次数；断路器切除故障电流和跳闸次数的累计数；控制操作和修改定值记录等。

7. 人机对话功能

人机联系的桥梁是显示器、鼠标和键盘。变电站采用微机监控系统后，无论是有人值班站还是无人值班站，最大的特点就是操作人员或调度员只要面对显示器的屏幕通过鼠标或键盘，就可以对全站的运行情况和运行参数一目了然。

① CRT 显示功能。操作人员或调度人员面对显示器的屏幕，通过操作鼠标和键盘，对断路器和隔离开关等进行分、合操作取代了常规的仪器仪表、控制屏，实现了许多其无法完成的功能。例如，显示采集和计算的实时运行参数；实时主接线图；事件顺序记录显示；越限报警显示；事件、故障记录；负荷曲线、电压曲线；值班历史记录；保护定值及状态等。

② 输入数据功能。对变电站 TA 和 TV 的变比，保护定值和越限报警值。自控装置的设定值，运行人员密码等都可以由不同权限的人进行修改。

8. 打印功能

对于有人值班的变电站，监控系统可以配备打印机，可以完成的打印记录功能包括定时打印报表和运行日志，开关操作记录打印，时间顺序记录打印，越限打印，召唤打印，抄屏打印，事故追忆打印等。

9. 运行的技术管理功能

变电站综合自动化系统能对运行中的各种技术数据、记录进行管理，主要包括以下几种形式。

① 历史数据处理、存档、检索：历史数据处理包括历史统计值、历史累计值、历史曲线三部分。

② 统计值处理：监控系统可以对电压、潮流、功率因数等参数进行统计，统计值包括时

统计、日统计、月统计、典型日统计等。

③ 累计值处理：累计值包括小时、日、月、典型日累计等。

技术管理包括变电站主要设备的技术参数档案表，各主要设备故障、检修记录，断路器的动作次数记录，继电保护和自动装置的动作记录，运行需要的各种记录、统计等。

10. 自诊断、自恢复和自动切换功能

自诊断功能是指对监控系统的硬件、软件（包括前置机、主机、各种模块、通道、网络总线、电源等）故障的自动诊断，并给出自诊断信息供维护人员及时检修和更换。

在监控系统中设有自恢复功能。当由于某种原因导致系统停机时，能自动产生自恢复信号，将对外围接口重新初始化，保留历史数据，实现无扰动的软、硬件自恢复，保障系统的正常可靠运行。

自动切换功能是指在双机系统中，当其中一台主机故障时，所有工作自动切换到另一台主机，在切换过程中所有数据不能丢失。

11. 谐波的分析与监视功能

保证电力系统的谐波在规定的范围内，是保证电能质量的重要指标。随着用户非线性元件和设备的大量使用，电力系统的谐波含量越来越严重。目前谐波"污染"已成为电力系统的公害之一。因此，在变电站综合自动化系统中，应重视对谐波含量的分析与监视。电力系统的变压器和高压直流输电的换流站是系统本身的谐波源；电力网中的电气化铁路、地铁机车，炼钢电弧炉，大型整流设备等非线性不平衡负荷是注入电网谐波的大谐波源；家用电器是小谐波源。

谐波对电力系统电磁环境的污染将危害系统本身及广大电力用户，危害面广泛，总结如下。

① 产生附加损耗，增加设备温升。

② 恶化绝缘条件，缩短设备寿命。

③ 对自动控制装置、综合自动化装置和计算机等产生干扰，造成装置误动作。

④ 消耗电力系统的无功储备，造成谐振。

⑤ 引起电动机的机械振动，严重时损坏电机设备。

⑥ 影响测量仪表的精度，造成电能计量的误差。

电力部门颁布了《电力系统谐波暂行规定》和《公用电网谐波》两个标准。这两个标准对公用供电系统谐波基本允许值和谐波源注入供电点的谐波电流值做出规定。在监控系统中，如果谐波超标，应采取相应的抑制谐波的措施。

12. 视频监视

独立的视频监视作为新增的自动化项目，是切实提高变电站安全水平的重要手段。独立的视频监视及安防系统是把变电站现场的监视图像、声音、报警信号和各种安全防范设备的数据进行采集处理，采用先进的图像编解码压缩技术和传输技术，集设备监控、图像采集、闭路监视、图像监视预报联动和视频图像等功能于一体的自动化系统，主要用于安全防范、环境状况和对付自然灾害以及在集控站端对变电站表计和室外设备进行直观监视。

5.2.2 监控子系统的特点

变电站监控系统有如下的主要特点。

（1）实时性

变电站监控系统是一种实时的系统，可以根据采集到的数据，立即采取相应的动作。例如，检测到反应罐的压力超限，可以立即打开减压阀，避免了爆炸的危险。

（2）可靠性

监控系统的可靠性是指系统无故障运行的能力。在监控过程中即使系统由于其他原因出现故障错误，计算机系统仍能做出实时响应并记录完整的数据。可靠性常用"平均无故障运行时间"，即平均的故障间隔时间来定量地衡量。

（3）可维护性

可维护性是指进行维护工作的方便快捷程度。监控系统的故障会影响正常的操作，有时会大面积地影响监控过程的运行，甚至使整个过程瘫痪。因此，方便地维护监控系统的正常运行，在最短时间内排除它的故障，是监控系统的一个重要应用。

（4）自动性

自动地对检测对象进行数据采集、监视，将测量的数据进行分类处理、数学运算、误差修正及单位换算等。

（5）便捷性

在监控系统中，人机交互应便于操作并可以根据要求显示数据和打印相关报表。

（6）可操作性

大多数监控系统，建立了相应的数据库，兼有办公管理或工程管理的功能，可以根据要求统计、分析和打印各种报表。对于重要的情况，可以通过短信或邮件来通知系统管理员。

（7）自动运行

能按预先设计好的策略自动运行。如有特殊要求，操作人员可以通过更改程序改变自动运行的规则，然后按照新的规则运行。在自动运行状态下，可以不需要人工的介入。

（8）自动报警

监控系统本身应该具有故障诊断、报警的功能，对检测对象设备或工艺运行参数进行监视，如超过了设计规定值，能进行自动报警。报警有多种方式，如声音报警、电子邮件报警、短信报警等，并记录下相关事件。

（9）自动校正性

监控系统可以根据用户需要，按预先给定的标准进行自动校正，以清除某种干扰带来的影响。

5.3 变电站综合自动化监控系统的冗余方式

电力系统对可靠性的要求是非常高的，变电站监控系统在变电站综合自动化系统中所处的地位是非常重要的。在进行监控系统设计的时候，许多重要部分常常采用冗余方式来提高系统的可靠性。冗余就是在经济条件允许的情况下，系统采用多个相互备用的相同部件；随时可以用备用的部件代替故障的值班部件，系统中任何一个部件发生故障都不会影响到系统的功能。

5.3.1 变电站通信系统的冗余备份

在变电站监控系统中，通信部分通常采用双网结构进行冗余备份，所谓双网结构就是指在物理上采取两套网络设备，实际运行中采用双网的热备用。

网络的拓扑结构是指网络中通信线路和站点（计算机或设备）的相互连接的形式。按照拓扑结构的不同，可以将网络分为星型网络、环型网络、总线型网络 3 种基本类型。在这 3 种类型的网络结构基础上可以组合出多种类型的网络拓扑结构，如树型网、星型网、网状网等。因此，在实际的监控系统中网络冗余一般可以分为星型网络的冗余、环型网络的冗余和总线型网络的冗余。下面以星型网络的冗余和环网的冗余为例来进行介绍。

1. 星型网络的冗余结构

星型网络是指通过交换机等设备将系统中的通信设备或通信节点接入变电站监控系统的网络结构。在星型网络结构中各个变电站通信使用各自的线缆连接到网络中，因此当一台设备出了问题，不会影响系统中其他设备的运行。

星型网络冗余的实现方式是设立完全独立的两套集线器或交换机，每个通信节点设立两个通信处理器或通信端口，例如对于上位机就是设立两块网卡，如图 5-4 所示。

星型网络实现冗余的关键问题是如何在上位机之间切换两种网络。通常有如下的两种做法。

（1）整网切换

在任何一个时刻，网络上的所有节点都在同一个网上运行，如果该网发生故障或网络状态出现问题，则将网络上所有节点同时切换到另一个网上去运行。

（2）自由选择

网络的通信根据通信状态自动地选择交换数据所使用的网段。

两种方法中第一种做法实现起来比较简单，但所有数据交换全部在一个网上进行，运行网络上的通信负载大，且对于多节点发生网络故障的情况，尤其是这些节点分别发生不同网段的通信故障的情况就显得无能为力了。第二种做法根据网络的通信状态自由选择使用网段，实现起来要复杂一些。但是这种做法可以充分利用双网资源，在一定程度上平衡网络负载，当网络状况较差，多节点发生故障时，可以较大程度地提高网络的可靠性。所以一般目前的星型网络冗余大多采用第二种双网切换管理方式。

2. 环型网络的冗余结构

环型网络的冗余是指自愈环网结构如图 5-5 所示。自愈环网的作用主要是利用冗余路由提高系统连通的可靠性。在物理介质上一般采用光纤，通信协议一般采用令牌协议，或与之类似或兼容的底层协议。

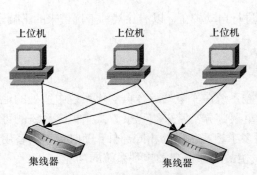

图 5-4　星型网络荣誉结构示意图

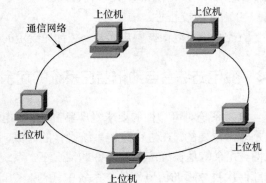

图 5-5　环型网络冗余结构网络示意图

通信系统在正常工作状态下，系统中每个端点的设备都是可靠连通的。但是，系统在实际运行过程中，会出现下列故障：①单点断线；②设备出现故障通信中断。当这两种故障发生时，系统的通信网络结构由于是一个环形结构，因此，当一点出现故障时，各个设备之间仍可以正常通信。

5.3.2 变电站综合自动化监控系统主控单元冗余备份

在变电站综合自动化监控系统中，主控单元是至关重要的，因为它起着对间隔层单元的信息进行汇总并传递控制信息的作用。同时在实现子站的许多逻辑功能方面，主控单元也起着关键的作用。因此，监控系统主控单元的可靠性是必须得到保障的，监控系统的主控单元的冗余备份对于监控站来说是十分必要的。

1. 主控单元冗余实现方式

主控单元冗余备份通常采用双机冗余备份形式，即采用双主控单元方式。双主控单元冗余在运行时通常有两种方式，即双主控单元完全独立运行方式以及主备主控单元运行方式。

在双主控单元完全独立运行模式中，两个主控单元完全独立地履行各自的职能，相互间不需要相互通知，主控单元与上位机和所接入装置的通信完全是独立的，各自状态不需要通知另一台主控单元。

对于主备主控单元运行的方式，任何时刻都只有一台主控单元处于运行状态，而另一台主控单元处于备用状态。在运行的主控单元出现故障的时候，处于备用状态的主控单元应立即变为运行状态。在主备主控方式中主控单元间有相互通知的机制，使得两个主控单元能够相互交换信息，了解自己和对方的状态，也包括自己和对方主控单元所接入的各通信接口的通信状态作为主备主控单元切换的依据。主备主控单元的相互通知的方式有多种，取决于相互通信所用的通信方式和通信介质。

2. 变电站监控系统冗余备份应用实例

图 5-6 是 330kV 变电站监控系统中主控单元冗余备份的应用实例。其中间隔层的测控单元和主控单元的通信采用冗余配置，通信接口方式是 RS-485。主控单元也采用双主控单元方式，站控层采用双网双后台冗余方式。冗余备份模式提高了整个变电站监控系统的可靠性，但是相应的系统成本也增加了。

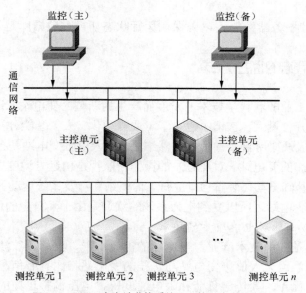

图 5-6　330kV 变电站监控系统双主控冗余备份实例

5.3.3　变电站综合自动化监控系统通信机冗余

在高压和超高压变电站的监控系统中一般配置有通信机，其主要作用是保持与远方调度控制中心之间的数据通信。间隔层设备和其他智能设备通过通信机与后台监控系统或远方调度控制中心进行通信协议的转换，并交换信息。在很多情况下，例如中低压变电站或厂矿企业配电站，甚至有些超高压变电站通信机实际上与主控单元是合二为一的。

通信机冗余与主控单元冗余一样，一般也是采取 2 冗余方式，即采用双机互备冗余方式，与主控单元冗余相比，通信机冗余可以实现尽可能多的通信接口类型，且可以方便地进行组态。对于一个双通信机的监控系统，每台通信机必定会有 3 个方向的通信接口：来自厂站装置或下位机的通信接口；发向远方/上位机的通信接口；与另外一台通信机通信的接口。

每台通信机上的通信接口必须在逻辑上是对应配置的，双机冗余本质上是双机上对应通信通道的冗余。在双机冗余中，每个接口都必须具备通信状态和通信选中两个属性。通信状态是指一个通信接口数据通信是否正常，以及是否在线；通信选中是指在互备双机中对应配置的通信通道接口哪一个被选择用来实际传输数据。

5.3.4　后台冗余

为了提高后台系统的可靠性，在变电站监控系统中有时也采用冗余的方式。后台系统的冗余备份有多种构成方式，通常采用 Client/Server 方式，Server 端与数据库一起构成服务器。通常所说的后台冗余一般指服务器的双机冗余。服务器的双机冗余一般也分为主备机冗余和双独立服务器冗余，通常情况下采用主备服务器方式。在设计服务器的主备机方式双机冗余时，应该注意以下问题。

① 必须有一个服务器处于运行状态。处于运行状态的服务器与实时监控系统通信，并进行数据处理。

② 建立完善的运行状态切换机制，以保证运行服务器功能的正常运行以及故障情况下运行状态的切换。

③ 同步更新主备服务器数据，以确保在运行状态切换时数据库是最新的。

5.4　无人值班变电站的监控方式

无人值班是电力工业随着科学技术的发展而产生的新型的变电站的运行方式，在这种运行方式里，先进技术成分含量大，它集中包含了工业自动化、人工智能分析、通信等多学科先进技术，是科学发展一般规律所直接导致的必然结果。无人值班变电站是指无固定值班人员在当地进行日常监控与操作的变电站。对变电站的操作和监视是由远方调度控制中心来完成。站内简单、单项的操作由基础自动化装置自动完成，而复杂和涉及系统运动的操作则由远方调度中心来控制。无人值班变电站之所以受到电力系统的欢迎是由于其自身的优越性所决定的。

1.　能更好地适应工业对电能质量的要求

现代工业，尤其是高新技术产业，对电能的电压水平、频率、纹波系数、供电连续性等指标都有较高的要求，而无人值班变电站与传统的变电站相比有着信息加工量大、信息反馈快等人力不能超越的优点。其传送负荷和限电速度快、电压调整迅速的特点，改善了电网电压质量，保证了电网电压的可靠运行。

2. 可以提高电力企业安全运行的系数

统计表明，在电力行业的事故中，由人为因素引起的占有一定的比例。国外有一种观点认为，人容易受到环境、情绪、性格、疾病等诸多因素的影响，因此，本身就是一个不可靠的因素。而无人值班变电站由于预告信号、事故信号、各种越限信号可以及时提供给上级调度分析，可以及时采取措施预防事故发生，事故跳闸后，调度员直接判断并遥控操作，加快事故处理，可避免事故扩大，缩短事故处理时间。遥控由调度员直接执行，无中间环节，因此不易发生误操作。

3. 提高经济效益

当无人值班变电站达到一定数量时，就可以大量减少运行值班人员，从而达到实现减人增效，降低成本，提高企业劳动生产率的目的。

4. 提高电力系统的运行、管理水平

无人值班变电站实现自动化后，监视、测量、记录、抄表等工作都由计算机自动进行，既提高了测量的精度，又避免了人为的主观干预，运行人员只要通过观看显示器屏幕，就对变电站主要设备和各输、配电线路的运行工况和运行参数便一目了然。

5.4.1　无人值班变电站的设备和特点

1. 无人值班变电站的基本构成

无人值班电站是指在当地无固定值班人员进行日常监视和操作的变电站，它属于变电站的一种运行管理模式。无人值班变电站应该具有如下的基本构成。

① 电力变压器应装设自动调整调压分接头装置，具备遥信、遥控接口，并在其周围和开关室内装设自动报警灭火装置。

② 各种受控电器（断路器、隔离开关、消弧线圈等）必须装设电动操动机构，以便实现操控功能。

③ 各种电量和非电量变送器或传感器的测量精度和可靠性应在允许范围内，防止误差超限。

④ 各种开关电器的位置信号和补偿电容器组的投切数目等，应能准确采集。

⑤ 具备完善可靠的防误闭锁自动化系统。

⑥ 配置必要工业电视监控系统，变电站门、控制室门、高压室门等应装设外人进入报警装置。

⑦ 变电站应装设功能足够的远动终端装置（RTU），能够准确接收发送、接收和转换各种远动信号。

⑧ 在变电站和上一级调度中心或中心集控站之间架设具有抗干扰性能可靠的运动通道，确保运动通信系统安全稳定运行。

⑨ 上一级调度中心或中心集控站必须具有功能齐全的计算机监控系统，保证主站的控制操作命令得以及时可靠执行。

2. 无人值班变电站的设备选择

无人值班变电站设备选择应遵循"安全、高效、环保"的原则；优先采用技术成熟、结构简单、自动化程度高、维护少或免维护的高效产品。

（1）一次设备

无人值班变电站主接线应满足供电可靠、运行灵活、操作检修方便、投资少、便于扩建和利于远方控制的要求。一次设备要选用性能优良、运行稳定的免维护或少维护产品。对于旧变电站改造，对事故频发、影响运行的设备，必须更换。在保证电网可靠运行的基础上，应适当简化一次接线方式。同一地区在同一电压等级上宜采用统一的接线方式。不采用或少采用充油设备，逐步提高设备无油化率。新建站选用真空或 SF6 断路器。断路器和 220kV 隔离开关具备就地、远方电动操作和就地手动操作功能，GIS 设备隔离开关具备就地和远方电动操作功能，就地和远方操作能相互闭锁。110kV 及以下和 220kV 带 10kV 出线的变电站选用有载调压主变压器，满足无功电压管理的要求。

（2）继电保护及辅助设备

无人值班变电站继电保护及辅助设备应选用全微机式、性能稳定、质量可靠的产品。产品的技术性能必须满足电网有关继电保护配置原则以及电网继电保护及安全自动装置入网管理办法等有关规定的要求，同时还具备以下功能。

① 故障记录报告，且停电保持。

② 时钟校对。

③ 实时显示保护主状态。

④ 与监控系统采用标准规约通信，主动上传故障信息、动作信息、诊断信息及历史事件，接收监控系统命令。

无人值班站交、直流电源设备的配置应满足国家电网公司配置及反事故措施要求，并应具备远方监视和控制功能。站用电系统有备用电源自动投入装置，双电源应互为备用，保证电源消失及设备故障时能自动投入备用电源。

选用高频开关直流电源系统，能够实现工作电源与备用电源无缝自动投切。能自动稳压运行，并有交流电源自恢复功能；采用免维护蓄电池，容量满足事故放电 3h 以上。

（3）监控系统

变电站的监控系统应具备完善的"四遥"功能，并配备数据通信接口。变电站监控系统和电网调度自动化系统主站的各项技术指标至少应满足《地区电网调度自动化功能规范》的要求。网络传输协议应满足 DL476-1992 实时数据应用层协议或国际标准。可以实现远方查询、投停保护和自动装置的功能。对一些固定操作（停母线、变压器等）应逐步实现自动操作功能。

（4）通信系统

无人值班变电站应能可靠地与上级调度、集控中心进行通信。通信设备配置应能满足无人值班变电站继电保护、自动化、防误闭锁、视频、安防、生产管理等各类系统对通信的需要。通道应具备两条独立的通信传输路径或两种通信方式传送自动化等信息，并装设维修人员电话通道，同时根据系统保护的要求配置保护通道。光纤通信的中心站建在各地区的通信网管中心，同时建立相应的网管系统。在地区网管中心与各个监控中心建立相应容量的光纤通信通道或将监控中心规划在光纤自愈环内。

（5）无功调压系统

110kV、35kV 无人值班站必须装设就地无功电压综合自动调整装置，考虑到通道及遥测量正确率等因素，调度自动化系统中的调压方式为备用措施，就地无功电压自动调整与调度自动化调压能互相闭锁。220kV 变电站也应逐步实现就地自动调整。

（6）防火、防盗系统

无人值班站应具备完善的防火、防盗等措施，站内建筑应满足安全工、器具存放要求，必须装设火灾报警装置。监控中心有火警电话，必须保证能及时与消防部门取得联系，防火及火灾探测报警装置应符合 GB50229—2006《火力发电厂与变电站设计防火规范》的规定，主变压器消防装置采用排油充氮灭火装置。

无人值班站应配置相应的视频安防、消防、环境监测等图像监视系统，并能够实现远方监视，装设远方监视系统，实现变电站非盲监视。以技术措施为主，如摄像系统、红外探测、门磁开关等。无人值班变电站还应保留必要的基本生活设施，应适当考虑变电站大型检修以及安保、防灾等特殊的需要。

3. 无人值班变电站的特点

无人值班变电站是通过变电站综合自动化来实现的，其主要特点如下。

① 克服了传统变电站信息容量大、速度慢的缺点。其微机系统、保护信息串行通信采用交流采样，大大提高了信息总量，能够根据事件优先级迅速远传变电信息。

② 占地面积小，基建投资少。由于无人值班变电站可以减少主控室面积，取消传统变电站所需要的值班室和一些设备，既减小了征地也减少了投资。

③ 采用交流采样，速度快、精度高，克服了直流变送器的弱点。

④ 可在调度端查看和修改保护整定值。

⑤ 具备实时自检功能，方便维护与维修。

5.4.2　无人值班变电站的运行模式

无人值班变电站带来了运行管理模式的变革，已实现无人值班的变电站主要有两种做法：一种是建造无人值班变电站，一开始就按照此目标进行设计；另一种是在原有变电站的基础上进行改造充实，使其达到无人值班变电站的条件。

变电站实现无人值班，绝不是一项简单的技术改造工作，而是与变电站运行管理方式、电网调度自动化的分层控制以及变电站的自动化水平等一系列问题相互关联的系统工程，必须做好一个地区或一个网络内无人值班变电站工作的总体设计。总体设计工作的第一步是要进行可行性研究和规划，进行技术条件的论证，对管理方式和管理制度的定位，进行效益分析；第二步是要确定控制方式和管理方式，即由调度控制还是由监控中心分层分区控制；第三步是要确定实施变电站无人值班的技术装备，包括一次设备、二次设备、监控设备、调度自动化和通信设备等。新建无人值班变电站的设计，除应按照总体方案中所确定的原则外，还必须考虑与电网的配合，继电保护、自动装置、直流（操作和控制）回路、一次设备等必须满足运行方式的要求。

对新建变电站实施无人值班，必须有优秀的设计及最优化的方案，以实现电网的安全、可靠、经济运行为基本出发点，保持对变电站运行参数（潮流、电压、主要设备运行状况）的监视。确定将现在运行中的变电站改造为无人值班变电站的改造方案时，既要考虑现有设备资源的有效利用，还必须考虑原有保护及自动装置与远动的接口、信号的复归，变压器中性点接地开关的改造（使之能够远方改变接地方式）、有载调压分接开关分接位置的监视和控制等。

1. 无人值班变电站集中监控模式

目前，220kV 及以下变电站实施无人值班集中监控一般有以下 3 种管理模式。

（1）地区电网调度中心集中控制

这种模式一般适用于一个地区的无人值班变电站数量比较少的情况。无人值班变电站的监视及遥控操作由地区电网调度中心直接完成。

（2）分层管理、分级控制

这种模式适用于较大规模电网，并且已经实现了多个变电站的无人值班。这种管理模式的特点是除总调度中心外，还在区域或供电区设立若干分区调度，无人值班变电站的监视和操作由分区调度完成。

（3）集控站管理模式

这种管理模式是建立一个或若干个集控站（集控站可建立在某一负荷中心区或某一中心变电站内）。集控站负责某一区域的无人值班变电站的监视和巡视维护，并根据调度命令完成对无人值班变电站的遥控操作。

调度中心对无人值班站具有"四遥"功能。无人值班变电站较多或含有 220kV 变电站时，不提倡监控中心与调度中心合设在一起。

2. 无人值班变电站的运行巡检模式

对于监控中心设在变电站的方式，操作人员既负责本站的运行巡检，又负责集中监控范围内变电站的运行巡检。操作人员既是控制者，又是集中监控范围内变电站的运行巡检者，24h 有人值班，并接受调度指挥。

对于监控中心为一个独立集中控制中心的方式，监控中心 24h 有人值班，负责无人值班站的远方控制与监视，并接受调度指挥。操作队人员负责无人值班站的巡检，并接受调度和监控中心指挥。

对于监控中心设在相应调度的方式，调度人员负责无人值班站的远方控制与监视，操作队 24h 有人值班，操作队人员负责无人值班站的巡检，并接受调度指挥。

3. 无人值班变电站的技术实现方式

无人值班变电站二次设备一般采取分散安装方式，即以一个电气回路为一个控制单元，每个单元的微机模块分散就地安装在设备的控制柜中，对前置机赋予测量、控制、保护功能，并配 I/O 单元接口与中央通信处理机以光缆串行连接或采用分散集中的方式，即以一个电气连接为一个控制单元，进行相对集中控制。

旧变电站改造应立足设备现状，通过简易改造，实现无人值班；改造应以实现变电站综合自动化为目标，用计算机局域网或串口通信代替信号的电缆连接，逐步取消传统的控制屏、中央信号屏、变送器屏等。

4. 无人值班变电站对信息量配置原则的要求

各变电站信息采集数据要满足供电可靠性、设备可用率、电压合格率、电能损耗、电能电量等生产管理的要求，做到全方位、实时监控，确保电网、设备安全运行，这其中包括变电站各种线路（旁路）单元、主变压器单元、母线单元、电容器单元、中央信号及其他单元的遥信、遥测、遥控、遥调、遥视信号。

5.4.3　无人值班变电站的运行与管理

1. 无人值班变电站的运行要求

无人值班变电站虽然没有值班员常驻现场，但变电站的运行管理工作并末减少，对其安全经济运行的责任一刻也不能放松，因而必须以新的管理模式认真做好运行管理工作。

从变电站的技术管理而言，其工作内容应包括：变电站一、二次电气设备及与之相关的通信、远动/自动化系统的巡视、操作和维护检修。从变电站的治安管理而言，则包括土建、消防及其他附属设施等变电站全部资产在内的巡视、维护与防范。综上所述，要保证无人值班变电站的安全运行，必须做到以下几点。

（1）明确运行管理的职责分工

电力企业必须加强领导，设置专职机构和专职人员并明确职责分工，建立健全岗位责任制，协调配合共同搞好无人值班变电站的运行管理工作。

无人值班变电站的管理模式可概括为运行值班员-巡视操作班模式。运行值班员可以由调度值班员兼任，也可以单独配备。具体职责是按变电运行的要求，正确运用遥测、遥信信息，掌握变电站电气设备运行情况及其他异常情况（如防盗、外人翻墙及消防警报等）；按电力调度的要求，正确运用遥控和遥调功能，对变电站电气设备进行必要的操作；认真填写运行日记和事故异常、处理记录。

巡视操作班是无人值班变电站的直接管理者，为保证无人值班变电站的安全运行，巡视操作班的人员应选择责任心强、技术素质高的骨干组成。巡视操作班的主要职责如下。

① 定期或不定期对变电站设备、设施、工具等进行巡视、检查、记录和报告。

② 负责完成变电站电气设备和进出线路检修停电、复电时的操作，安全措施的装拆及熔断器熔断体的更换及其投退的操作。

③ 对危及人身、设备安全的情况及时进行处理。

巡视操作班安全责任重，有的甚至要值夜班，要求做到招之即来。为此，应为其配备专用交通工具和通信工具。调度室应设置专职人员对通信系统和远动系统的设备进行定期检查、测试和故障维修。电气检修班的职责是对变电站电气设备进行定期预防性调整、试验。负责完成变电站电气设备的小修、大修及事故检修。

针对目前社会治安状况，变电站设备、设施等的看守工作可委托当地供电站或乡（镇）农电管理站负责。但应注意，除授权的合格人员外，其他看守人员一律不能进行高压设备的单独巡视和操作。

（2）建立行之有效的运行管理制度

已有的关于变电站安全运行、安全工作规程都是行之有效的，必须严格遵循。由于管理模式的变革，虽然为确保安全运行和安全工作的基本原则不能变，但具体实施方案可根据本地和本单位具体情况确定。因此，为更好地落实对无人值班变电站的运行管理工作，各市（县）电力企业应制定相应的行之有效的运行管理制度。

① 岗位责任制。远方值班员，巡视操作班成员、电气检修班成员及通信远动（自动化）专职维护人员必须遵循各自的岗位责任制，要求做到分工清楚、责任明确。

② 设备专责制。无人值班变电站装设的一、二次电气设备、通信和远动/自动化设备等均需有专人维护，做到专人测试、专人检修和处理缺陷并及时认真填写记录。

③ 设备巡视制。为使巡视工作做到制度化、程序化、科学化，应对变电站电气设备的巡视工作做出具体规定。

④ 设备维修制。这里指的设备既包括电气设备（一次、二次在内），也包括通信、远动、自动化设备。电气设备的维修包括日常小修、大修，预防性调试等工作。

⑤ 远方值班制和交接班制。远方值班员可实行 24h 二班制或三班制，一般应禁止连班工作。

远方值班工作时应凭借远动/自动化系统随时监控无人值班变电站的运行状况，认真填写运行日记和其他情况记录。

（3）加强变电运行技术管理，确保人身、设备安全加强变电运行技术管理，首先要做好基础工作，如设备台账、缺陷记录、检修记录、大修周期等资料，一要健全，二要符实。

电力企业的生产技术管理机构和调度室都要注意保持历年设备运行资料和故障维修记录。尽量做到详细准确、完整齐备，以利于分析事故，总结经验与教训，改进提高运行管理工作。

技术管理的主要任务之一是保证安全经济运行和人身安全。《电力安全工作规程》是多年来经验与教训的总结。尤具对于两票三制（工作票、操作票、工作许可制度、工作监护制度、工作间断转移和终结制度）必须认真贯彻。如果无人值班，有需要相应变更或调整的，应由电力企业根据实际情况，在遵循确保安全的原则下做出具体规定。

为防止误操作，既要有严密的组织措施和技术措施，又要有可靠的技术装置。同时必须依靠技术进步，积极提倡和推广微机管理，充分利用现代化管理手段和管理方法，变静态管理为动态管理，变经验管理为科学管理。加强维护，及时、准确、迅速地排除设备故障，确保变电站正常运行。

（4）无人值班变电站远动自动化系统的基本要求

① 无人值班变电站综合自动化系统具有完善的"四遥"功能。集控系统应能采集到无人值班变电站的运行实时信息，对变电站进行监视、测量和控制，并将远动信息上传到相关集控中心和相关调度。

② 无人值班变电站主接线和运行方式简单，一次侧设备的健康状况良好，主设备操动机构可靠，继电保护装置、直流系统及站用电系统可靠性高，实现无人值班才有保证。

③ 集控系统采集到无人值班变电站的模拟量和变电站自动化系统内部数据要符合电力监控需要。

④ 无人值班变电站应具备操作控制功能。保证主计算机系统和通信网控制指令发送传输通道的质量完好。

⑤ 无人值班变电站应具备安全监视功能。在出现外力破坏无人值班变电站时，能自动报警，上传视频画面。在变电站内重要电力设备事故跳闸时，自动上传视频画面。

⑥ 无人值班变电站的断路器的分合，主变压器的有载调压抽头，隔离开关的拉、合操作由集控中心运行值班人员进行。因此，集控系统中对受控的无人值班变电站远方操作实现强制闭锁，同时就地操作和远方操作要相互闭锁。

⑦ 通道可靠是实现无人值班的关键。不可靠的通道可能导致变电站与电网失去联系，这是十分危险的。在建设时应考虑两种不同方式的信号通道，以作为一主一备运行。无人值班变电站内综合自动化系统内部各子系统的数据通信，以及监控系统与集控系统之间的通信应能实时反映运行参数、设备运行状态、变电站设备异常变化或装置异常。

⑧ 由于无人值班采用先进的微机技术，因而需要配备和培训适当数量的高素质值班人员，这些值班人员应能胜任调度自动化系统的正确操作、运行维护及管理工作。

⑨ 无人值班变电站采用红外防盗系统和遥视系统，将信息保存和远传至集控中心，并与运行设备的变位采用 SCADA 联动，立即发出报警信号。

2. 无人值班变电站的设备管理

无人值班变电站设备的种类与有人值守的变电站相差不多，提高无人值班变电站设备的安全运行，减少设备故障，要做好定期维护、继电保护设备管理、设备测温管理、技术资料管理等工作。

本 章 小 结

　　变电站监控系统是变电站综合自动化系统的重要组分部分，它一方面对本站的运行进行监控与管理，同时还要执行上级调度部分对本站的"四遥"命令。监控系统的基本机构是以计算机为核心的，按其功能可以分为信息采集和命令执行子系统、信息传输子系统、信息收集处理和控制子系统以及人机联系子系统等 4 个子系统。变电站计算机监控系统的软件至少由系统软件、支持软件和应用软件三部分组成。系统软件指操作系统和必要的程序开发工具。支持软件主要包括数据库软件和系统组态软件等。应用软件则是在上述通用开发平台上，根据变电站特定功能要求所开发的软件系统。应用系统软件的性能直接确定监控系统的运行水平。为了保证系统的稳定性与可靠性，在变电站监控系统中，一般要在通信网络及主机、主控单元及后台单元设置冗余备份。

　　随着科学技术的发展，无人值班逐渐成为电力工业变电站的主要运行方式。在这种运行方式里，先进技术成分含量大，它集中包含了工业自动化、人工智能分析、通信等多学科先进技术，是科学发展一般规律所直接导致的必然结果。

习　　题

1. 变电站综合自动化监控系统都可以实现哪些功能？
2. 实现变电站无人值班的条件是什么？无人值班的变电站有何特点？
3. 什么是变电站微机监控系统的操作监控？操作监控应完成哪些工作？
4. 什么是事故追忆与事故顺序记录？
5. 变电站微机监控系统主要包括哪些软件？
6. 微机"五防"系统应满足哪些要求？
7. 间隔层的设备有哪些？
8. 什么是变电站微机监控系统中的人机联系？
9. 变电站微机监控系统的主控单元的冗余备份该如何实现？
10. 变电站综合自动化监控系统应该具备哪些功能？
11. 220kV 及以下变电站实施无人值班集中监控有哪几种管理模式？

第6章　变电站综合自动化电压无功控制子系统

电压是衡量电能质量的一个重要指标。各种用电设备都是按额定电压进行设计和制造的，只有在额定的电压下运行，这些设备才可能取得良好的运行效果。当电压过多偏离额定值时，对用户和电力系统本身，都将产生很大的不良影响。电压降低，会导致网络中的功率损耗和能量损耗加大，还可能危及电力系统运行的稳定性。在系统无功功率不足，电压水平低下的情况下，某些枢纽变电站母线电压会在扰动下顷刻之间大幅度下降，这种现象称为电压崩溃。电压崩溃可导致整个电力系统瓦解的灾难性事故。因此，电力系统电压控制是十分必要的。

本章主要介绍电压和无功控制的必要性、目标以及电压-无功综合控制的原理，电力系统电压无功控制方式及控制策略，微机电压、无功综合控制装置原理。

6.1　电力系统的无功功率和电压调整

6.1.1　无功功率

无功功率在电气技术领域是一个重要的物理量。电机运行需要旋转磁场，就是靠无功功率来建立和维护的，有了旋转的磁场，才能使转子转动，从而带动机械的运行。变压器也需要无功功率，才能使一次线圈产生磁场，二次线圈感应出电压，凡是有电磁线圈的电气设备运行都需要建立磁场，然而建立及维护磁场消耗的能量都来自无功功率，没有无功功率电机不能转动、变压器不能运行、电抗器不能工作、继电器不会动作，所有设备中的磁场无法建立，电气设备也就不会运行。因此，供电系统中除了对用户提供有功功率，还要提供无功功率，两者缺一不可，否则电气设备将无法运行。变化的磁场产生变化的电场，变化的电场产生变化的磁场，这正是无功功率交换的规律。在正弦电路中，无功功率的概念有清楚的物理意义，无功功率表示有能量交换，但不消耗功率，其幅值可作为能量交换的量度。传统上无功功率一般采用平均无功功率概念，它是电路中储能元件与电源间交换功率的最大值，也是储能元件与电源间交换能量的一种量度。

无功功率在感性电路中和容性电路中工作都是必需的，在电路系统中，当电路表现为感性时，电路吸收无功功率，电流滞后于电压，当电路表现为容性时，电路放出无功功率，电流超前于电压。因此在电网系统中即存在感性无功功率也存在容性无功功率。在电力系统中最大的负荷是感性的，所以我们通常将吸收感性无功功率的负荷称为无功负荷；而将吸收容性无功功率的设备称为无功电源，也就是在电力系统中能提供容性无功功率负荷的设备，通常说的无功补偿设备。无论是感性无功功率还是容性无功功率，它们的性质是相同的，都是建立来维护磁场。

在电力系统中通常应用的无功电源主要有同步发电机、同步电动机以及静止无功补偿器等。电力系统中的无功负荷有异步电动机、变压器、输电线路和整流装置等。各种用电设备大多数都要消耗无功功率，都以滞后功率因数运行。

6.1.2　无功功率补偿

电力系统网络中不仅大多数负荷要消耗无功功率，而且大多数网络组件也要消耗无功功率。电力系统中网络组件和负荷需要的无功功率必须从网络中某个地方获得。把具有容性功率的装置和感性负荷连接在同一电路中，当容性装置释放能量时，感性负荷吸收能量；而感性负荷释放能量时，容性装置吸收能量，能量在相互转换。感性负荷所吸收的无功功率从容性装置输出的无功功率中得到补偿。如果这些所需要的无功功率不能及时得到补偿，电力系统的安全运行以及用电设备的安全就会受到影响。因此，无功功率补偿对电力系统有着重要意义。

① 稳定受电端及电网的电压，提高供电质量。
② 提高公用点系统及负载的功率因数，降低设备容量，减小功率损耗。
③ 改善系统的稳定性，提高输电能力，并提供一定的系统阻尼。
④ 提高发电机有功输出能力。
⑤ 减少线路损失，提高电网的有功传输能力。
⑥ 降低电网的功率损耗，提高变压器的输出功率及运行经济效益。
⑦ 降低设备发热，延长设备寿命，改善设备的利用率。
⑧ 高水平平衡三相的有功功率和无功功率。
⑨ 避免系统电压崩溃和稳定破坏事故，提高运行安全性。

6.1.3　变电站的电压调整

电力系统电压调整的主要目的是采取各种调压手段和方法，在各种不同运行方式下，使用户的电压偏差符合国家标准。根据长期的研究结果表明，造成电压质量下降的主因是系统无功功率不足或无功功率分布不合理，所以电压调整问题主要是无功功率补偿与分布问题。常用的电压无功调节设备如下。

（1）同步发电机

当前发电机是电力系统中唯一的有功电源，同时它又是基本的无功电源之一。当系统无功电源不足而备用容量较充裕时，可利用靠近负荷中心的发电机来降低功率因数，实现在低功率因数下运行，利用发电机发出无功功率来提高系统的电压水平。一般小型发电机的额定功率因数为 $0.80 \sim 0.85$，即供给负载有功功率的同时，还供给负载无功功率，如果发电机的有功输出未满载，在保证发电机的电压为额定电压并且定转子电流不超过额定值的条件下，发电机无功率输出还可以适当增加。

由于发电机控制方便，不需要额外投资增加设备，发电机是首先被考虑的调压手段之一。充分利用发电机本身具有的发出或吸收无功功率的能力，合理使用发电机调压手段能够很大程度地减少其他调压措施的负担。对于临近发电厂的负荷波动频繁地区，完全可以利用发电机的快速、连续可调的特点进行无功补偿，以减少电容器等无功设备的投切次数。通常情况下，调节发电机端电压，能满足电厂地区电压调节要求，而对于多级电压输电负荷，必须借助于其他调节手段配合才能保证电压的质量。

（2）调压变压器

在双绕组变压器的高压绕组上，一般除主分接头外，还有几个附加分接头，为满足输出不同电压的需要。对于容量在 6 300kVA 及以下的无载调压的电力变压器一般有两个附加分接头，主分接头对应变压器额定电压 U_N，两个附加分接头分别对应 $1.05U_N$ 和 $0.95U_N$。对于容量在 8 000kVA 及以上的无载变压器，一般有 4 个附加分接头，分别对应于 $1.05U_N$、$1.025U_N$、$0.975U_N$ 和 $0.95U_N$。

对于有载调压变压器，在高压侧除主绕组外，还有一个可调分接头的调压绕组。对于不具有带负荷切换分接头装置的变压器，调节分接头时必须停电。因此，在事前必须选好一个合适的分接头，兼顾运行中出现的最大负荷和最小负荷，使电压偏差不超出允许范围。对于有载调压变压器，它能够随时调整分接头位置，容易满足电力用户对电压偏差的要求。调节变压器分接头的位置不但能改变变压器负荷侧的电压状况，同时也对变压器负荷侧的无功功率分布产生重要影响，因此有载调压变压器在电力系统中得到了广泛应用。另外还有加压调压变压器，它包括电源变压器和串联变压器两部分。当电源变压器采用不同分接头时，就会在串联变压器中产生大小不同的电动势，从而改变线路上的电压。

（3）并联电容器

并联电容器在地区电网无功补偿中是应用最多的无功补偿装置，它广泛应用于功率因数校正和母线电压校正，一般情况下安装在低压侧母线上。通常来说，每个变电所安装 1~4组，对于负荷较大的 110kV 变电所和 220kV 变电站，则需要安装更多的电容器组。并联电容器的优点是：可分散、集中、分相补偿；投资少、有功损耗少、维护量小，可根据负荷情况分组投切。缺点是：电容器发出的无功与电压的平方成正比，当电压下降时其无功出力会随之下降，不利于电压的稳定，并且投入时还会产生尖峰电压脉冲。当电压无功优化模型和控制模型加入电容器后使得数学方程变得不可微，使算法复杂化。

（4）并联电抗器

并联电抗器性质与并联电容器的性质恰恰相反，从补偿感性无功的角度来说是欠补偿，因而常用于补偿线路电容的作用，限制由于轻载负荷所引起的电压升高。特别是对于长于200km 的超高压输电架空线路，充电电容是不可忽视的，通常需要安装并联电抗器。

（5）同步调相机

同步调相机是一种专门用来产生无功功率的同步电机，在过励磁或欠励磁的不同情况下，同步调相机可分别发出不同大小的容性或感性无功功率。它不带任何机械负载，实质上是空载运行的同步发电机或同步电动机，仅从电网吸收少量有功功率供给本身运转的功率损耗。由于同步调相机在过励磁运行时，可向系统提供感性无功功率，起到无功电源的作用，因此能够提高系统电压。在欠励磁运行时，同步调相机可从系统吸收感性无功功率，起到无功负荷的作用，能够降低系统电压。

同步调相机的优点是能平滑调节有利于稳定，是不错的无功调节手段。缺点是造价要比并联电容器高，投资大，设备复杂，损耗稍大，一般为额定容量的 1.5%~5%，维护量也大。一般在枢纽变电站安装同步调相机。

（6）静止无功补偿器

静止无功补偿器（SVC）是目前应用最多的动态无功功率补偿设备。静止无功补偿器主要是由并联电容器组、可调饱和电抗器以及检测与控制系统三部分组成，兼有电容器和调相机两者的优点，可在几个周波内快速完成调节，保持网络电压稳定，增强系统的稳定性。静止无功补偿器具有平滑的动态补偿特性，发出的无功电流按照电网无功需求的变化而变化。

（7）静止同步补偿器

静止同步补偿器是由可关断的大功率电力电子器件（如 GTO 或 IGBT）通过逆变方式形成的无功功率，响应时间为 20～30ms。静止同步补偿器可控性能好，其电压幅值、相位可快速调节，端电压对外部系统的运行条件和结构变化不敏感。因此，静止同步补偿器不仅可以得到较好的静态稳定性能，而且可得到较好的大干扰故障下的暂态稳定性能。由于静止同步补偿器中电容器容量较小，相当于电流源，因此，在电网内使用也不会产生低频谐振。

在传统的变电站里，运行人员根据系统调度下达的电压无功控制计划，手工对分接头和电容器进行操作，同时实时监视变电站的运行工况。这样做不仅增加了值班人员的劳动强度而且多参数调整难以达到最优的控制效果。随着无人值班变电站的建立和计算机技术在变电站控制系统中的应用，目前各种电压等级的变电站普遍采用了电压、无功综合控制器。这种控制器是根据运行情况对本站的电压和无功进行自动调节，以保证负荷侧母线电压在规定范围之内及进线功率因数尽可能高。这种控制点一般均以微机为核心，具有体积小、功能强、灵活可靠等一系列优点。

6.1.4　电压无功控制补偿的目标

变电站电压无功控制补偿就是对电网无功功率进行控制以改善电网供电质量，在保证电压（变压器二次侧电压）合格，无功（变压器进线侧无功功率）基本平衡的前提下尽量减少有载调压变压器的有载分接开关和并联补偿电容器组的调节次数。具体目标如下。

（1）保证节点电压合格

在负荷对无功功率需求不断变化的情况下，电压调节会成为关键。负荷对无功需求的变化会引起电压的波动，为防止由此而带来的与该点连接的用户运行效率的变化，导致不同用户负荷间的相互干扰，电压的变化必须保持在一定的限度内。根据国标 GB12325—1990《电力系统电压和无功电力技术导则》（SD—325）的规定，各级供电母线的允许波动范围，以额定电压为基准，规定如下：

500（330）kV 变电站的 220kV 母线，正常时 0%～+10%；事故时−5%～+10%；

220kV 变电站的 35～110kV 母线：正常时−3%～+7%；事故时：±10%；

配电网的 10kV 母线，电压合格范围：10～10.7kV。

（2）保持系统无功平衡

对电力系统输电网络，无功平衡应遵循"分层分级，就地平衡"的原则。对于地区供电网络，应实现无功分区就地平衡的原则，只有无功平衡了，才能保证各级供电母线电压，包括用户入口电压在规定的范围内。具体要求如下：220kV 及以下等级的变电所在负荷最大时电网供给的无功功率与有功功率的比值：220kV 为 0～0.33；35～110kV 为 0～0.48，对 10kV 配电线路上的并联电容器在负荷最小时不应向变电所倒送无功功率。

（3）电能损失最小化

只有增强了无功调控能力，充分利用现有的无功调压设备，合理调配，减少电力系统中无功的流动，才能达到电能损失最小。为了达到以上目标，必须增强对无功电压的调控能力，充分利用现有的无功调压设备（调相机、静止补偿器、补偿电容器、电抗器、有载调压变压器等）的作用，对它们进行合理的优化调控。

（4）减少电压调节次数

每次调节有载调压变压器分接头都会对变压器的绝缘造成一定的损害，有载分接开关动作次数达到一定时就需要将变压器停止运行，对分接开关进行检修。每次投切电容器都会使得开关切断一次负荷电流，对系统产生一定的冲击，因此各变电站对有载调压变压器的日调节次数和并联补偿电容器组的日投切次数均有详细的限制。这样就需要寻求一种最佳的综合控制方式，在提高电压合格率、优化无功补偿效果的情况下能减少变压器分接开关的日调节次数和并联补偿电容器组的日投切次数。

（5）改善功率因数

大多数工业负荷的功率因数是滞后的，即吸收无功功率，所以负荷电流的值大于单纯供给有功功率的值。在能量转换的过程中，有功功率才是真正有用的，多余的负荷电流对于用户来说只是一种浪费，因为用户不仅要为多余的输电容量付钱，也要为线路中多余的能量损耗付费。电力部门同样也不希望从发电机向负荷输送不必要的无功功率，否则，一方面发电机和电网得不到充分有效的利用，另一方面电网的电压控制也变得更为困难。

6.2 变电站电压、无功综合控制的原理

6.2.1 电压无功综合控制原理

1. 电压无功控制原理

变电站等值电路如图 6-1 所示。

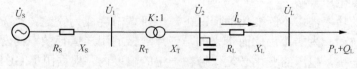

图 6-1　变电站简化示意图

在图 6-1 中 U_S 为系统电压，U_1 为变电站高压侧电压，U_2 为变电站低压侧电压，U_L 为负荷端电压，K 为变压器变比，P_L，Q_L 分别为有功负荷和无功负荷，R_T，X_T 分别为变压器归算到高压侧的等效电阻和等效电抗，R_S，X_S 为系统等值阻抗。

由于负荷 R_L+jX_L 的存在，当电流流过线路时，在线路上产生电压损失，同时在线路和变压器中引起功率损耗，即网损。忽略电压降的横分量时，则有如下的式子成立

$$\Delta U_L = \frac{P_L R_L + Q_L X_L}{U_L} \tag{6-1}$$

$$U_L = U_2 - \Delta U_L \tag{6-2}$$

因此，当负载 P_L 和 Q_L 变化时，变电站到用户的线路电压损耗也将随之改变。为了维持用户电压 U_L 不变，必须调整 U_2，以 U_2 的变化来补偿 ΔU_L 的变化。实际的电力系统接线往往比较复杂，一般变电站都有多回出线，各回出线负荷变化规律不一定相同，对变电站母线电

压的要求也不同，甚至有可能发生矛盾。因此调压的过程只能按照整个变电站总负荷的变化情况进行调压。目前常用的两种方式如下。

（1）调整变压器的分接头位置，改变变压器变比 K

当负荷增大，导致负载两端电压 U_L 下降时，可减小变比 K 以提高变压器低压侧电压 U_2，从而提高负载两端电压 U_L；当负荷减小时，导致负载两端电压 U_L 上升时，可增加变比 K 以降低变压器低压侧电压 U_2，从而降低负载两端电压 U_L。变压器变比 K 的变化一般靠调节有载调压器的分接头来实现。

（2）改变补偿电容器组发出的无功功率 Q_C

当无补偿电容器组时，负荷所需的无功功率 Q_L 均需通过线路传送。当补偿电容器组发出的无功功率为 Q_C 时，系统向负荷提供的无功功率为 $Q_L - Q_C$。增大 Q_C 可使线路压降降低，沿线路电压损失将减小，从而可提高变电站母线电压 U_2。同时线路上传送无功功率减小，将导致线路上的电流减小，线路上的功率损耗将随之降低，变电站的功率因数也得到了改善。

2. 对电压无功综合控制系统的要求

一般的电压无功综合控制系统有如下的要求。

① 可以自动识别变电站的运行方式和运行状态，从而正确地选择控制对象并确定相应的控制方法。

② 可以自动调节目标电压、电压偏差范围及功率因数的上下限等参数。

③ 根据限定的条件，来对变压器分接头和电容器组的投切进行控制。

④ 可以显示变电站的运行情况，并设有故障录波器。

⑤ 在故障情况的条件下可以将装置闭锁，故障情况如下所示。

- 系统故障。
- 变电站母线故障。
- 主变压器故障。
- 电压互感器故障。
- 主变压器异常运行。
- 补偿电容器本身或回路装置发生故障或事故。
- 控制器异常。
- 装置拒动。
- 变压器挡位已到达上下限、主变压器分接头日调节次数已达上限、电容器日投切次数已达上限等。

⑥ 具备自检、自恢复功能，做到硬件可靠、软件合理、维修方便且具有一定的灵活性和适应性。

3. 常用的电压无功控制类型

随着电力自动化技术的广泛应用，无人值班变电站的不断增多，原有的人员手动调节电压无功方式已经越来越不能适应形势的发展，电压无功自动控制装置（VQC）开始在电力系统中大量使用，其具体实现方式主要有以下 3 种。

（1）自带 I/O 系统的独立 VQC 装置

这种 VQC 不依赖于其他装置，数据采集和控制输出都是自身功能的一部分，集 I/O 系统和计算判断于一身，其闭锁信号由相应装置的硬接点输入，大大增强了 VQC 闭锁的快速性和可靠性。这种装置的优点是：VQC 的数据采集和控制输出都由自身完成，不需要借助网络或其他装置工作，可靠性高；闭锁信号均由相应的硬接点输入，闭锁及时可靠。其缺点是相对于后台机和网络 VQC 来说，信息共享程度差，输入/输出需要铺设较多的电缆，安装工艺比较麻烦。这种专用独立式 VQC 成套装置在电力系统中应用最为广泛，主要适用于非自动化的变电站。

（2）变电站自动化系统后台监控软件 VQC

这种 VQC 依附于变电站层监控主机，是后台监控系统的一个子模块，本身没有专用的 I/O 系统，借助于自动化系统的相关监控装置进行数据采集与控制输出。它的优点是：省去专用硬件设备，软件具有很强的扩展性和兼容性，不需要单独铺设电缆，降低了成本和工作量；对运行维护人员来说人机界面友好，参数设置简单，调试方便。它的缺点是：由于数据采集和控制输出要经过几个环节，其闭锁速度往往达不到运行要求；监控系统要经常有人操作或干预，容易发生死机等异常现象。整个 VQC 的可靠性取决于网络通信、I/O 和后台主机的运行状况。

（3）自动化系统网络 VQC

这种 VQC 的核心采用单独的 CPU 装置，但其 I/O 设备借助自动化监控系统实现。它的优点是：无需单独组屏，装置以插件的形式嵌入自动化系统中，同时也不需单独铺设电缆，减少了工作量；它的核心采用单独的 CPU 装置，因而调节与闭锁速度快，相对于后台软件 VQC 来说更易获得闭锁信号；其测量值来源于自动化系统，避免了因测量值与自动化系统测量值不一致而造成的调节出入问题。其缺点是：整个 VQC 的可靠性取决于网络通信、I/O 和 VQC 主机的运行状况。

6.2.2　变电站电压无功控制应满足的约束条件

通过控制变压器分接头和无功补偿设备，把主变低压侧的电压控制在规定范围内是变电站电压无功综合自动控制最基本也是最重要的要求，同时还要尽可能减少无功在上下级电网之间的流动，以降低网损。在具体实施变电站电压无功控制的过程中，应满足的原则和实施要求如下。

① 保证低压侧母线电压水平是首要原则。在变电站运行时，系统无功状况对电压的影响比较大，无功功率的不足或过大都将引起系统电压的下降或上升，极端情况下可导致某些枢纽变母线电压大幅度下降而出现"电压崩溃"现象，因而在调整低压侧电压的时候，应当注意根据系统无功的情况，对主变分接头和无功补偿设备进行综合控制。

② 尽量降低变电站从上一级电网吸收的无功功率，满足无功补偿"分层分级，就地补偿"的原则，同时也不宜向上级电网倒送过多的无功功率。所以负荷上升、电压下降时先投电容器后升挡，负荷下降电压上升时进行相反的操作。

③ 尽量减少主变调挡次数。过度频繁地调节有载分接开关，会引起变压器有载分接开关的故障，进而导致变压器故障，因此，各变电站对变压器分接头的日调节次数有严格的限制。

④ 尽量降低电容器的动作次数。频繁投切并联电容器组，也会引起电容器开关的故障，从而造成很大的经济损失。

⑤ 晚上负荷峰过后，电压回升，变压器应先降挡，但不能降得太低，否则下半夜电容器若全退，电压会太低又得升挡，造成频繁调挡，对变压器不利。一般挡位降到当天凌晨的挡

位即不降了。

⑥ 各变电站投切电容器的顺序：负荷大、离电源远的变电站即使电压不是很低，也得先投电容器，因先投其他站电容器，其电压也会跟着升高，造成电容器到很迟才能投。这可用调整各站灵敏度来解决。

⑦ 调压装置不能频繁发出相反的指令，特别不能频繁升降挡。这可分时段来设动作值：负荷上升阶段，调高升压灵敏度，降低降压灵敏度，而负荷下降阶段则相反。同时需要考虑电容器退出运行后 5min 内不得重新投入，并列运行的变压器主变分接头不得超过两挡等约束条件。

⑧ 防止无功控制设备发令后，在命令执行并使遥调刷新这段时间内装置又发一次调整令。

⑨ 若分接头挡位已经达到最低或最高位置又仍需要进行电压调整时，应改投切电容器或发出话音报警等提示信息。

⑩ 若主变高压侧电压太高或太低引起电压不合格，又没必要投切电容器时，控制系统应进行提示。

⑪ 一台主变带两段或两段以上母线时，应对多段母线上的电容器正确投切，而不仅仅控制其低压侧母线所连的电容器。

⑫ 遇到电容器故障或因事故跳闸或处于检修状态时，控制设备不应再对其发出合闸指令。

⑬ 考虑因通道或其他问题，遥控操作有时一次不成功，可再发一次令，如仍不成功，则需要报警。

⑭ 要能有效地躲过电网电压波动及电压变送器的短时误报，这可通过设置动作延时或进行数字滤波来避免这些扰动。

⑮ 若出现遥测不刷新，应闭锁控制装置并给出提示。否则，可能因遥信和通道还完好，而使装置一直发调压指令把电压调到不能再调为止。可人工干预或发令，在设备刚投入使用时，为确保验证装置能可靠动作，可要求人工确认，若控制装置运行一段时间能正确动作，则不必人工确认。

6.3　电压无功控制方式及控制策略

6.3.1　电压无功控制方式

目前电力系统对电压无功的控制有 3 种调控方式，第一种是分散控制，即对无功和调压设备进行就地控制，这种控制的方式避免了无功功率经长途输送流经各级输变电设备所造成的功率损耗和电压降落，是目前普遍使用的一种控制方式。第二种是集中控制，即集中由调度中心的计算机对各个配电中心的电压和无功设备进行统一控制。第三种是分级电压无功控制关联分散控制，这种方法将电力系统的无功功率和电压自动控制按空间和时间从功能上分成 3 个不同的层次，即一级、二级和三级，每一级都有其独立的控制目标，分级电压控制思想可以把一个较大规模的电力系统分割成多个子区域，只需分别对各个子区域进行电压无功优化控制就能实现对整个电力系统的无功优化控制。目前分级电压控制研究还在初级阶段，没有形成系统的分析和设计方法。

（1）分散控制方式

分散控制是指在各个变电站中，自动调节有载调压变压器的分接头位置或其他电压调节器，控制无功功率补偿设备（电容器、电抗器、调相机、静止无功补偿器等）的工作状态，使得当负荷变化时，该地区的电压和无功功率保持在规定的范围内。分散控制不易实现全系统的最优控制，但它可以实现局部的优化，对提高受控站供电范围内的电压质量和降低局部网络变压器的电能损耗，减轻值班员的操作是很有意义的。VQC 装置的调节控制是基于给定的电压无功上下限，如果上下限值给定不合理，无论调节措施多么完美，都不可能得到合理的控制。

（2）集中控制方式

集中控制是指通过调度自动化系统，采集包括各变电所等中枢点的电压、无功、变压器分接头位置、无功补偿设备开断、投入状态等状态量和数字量，然后由调度中心的区域电压无功优化分析软件（AVC）计算出全网最优的无功分布，利用分散安装在各厂、站的当地电压无功调节装置（如 VQC）或控制软件对各个配电中心的调压设备和无功补偿设备进行统一控制，并调整无功补偿设备的开断和投入以及变压器的分接头位置，以较短的时间调整系统中枢点的电压，使偏离值减小。其缺点是应用软件复杂，通信通道要求高，通信技术性能要求高，增加了调度员负担，功能过于集中，控制风险增大。由于国内或同一地区的变电站自动化水平层次不一，实现全系统的电压无功集中优化控制有相当大的难度。集中控制是通过调度中心对各个调压设备和无功可控设备实施电压无功综合在线控制，在满足负荷需求和保证系统电能质量的条件下使系统网络损耗最小。从理论上讲，这种控制方式是保证系统电压正常，提高系统运行的安全性和经济性的最佳方式，被认为是电力系统调度控制发展的最高阶段。

（3）分级关联分散控制方式

电力系统是个复杂的互联系统，其潮流是互相关联的。电压水平是电力系统稳定运行的一个重要因素，在电力系统运行调度中，往往需要监视并控制某些中枢点电压和无功功率，使其维持在一个给定的范围内。如何维持这些中枢点的电压有多种调控决策需要选择。对不同变电站来说，也有各自的优化控制方案选择问题，同时还必须考虑许多实际问题。例如一个 220kV 变电站，要使其 110kV 侧母线电压调整至规定范围内，方法有多种，例如调整分接头位置或投切补偿电容器都可改变 110kV 母线电压。因此，必须通过判断和综合分析比较变电站的运行方式、运行参数、分接头当前位置和各组电容器的投切历史以及低压侧母线的电压水平、负载情况，才能选择最好的调节决策进行调节。这些调节方案的选择如果集中由调度中心的计算机负责必然会造成软件复杂，而且不可能对各变电站因地制宜地考虑得那么细致，因此最好的控制方式是采用关联分散控制。

关联控制是指电力系统正常运行时，由分散安装在各发电厂、变电站的分散控制装置或控制软件进行自动调控，调控范围和定值是从整个系统的安全、稳定和经济运行出发，事先由电压、无功优化程序计算好的，而在系统负荷变化较大或紧急情况或系统运行方式发生大的变动时，可由调度中心直接操作控制，或由调度中心修改下属变电站所维持的母线电压定值和无功功率定值，以满足系统运行方式变化后新的要求。因此，关联分散控制最大的优点是：在系统正常运行时各关联分散控制器自动执行对各受控变电站的电压、无功调控，做到责任分散、控制分散、危险分散；紧急情况下执行应急程序，因而可以从根本上提高系统的可靠性和经济性。为达到此目的，就要求执行关联分散控制任务的装置除了要具有齐全的对受控站的分析、判断和控制功能外，还必须具有强的通信能力和手段。在正常运行情况下能把控制结果向调度中心报告，系统需要时能接收调度中心下发的命令，自动修改和调整定值或停止执行自己的控制规律，而作为调度下达调控命令的智能执行单元。对调度中心而言，必须具备应急控制程序。

6.3.2　电压无功控制策略

1. 变电站运行方式、状态的识别与划分

（1）变电站运行方式的识别

变电站一般都有多台有载调压变压器，系统在运行过程中这些变压器可能有多种运行方式。如在某种运行方式下，某些变压器处于运行状态，而另外一些变压器可能处于停运状态；变压器之间可并列运行也可独立运行。在对变电站电压无功进行综合控制过程中，为了确定控制对象并进一步确定控制对策，就必须要对变电站中各个变压器的运行方式进行识别。

当变电站只有两台主变压器时，其运行方式比较简单，共有 4 种运行方式：两台变压器并列运行；两台变压器独立运行；一台运行，一台停运。当变电站有 3 台变压器时，通过组合就会有 13 种不同的运行方式。而对于主变压器较多的大型变电站，其运行方式就相当的复杂。

目前实际采用的识别方式主要有人工设置和自动识别两种。人工设置就是主站的运行人员根据上传至主站的有关状态信息对变电站的运行方式进行判断，然后通过通信系统将该运行方式通知电压无功控制系统。自动识别时电压无功综合控制系统根据主接线的断路器状态，如变压器的高压、中压、低压侧断路器的状态、母联断路器和旁路断路器状态等，自动进行分析判断，以确定当时的运行方式。

（2）变电站运行状态的划分

变电站的运行状态是指变电站的各种电气量所处的状态。只有正确地掌握变电站的运行状态，才能正确地选择控制对象，从而达到控制的目的。作为变电站电压无功综合控制装置，其控制的对象主要是变压器分接头和并联电容组，其控制目的是保证主变压器二次电压在允许范围内，且应该尽可能高地提高进线的功率因数，因此选择电压和进线处功率因数为状态变量。

变电站电压无功综合控制系统是一个复杂的双参数调节系统，合理的控制策略是 VQC 投用的基本要求之一。由于变电站可看作是电力系统的一个元件，其电压水平和无功流动与系统是相互影响的，因此，在控制策略上 VQC 除必须满足变电站调节电压和平衡无功的要求外，还要尽量减少有载调压变压器分接头和电容器组的动作次数，同时还需要服从系统运行的需要。为实现 VQC 的控制目标，一般的 VQC 装置都采用基于 9 区图的控制策略，控制装置根据电压、无功、时间、负荷率、开关信息、分接头挡位和电容器组投切开关状态等多因素进行综合判断，根据实时数据判断当前的运行区域，并按照一定的控制策略，闭环地控制站内并联电容器组的投切以及有载调压变压器分接头的调节，以最优的控制顺序和最少的动作次数使系统的运行点进入正常的工作区。图 6-2 是变电站的 9 区运行示意图。

为了保证控制的稳定性，避免频繁的调节，电压和频率因数可以有一定的偏差，当 $U \in (U_L, U_H)$ 时不进行调压，当 $Q \in (Q_L, Q_H)$ 时不进行调频。在图 6-2 中，只有 9 号区域表明电压和无功均合格，当运行状态落入这个区域就可以停止控制，如果越出这个区域在其他 8 个区域运行就要进行控制。以上情况是假设目标电压 U 为常数，但是这样做的鲁

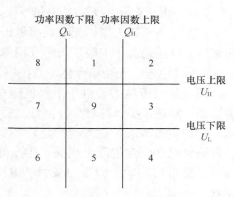

图 6-2　变电站 9 区运行示意图

棒性不是很好，通常目标电压 U 可以通过如下的两种方法获得。

① 根据预测的负荷曲线和用户对电压的要求确定电压随时间而变化的曲线，并将其作为控制目标电压曲线进行整定。这种方法对于负荷预测的精确度要求比较高，如果负荷预测偏差较大，则控制的效果也会较差。

② 建立负荷与目标电压的数学模型，根据实测的负荷在线实时计算出与负荷所对应的目标电压。这种方法需要适应性强，但需要进行大量的统计和分析工作。

2. 变电站电压无功控制 9 区控制策略

调节有载调压变压器分接头位置或投切电容器改变无功补偿量 Q_c，都将引起变电站母线电压 U 和从系统吸收的无功功率 Q 的变化，其变化关系如表 6-1 所示。

表 6-1 U, Q 的动作变化关系

动作类型	U, Q 的变化
降主变分接头	U 下降，Q 减少
升主变分接头	U 上升，Q 增加
投电容器	U 上升，Q 减少
切电容器	U 下降，Q 增加

在 9 区图中，1 区，3 区，5 区和 7 区属于单参数越限情况，2 区，4 区，6 区和 8 区属于双参数越限情况。9 区图的各区控制策略如下。

1 区：电压越上限，无功功率合格，先升挡降压至电压合格；若分接头挡位已上调至最高挡，而电压仍高于上限，则强行切除部分并联电容器组。

2 区：电压越上限，无功功率越上限，先升挡降压至电压合格；若分接头挡位已上调至最高挡，而电压仍高于上限，则强切电容。

3 区：电压正常，无功功率越上限，投入并联电容器组；若无电容器组，则维持。

4 区：电压越下限，无功功率越上限，先投入并联电容器组使无功功率合格；若无电容可投或电容器组投完后儿电压仍低于下限，则降挡升压至电压合格。

5 区：电压越下限，无功功率合格，降挡升压至电压合格；若分接头挡位已调至最低挡，而电压仍低于下限，则强行投入并联电容器组。

6 区：电压越下限，无功功率越下限，降挡升压至电压合格；若分接头挡位已调至最低挡，而电压仍低于下限，则强投电容。

7 区：电压合格，无功功率越下限，切除并联电容器组；若无电容器可切，则维持。

8 区：电压越上限，无功功率越下限，先切除并联电容器组；若无电容可切或电容器组切完后而电压仍高于上限，则再升挡降压至电压合格。

9 区：电压、无功均合格，是控制的目标区域。

变电站负荷越大、电压下限值越高，即在高峰负荷时适当提高运行电压，将电压下限值提高；同理，在低谷负荷时降低运行电压，将电压限值降低。9 区图控制策略不区分变电站负荷的电压静态特性，对恒定功率负荷和恒定阻抗负荷是通用的。基于 9 区图的电压无功调整策略在一定程度上提高了主变低压侧母线电压的合格率，实现了无功就地基本平衡，改善了变电站的功率因数和减少了电网的功率损耗，在一定程度上能够满足变电站的运行要求。

3. 9 区图控制策略的缺陷

① 由于电压、无功上下限都是固定值，未充分考虑电压、无功的相互协调关系，某些区域的控制策略不能使电压、无功同时满足要求，只能使运行点进入相邻的区域，而不能直接进入 9 区，从而增加了受控设备的动作次数。

② 9 区图的电压、无功上下限是随季节、峰谷、时段而变化的，不易调整。

③ 由于 9 区图各区域控制策略都是依据实时电压和无功进行的，因此在电压越限、无功不越限的情况下，基本控制策略都是调节变压器分接头。而实际上各变电站的有功和无功负荷的变化有一定的规律性，当无功负荷曲线上出现由谷转峰（或由峰转谷）的变化趋势时，则会先出现电压越下限（或越上限），紧接着又出现无功越上限（或越下限）。如果电压无功综合控制策略能够判断电压越限是由无功迅速变化引起的，则完全可以在电压和无功不越限时就直接提前投切电容器，从而减少分接头的调节次数并提高电压的合格率。

④ 由于实时系统电压、无功和有功负荷变化的随机性，9 区图对电压波动的控制适应性差。

⑤ 对于主变低压侧母线在多路用户负荷下要求按逆调压原则调压，9 区图很难实现。

⑥ 9 区图中调挡的策略对某些区域的控制可能会造成系统电压失稳。

因为 9 区图控制策略易发生振荡动作现象以及存在上述的一些问题，因此有必要对 9 区图的控制策略进行改进以适应变电站运行的要求。目前在 9 区图的基础上出现了各种改进的区域图策略，如改进 5 区图、12 区图、13 区图以及 17 区图等。

6.4　变电站电压、无功综合控制系统举例

现在以变电站综合自动化系统 CBZ-8000 中的 VQC 调节系统为例，介绍无功调节系统的特点、结构、调节策略、闭锁功能以及相关的操作。

6.4.1　VQC 系统特点

CBZ-8000 变电站自动化系统电压、无功综合调节系统（VQC）可同时控制 1～3 台有载调压变压器的分接头和 1～48 组无功补偿电容器或电抗器的投切，在保证电压质量的前提下尽量减小供电网络的线路损耗。其主要特点如下。

① 能实时跟踪变电站运行情况的变化，通过内嵌的拓扑分析程序，自动识别变压器及电容器、电抗器的运行方式，自动确定控制对象间的配合关系。

② 系统对运行方式的自动判别。分列运行，每台主变压器分别带不同的中压母线和低压母线运行，VQC 以单台主变压器为单位进行调节；中、低压并列运行，当主变压器中压侧或低压侧并列时，VQC 以并列主变压器为单位进行调节，并可以保持主变压器挡位差；高、中、低压并列运行，当主变压器中压侧或低压侧并列，同时高压侧也并列时，主变压器将同步调整，确保分接头挡位一致。

③ 对任意接线形式的变电站都能适应，最大容量为 3 台主变压器及 24 台电容器、24 台电抗器，其中 3 台主变压器可以是双绕组或三绕组的任意组合。

④ 可单机运行也可与直接运行于监控后台。

⑤ 多参数控制，控制变量有：低压侧电压、中压侧电压、高压侧功率因数或主变压器综

合功率因数。

⑥ 多种控制方案可由用户自行选择。

⑦ 闭环控制。根据采集的实时数据,按照预先给定的控制规律,得到分接头和无功补偿设备的最优配合关系,控制无功补偿设备的投切和分接头的调整。

⑧ 控制判据可以电压优先也可以无功优先,可以根据不同的工况进行设定,在保证供电质量的同时也提高了电力系统运行的经济性,并使主变压器分接头调整次数和电容的投退次数尽量减到最少。

⑨ 根据系统的参数预测最优的结果进行控制,避免了失压或轻负荷、空载的情况下对系统的调节。系统根据参数可以预测动作后的系统状态,如果动作后系统仍不符合要求,需要返回到原来状态,系统则不予动作,以免造成分接头或电容器反复动作。

⑩ 可以定义各种闭锁条件,例如保护动作、遥测量越限、硬开入接点变位等作为闭锁条件,保证了系统只在安全状态下进行调节,确保本系统的优化调节不对电力系统的稳定运行构成影响。

⑪ 电容器实行循环投切,可以使断路器的动作几率平均,对设备的长期运行有利。

⑫ 能够同时控制电容器和电抗器这两种不同性质的无功补偿设备。

⑬ 智能检测遥测数据,确保遥测数据的可靠性和正确性。

⑭ 能够在分接头动作后对系统状态变化做出统计分析,以判断分接头调整和电容、电抗投/退的合理性。

⑮ 可以将动作信息和状态信号远传,方便运行人员对电压无功综合调节主站进行维护和控制。

⑯ 定值整定方便,采用树形视窗和列表视窗结合的方式,用户可以方便地修改定值,同时对每个定值都有取值范围提示。

⑰ 不同时段定值可以自动切换,系统将一天分隔成 24 个时间段,每个时间段都有不同的定值,系统在运行中会自动进行定值的切换,使 VQC 可以自动适应变电站的不同负荷水平。

⑱ 友好的图形界面,对重点关注的运行量,如低压侧电压、功率因数等,可以采用多种形式在界面上着重显示出来(如棒图、以不同的颜色表示等),方便用户掌握系统的运行工况。

⑲ 可以实时显示电压、电流、有功、无功、功率因数等遥测值和断路器、隔离开关等遥信状态,以及变电站当前的接线方式,VQC 的工作状态和各种闭锁信息。

⑳ 自动生成日志文件,VQC 可以在本地自动记录对一次设备的所有控制操作,包括设备的闭锁、调节方式的变化等。同时,还可以将这些信息传至后台,便于形成统一的变电站运行记录。

㉑ 完备的数据自检功能,当系统启动时或用户在保存新的数据时,系统能够自动对数据文件和新的数据进行检查,确保数据的正确性和完整性,提高了系统运行的可靠性。

㉒ 完善的用户管理功能,在没有用户登录的情况下,系统拒绝所有改变运行设置的操作,同时对每个注册用户的权限都可以进行相应的限制,此外,系统还可以自动记录登录用户进行的所有操作。

6.4.2　VQC 系统结构

VQC 电压无功综合调节主站是 CBZ-8000 变电站自动化系统的一个部分，其系统结构可以有两种实现方式：一种是电压无功综合调节主站和监控主站运行于同一台计算机上，另一种是单独为电压无功综合调节主站提供一台计算机，其结构图如图 6-3 和图 6-4 所示。

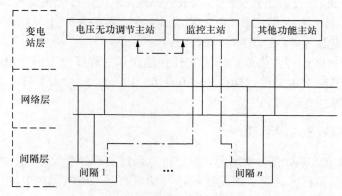

图 6-3　VQC 电压无功综合调节结构图 1

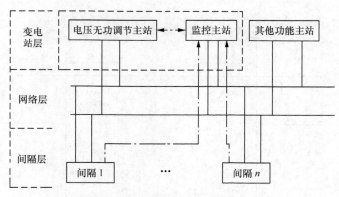

图 6-4　VQC 电压无功综合调节结构图 2

在 CBZ-8000 综自系统中，VQC 通过变电站内监控网络获得系统信息，包括相关节点的电压、电流、有功和无功以及有关断路器和隔离开关的位置信息，通过拓扑程序自动确定变电站的运行方式后，按照预定的控制原则针对变电站当前的运行状态做出控制。在需要对一次设备进行调节时，由电压无功综合调节主站发令通过监控主站将动作命令转发给相应设备间隔单元的执行装置，命令发出后电压无功综合调节主站自动监测动作的执行结果，如果在指定的时间内动作未成功，则认为动作失败；如果发生分接头滑挡，则自动立即发出急停指令。

需要指出的是，上述两种不同的结构，主要是物理上的，在软件实现上，这两种结构都是一样的。

VQC 系统软件结构包括主程序、通信控件连接库、数据文件、运行日志 4 个部分。各部分具体如下。

① 主程序：文件名为 Vqc.exe 及 VqcDataEditor.exe 的 Windows 应用程序，是电压无功综合调节系统的核心处理程序。

② 数据文件：电压无功综合调节系统需要的数据存储在名为 data 的文件夹中，data 必须和主程序位于同一级目录中。系统需要的文件包括下面 5 个扩展名为 dat 的设备文件和一个扩展名为 ini 的配置文件，它们是：VqcLimit.dat（定值文件），VqcTrans.dat（变压器属性文件），VqcCommu.dat（测控装置属性文件），VqcAnnex.dat（补偿装置和其他相关设备的属性文件），VqcLock.dat（设备闭锁文件），VqcSys.ini（系统运行配置文件）。

③ 通信控件：名为 BJXJNETS.dll 的 Windows 动态链接库文件，系统运行前需要对控件进行注册，控件的名称为 BJXJNETS.Dserver.1。

④ 运行日志：程序运行中生成的日志文件存储在和主程序位于同一级目录下的 log 文件夹中，是以日期命名的文本文件，如：Vqc2003_06_19.txt，运行人员可以定期对此目录中的文件进行转存、删除或打印等。

6.4.3　VQC 系统的调节策略

VQC 系统的调节策略如图 6-5 所示，用户可以通过与软件的交互选择是否使用强投强切区域。其中第 9 区是目标区。为了简化显示，投切电容器、电抗器对电压、无功的影响统一用电容器代表。

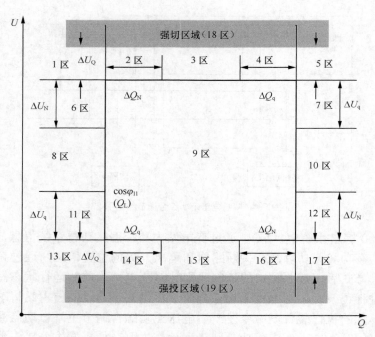

图 6-5　调节策略图

根据电压和功率因数（无功）越限情况，将控制策略划分为 19 个区域，每个区域依据不同的调节方式，采取相应的控制策略。这些区域中，强投、强切区域与调节方式无关，下面的分析主要针对另外 17 个区进行。根据主变压器运行时间的不同，将一天分为 24 个时段，每段对应不同的电压和功率因数（无功）边界。

以下的调节方案以升分接头电压升高，降分接头电压降低为例；对升分接头电压降低，降分接头电压升高时，调节方案中的降分接头改为升分接头，升分接头改为降分接头。同时，以无功为边界，无功上限即功率因数下限，功率因数下限即无功上限。下面分别介绍综合控制、电压优先、无功优先、只调电压以及只调无功等 5 个方面。

① 综合控制。综合控制调节策略，如图 6-6 所示。

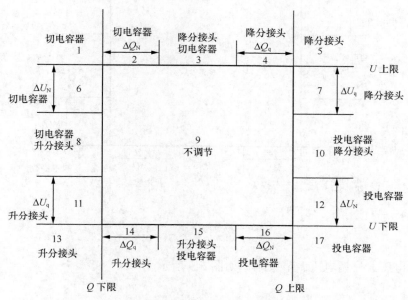

图 6-6 综合控制调节策略图

② 电压优先。电压优先调节策略，如图 6-7 所示。

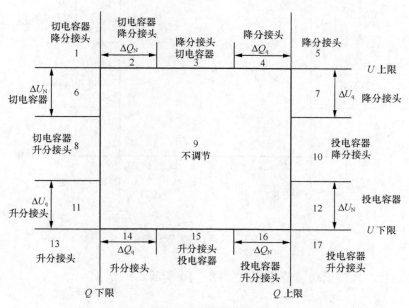

图 6-7 电压优先调节策略图

③ 无功优先。无功优先调节策略，如图 6-8 所示。

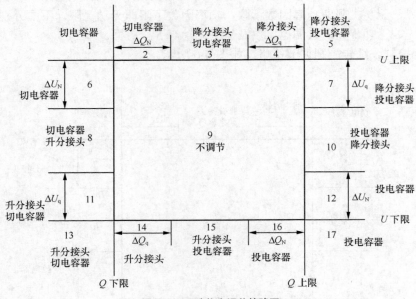

图 6-8　无功优先调节策略图

④ 只调电压。只调电压调节策略，如图 6-9 所示。

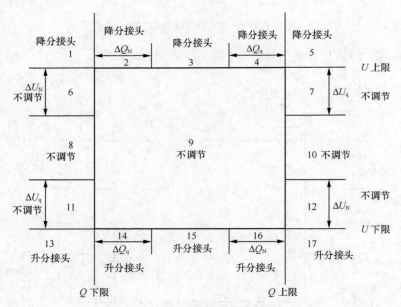

图 6-9　只调电压调节策略图

⑤ 只调无功。只调无功调节策略，如图 6-10 所示。

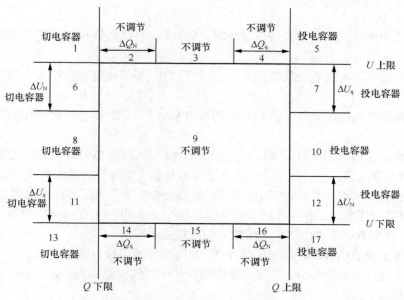

图 6-10 只调无功调节策略图

6.4.4 VQC 闭锁

VQC 中的闭锁逻辑如下。

① 当高、中、低压侧电压在额定值的 80%～120%（可整定）时，VQC 才可以正常调压；否则，VQC 将自动闭锁对该主变压器的电压调整，该闭锁自动复归（即 VQC 的闭锁状态随闭锁条件的消失而自动解除）。

② 当 VQC 所控设备的动作次数达到或超过整定值时，将自动闭锁对该设备的控制，该闭锁在 0：00 时自动复归。

③ 当主变压器处于差动、后备、本体瓦斯保护动作、有载调压瓦斯保护动作时，VQC 将闭锁对该主变压器和主变压器所带电容器的控制，该闭锁复归方式可以选择。

④ 当电压互感器二次回路断线时，闭锁对 VQC 控制，该闭锁复归方式可以选择。

⑤ 当主变压器本体瓦斯保护报警、有载调压瓦斯保护报警、过流、过负荷、压力释放、油温高、油位高、油位低、调压电源故障等信号动作时，闭锁该主变压器分接头动作，该闭锁复归方式可以选择。

⑥ 当主变压器分接头滑挡（分接头滑挡检测是由测控装置来判断并在滑挡时发出急停令）、调压电机故障、调压电源故障、分接头在就地控制位置时，则闭锁该主变压器分接头调节，该闭锁复归方式可以选择。

⑦ 当电容（抗）器保护动作时，VQC 闭锁该电容（抗）器，该闭锁复归方式用户可选。

⑧ 当电容（抗）器不在工作位置、控制在就地位置、允许投切连接片未投入时，VQC 将闭锁，该闭锁复归方式可以选择。

⑨ 当电容器断路器控制回路断线、液压或弹簧机构异常、断路器检修、设备冷备用时，VQC 将闭锁，该闭锁复归方式可以选择。

⑩ 当变压器拒动次数达到整定值时，VQC 将闭锁该变压器，该闭锁在 0：00 时自动复归。

⑪ 当电容（抗）器在拒动次数达到整定值时，VQC 将闭锁该电容（抗）器，该闭锁在

0：00 时自动复归。

⑫ 当相关的测量、控制装置通信中断时，VQC 将自动闭锁相应的控制设备，该闭锁自动复归。

⑬ 当变压器不同母线电压幅值相差太大时，VQC 将闭锁对该分接头的调节，该闭锁自动复归。

⑭ 当与变压器相关的测量、控制装置通信中断时，VQC 将自动闭锁控制，该闭锁自动复归。

⑮ 当并列主变压器调节分接头时，主变压器将联动调整，VQC 将处于越限状态的主变压器作为主调主变压器，另一台主变压器自动作为从调（主调与从调的关系不必固定），主调主变压器分接头成功动作后，再控制从调主变压器；若主调主变压器动作未成功，VQC 将自动闭锁对并列主变压器的调整；若从调主变压器动作未成功，VQC 将自动将主调主变压器回调，然后闭锁对调节系统的控制。该闭锁复归方式用户可选。

⑯ 当网络模块通信故障时，则闭锁 VQC 的调节，该闭锁自动复归。

⑰ 当变压器分接头动作时，时间间隔或相反动作时间间隔未到，将自动闭锁对分接头的控制，该闭锁自动复归。

⑱ 当变压器分接头躲扰动时间未到时，闭锁该主变压器分接头调节，该闭锁自动复归。

⑲ 当变压器低压侧轻负荷或空载时，闭锁投电容器（切电抗器）的调节功能，该闭锁自动复归。

⑳ 当电容（抗）器躲扰动时间未到时，闭锁该电容（抗）器的调节，该闭锁自动复归。

㉑ 当同一母线无功设备连续动作时间未到时，闭锁对该母线全部无功设备的调节，该闭锁自动复归。

㉒ 其他一些需要闭锁的遥信量和遥测越限量。

6.4.5 变电站综合自动化系统的 VQC 操作界面介绍

VQC 主界面各操作按钮包括启动、手动调节和其他操作。其他操作包括：闭锁查看、运行设置、修改口令、通信复位、通信测试和基础数据。具体如下。

① 启动：启动自动调节系统。

② 停止：停止自动调节系统，自动调节系统启动后相应按钮变为停止。

③ 手动调节：手动操作分接头、电容器和电抗器。根据调节需要选择调节对象及调节方式。

- 类别：变压器、电容器还是电抗器。
- 绕组：高还是低。
- 动作方向：升（投）还是降（退）。
- 调节建议：点击调节建议右侧的"…"按钮，系统可以给出调节建议。
- 执行：点击执行按钮，可执行相应的手动调节。
- 急停：点击急停按钮，可终止相应的手动调节。
- 退出：点击退出按钮，可退出手动调节窗口。

④ 闭锁查看。查看已经产生的闭锁项，并可复位那些需要手动复归的闭锁项。

- 状态刷新：可以得到最新的闭锁状态。
- 全站复归：可对全站所有的闭锁项进行复归。
- 闭锁复位：当选中的闭锁项需要手动复位时，闭锁复位命令才能激活。

- 退出：退出闭锁查看窗口。
⑤ 运行设置。本机 IP. voc 装置地址（十进制），调节方式等的设置。
⑥ 修改口令。当前用户设置新的口令，口令最长为 6 位，可用字符为：0～9，a～z，A～Z。
⑦ 通信复位。该命令启动与后台的通信联系，以取得运行数据。
⑧ 通信测试。查看报文和进行通信测试。

本 章 小 结

电压是衡量电能质量的一个重要指标，保证用户处的电压接近额定值是电力系统运行调整的基本任务之一。为了确保系统的运行电压具有正常水平，系统拥有的无功功率电源必须满足正常电压水平下的无功需求，并留有必要的备用容量。造成电压质量下降的主要原因是系统无功功率不足或无功功率分布不合理，所以电压调整问题主要是无功功率补偿与分布问题。本章主要是从控制目标、控制原理以及实现方式等方面讨论了无功功率平衡和电压调整问题。

习 题

1. 什么是 VQC？
2. 简述根据 9 区图自动控制电压、无功的规律。
3. 电压无功综合控制装置的优化控制判据是什么？
4. 电压无功综合控制装置中应该具备哪些闭锁功能？
5. 在 CBZ-8000 综合自动化系统中，VQC 按照什么样的控制策略进行调节？
6. 简述电压无功综合控制的基本原理。
7. 试列举常用的电压无功调整设备。
8. 什么是无功功率，为何要对其进行补偿？
9. 简要说明电力系统的电压调整可采用哪些措施？
10. 电力系统中无功功率平衡与电压水平有什么关系？
11. 电力系统中无功负荷和无功损耗主要指的是什么？
12. 当电力系统无功功率不足时，是否可以通过改变变压器的电压比来调压？为什么？

变电站是电力系统的一个重要组成部分，电力系统中不少运行控制是在变电站内完成的。随着电子技术、计算机技术和通信技术的发展，完成运行控制的这些装置逐步实现了智能化，使其功能得到了提高。目前某些变电站综合自动化装置上已经具有自动重合闸、自动按频率减负荷、接地选线、故障录波等自动功能，而不再单独设置这些自动装置。

本章主要介绍变电站综合自动化系统中备用电源自动投入、故障录波、小电流接地系统接地检测等的作用、基本原理及装置的结构特点。

7.1 备用电源自动投入装置

7.1.1 备用电源自动投入装置概述

电力系统许多重要场合对供电可靠性要求很高，采用备用电源自动投入装置是提高供电可靠性的重要方法。所谓备用电源自动投入装置，就是当工作电源因故障被断开后，能自动将备用电源迅速投入工作的装置，简称 AAT 装置。

备用电源的配置一般可以分为两类，一种是明备用，另一种是暗备用。图 7-1 是两种备用方式的简单接线图。

（1）暗备用

不安装专用的备用变压器或备用线，称为暗备用方式。暗备用方式就是正常运行时，两个电源同时运行，互为备用。如图 7-1（a）所示，正常运行时，高压断路器 QF3 断开，工作母线 I 段和 II 段分别通过各自的供电设备供电。当其中任何一段母线由于供电设备或线路故障停电时，备用电源自动投入装置控制分段断路器 QF3 自动合闸，从而实现供电设备和线路的互为备用。由于每一个工作电源都有可能单独地为两个分段母线上的负荷供电，因此，每一个工作电源的容量都应当根据两个分段母线上的总负荷来进行设计，否则，在备用电源自动投入装置动作后，要减去一些负荷以免出现新的故障。

（2）明备用

装设专用变压器或者备用线的运行方式，称为明备用方式。这种备用方式在系统正常运行的时候，备用电源不工作，只有当线路中存在故障的时候，备用电源才投入运行。明备用电源通常只有一个，而且一个备用电源往往可以同时作为两段或几段工作母线的备用。如图 7-1（b）所示，正常运行时，断路器开关 QF3，QF6 和 QF7 在断开状态，备用电源变压器 T0 作为工作变压器 T1 和 T2 的备用，Ⅰ段和Ⅱ段母线分别通过各自的供电设备或线路供电。当任一母线由于供电设备或线路故障时，备用电源自动投入装置会根据发生故障母线的情况选择闭合断路器开关，来保证变电站的继续供电。

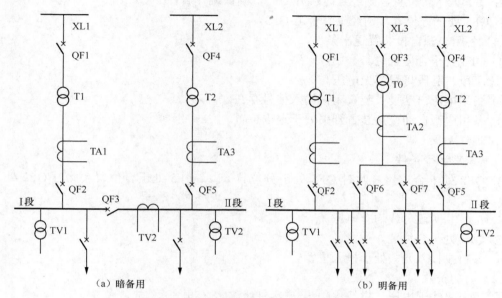

图 7-1 AAT 装置典型一次接线图

7.1.2 备用电源自动投入方式

备用电源自动投入（以下简称备自投）装置一次接线方式较多，有多种运行方式，如分段自投方式、桥自投方式、闭接点自投方式、进线互投方式、进线分段备投方式、变压器互投方式以及其他复杂方式。通过归结基本方式有以下 3 类：分段自投、进线互投和变压器互投。对更复杂的备自投方式，都可以看成是这些典型方式的组合。下面介绍分段自投，进线互投，变压器互投这几种变电站中典型的备自投方式的正常运行条件、启动条件、动作过程和退出条件，接线图如图 7-1（a）所示。

1. 分段开关，桥开关自投

（1）正常运行条件

① 分段断路器 QF3 处于分位置。

② 进线断路器 QF1、QF2、QF4 和 QF5 均处于合位置。

③ 母线均有电压。

④ 备自投投入开关处于投入位置。

（2）启动条件

① Ⅰ段母线无压，TA1 无流，Ⅱ段母线有压。

② Ⅱ段母线无压，TA2 无流，Ⅰ段母线有压。

（3）动作过程

① 对于第一个启动条件：

若 QF2 处于合位置，则经延时跳开 QF2，确认跳开后合上 QF3；

若 QF2 处于分位置，则经延时合上 QF3。

② 对于第二个启动条件：

若 QF5 处于合位置，则经延时跳开 QF5，确认跳开后合上 QF3；

若 QF5 处于分位置，则经延时合上 QF3。

（4）备用电源自投装置退出条件

① QF3 处于合位置时。

② Ⅰ段、Ⅱ段母线都无电压。

③ 备用电源自动投入装置闭锁输入信号存在。

④ 备用电源自动投入装置开关处于退出位置。

2．进线互投

（1）正常运行条件

① QF2 处于合位置（此时 QF5 处于分位置），或 QF5 处于合位置（此时 QF2 处于分位置）。

② Ⅰ，Ⅱ两段母线均有电压。

③ QF3 处于合位置。

④ 备自投投入开关处于投入位置。

（2）启动条件

① 整个母线无电压，进线 XL1 无流，进线 XL2 有电压。

② 整个母线无电压，进线 XL2 无流，进线 XL1 有电压。

（3）动作过程

① 对于第一个启动条件，当 QF5 处于分位时：

若 QF2 处于合位置，则经延时跳开 QF2，确认跳开后合上 QF5；

若 QF2 处于分位置，则经延时后合上 QF5。

② 对于第二个启动条件，当 QF2 处于分位时：

若 QF5 处于合位置，则经延时跳开 QF5，确认跳开后合上 QF2；

若 QF5 处于分位置，则经延时后合上 QF2。

（4）备用电源自投装置退出条件

① 进线 XL1 和 XL2 均无电压。

② 整段母线无电压，进线 XL1 有流或进线 XL2 有流。

③ 备用电源自动投入装置闭锁输入信号存在。

④ 备用电源自动投入装置开关处于退出位置。

3．变压器互投

（1）正常运行条件

① 变压器 T1 和变压器 T2 中一个作为主变压器，一个作为辅助变压器，当 T1 为主变压器时，T2 即为辅助变压器；当 T2 为主变压器时，T1 即为辅助变压器。以下我们假设 T1 为主变压器，系统运行时，变压器 T1 各侧断路器 QF1 和 QF2 处于合位置，变压器 T2 各侧断路器 QF4 和 QF5 处于分位置。

② Ⅰ段母线和Ⅱ段母线有压。

③ 变压器 T2 进线有压。

④ 备用电源自动投入装置开关处于投入位置。

（2）启动条件

变压器 T1 无电流，母线无电压，且变压器 T2 进线有压。

（3）动作过程

当变压器 T1 各侧断路器处于合位置，则经延时跳开变压器 T1 两边的断路器 QF1 和 QF2，确认跳开后，依次合上变压器 T2 两边的断路器 QF4 和 QF5。

当变压器 T1 各侧断路器处于分位置，则经延时依次合上变压器 T2 两边的断路器 QF4 和 QF5。

（4）下列条件满足其中一个即可作为退出条件

① 变压器 T2 进线无电压。

③ 备用电源自动投入装置闭锁输入信号存在。

④ 备用电源自动投入装置开关处于退出位置。

综上所述，备用电源自动投入装置的工作原理可简述为：当工作线路失压时，先跳开与原工作电源相连接的断路器，若备用电源正常，则合上工作线路与备用电源相连的断路器。

7.1.3　备用电源自动投入装置特点

在上一节中叙述了备用电源自动投入装置的多种运行方式，虽然与一次接线的自动电源投入装置有所不同，但是工作原理是相同的，各方案的备用电源和备用设备自动投入均有相同的基本要求，如下所示。

① 工作电源确实断开后，备用电源才投入运行。在测得工作电源无压，进线电流为零后，无论其进线断路器是否跳开，即使已测定其进线电流为零，也要先断开该断路器，并确认断路器已跳开，才能投入备用电源。这是为了防止备用电源投入到故障元件上，造成事故扩大的严重后果。

② 手动跳开工作电源时，备用电源自动投入装置不能投入使用。工作电源进线断路器的合后触点（指微机保护的操作回路输出的 KKJ 合后触点）作为备用电源自动投入装置的输入开关量，在就地或遥控跳断路器时，其合后 KKJ 触点断开，备用电源自动投入装置退出。

③ 备用电源自动投入装置切除工作电源断路器必须经过延时。当工作电源进线侧母线上的引出线发生短路故障时，将造成工作电源进线侧母线失压，使备用电源自动投入装置满足动作条件。而当故障线路被保护切除后，工作电源又恢复正常。所以备用电源自动投入装置切除工作电源断路器必须经过延时，以躲过工作电源进线侧母线引出线故障造成的失压。延时时限应大于最长的外部故障切除时间。

④ 备用电源自动投入装置只允许动作一次。当备用电源投入到永久性的短路故障时，继电保护会动作将备用电源跳开。如果备用电源自动装置再次动作，就会将备用电源重新投入到短路故障上，造成更严重的事故。微机型备用电源自动投入装置，通过逻辑判断来实现只动作一次的要求。备用电源自动投入装置的控制逻辑尽管很复杂，但仍有规律可循。在阐述备用电源自动投入装置逻辑程序时广泛用电容器"充放电"来模拟这种功能。

- 备用电源自动投入装置"充电"。备用电源自动投入装置只有在充电完成后，才可能动作。当工作电源运行在正常供电状态、备用电源工作在热备用状态（明备用），或两者均在正常供电状态（暗备用）时，为电气主接线的正常运行方式，是备用电源自动投入装置动作的前提条件。备自投装置根据所采集的电压、电流及开关位置信号来判断一次设备是否处于正常的运行状态。"充电成功"说明电气主接线的正常运行方式的逻辑状态已可靠送入备用电源自动投入装置，经过一定的延时，大概 10～15s，"充电时间"到后，就完成了全部的准备工作。

● 备用电源自动投入装置"动作"。备用电源自动投入装置的"动作"就是按照备用电源自动投入装置的投入方式，将备用电源自动投入的过程。自动投入的过程按照备用电源自动投入条件的逻辑程序来实现。在备用电源自动投入装置充电完成后，备用电源自动投入装置就做好了"动作"的准备。当工作电源由于故障等原因断开后，备用电源自动投入装置启动，按照已设计好的备用电源自动投入方式的逻辑过程动作，将备用电源投入。

● 备用电源自动投入装置"放电"。当备用电源自动投入装置"动作"后，备用电源自动投入装置立即瞬时完成"放电"。备用电源自动投入装置"放电"，就是把其"充电"达到的满足启动的逻辑条件或状态放掉，使其不具备动作的能量或前提。

⑤ 备用电源自动投入装置应具备闭锁功能。每套备用电源自动投入装置均应设置有闭锁备用电源自动投入的逻辑回路，以防止备用电源投入到故障元件，造成事故扩大。

⑥ 备用电源不满足有压条件，备用电源自动投入装置不应动作。备用电源如果不满足有压的条件，即使备用电源投入运行，也没有任何作用。当一个备用电源对多段工作母线备用时，所有工作母线上的负荷在电压恢复时均由备用电源供电，容易造成备用电源过负荷，同时降低供电可靠性。

⑦ 工作母线失压时，必须检查工作电源无流，才能启动备用电源自投装置。

⑧ 备自投装置应有防止过负荷和电动机自启动所引起误动作的闭锁措施和电源自动投入故障母线或故障设备的保护措施。

⑨ 200MW 及以上容量的发电机厂用电源的快速备自投装置，应具有同期检定功能。备自投装置动作后，应有相应动作信号发出。备自投装置若含有保护功能，应遵循相关继电保护标准的规定。

有了以上的要求，即对备自投装置的设计有一个总体的标准，此后的硬件、软件规划，都应按照该"整组功能和性能要求"设计。

7.1.4　备用电源自投装置的动作逻辑

备自投装置必须根据运行模式确定其动作逻辑。为保证每次动作的稳定性和可靠性，备自投装置应具有能检测主电源电压、备用电源电压、母线电压、电源进线和母联断路器状态等功能，才能保证动作逻辑的正确性。为了提高可靠性，防止因电压互感器断线造成误动作，必须加入无电流检测。

备自投的动作逻辑一般包括充电条件、闭锁条件、动作条件、动作过程、供电恢复过程5 部分。

① 充电条件：要求系统运行状态稳定在一个正常的供电方式，并持续一定时间（10～15s），则认为充电成功，允许备自投动作。

② 闭锁条件：在检测到备用电源无压或有故障电流或人工操作等情况下，不允许备自投动作（亦不允许充电）。

③ 动作条件：在已充电的情况下，若主电源失电并确认已无压而备用电源有压，且经过一定的延时后，则备自投装置动作。

④ 动作过程：在满足动作条件后，经确认原主电源断路器已断开，且断路器分闸到位后，方可合备用电源进线断路器。

⑤ 供电恢复过程：在有主、备的备自投方式下，备自投动作之后，当主供电电源恢复后，则应断开备用电源进线断路器，闭合主供电源断路器，恢复主供电方式。供电恢复过程同样需要满足一定充电条件、动作条件和动作过程。

对于有压与无压的准确检测、判别是备自投装置可靠正确动作的基础。判别有压与无压时的判据应取为：三相均无电压且进线无电流称为"无压"；三相中只要有一相有电压则为"有压"。对应"无压"的低电压定值一般整定为 0.15～0.3 倍额定电压；"有压"的电压定值一般整定为 0.6～0.7 倍额定电压。

微机备用电源自动投入装置由于智能化程度高，综合功能强，体积小，根据需要输入必要的模拟量和开关量，可以满足正确判别"无压"、"有压"的要求，正确实现备自投的功能。而且很容易扩展保护功能，当备用进线或母线投入运行后，备自投装置可以对其进行保护。

备用电源自投装置的硬件结构如图 7-2 所示。

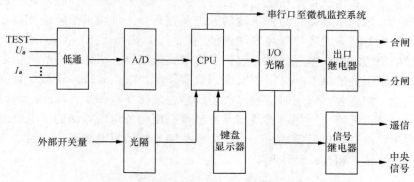

图 7-2　微机备用自投装置硬件结构框图

外部电流和电压输入经变换器隔离变换后，由低通滤波器输入至 A/D 转换器，经过 CPU 采样和数据处理后，由逻辑程序完成各种预定的功能。

这是一个较简单的单 CPU 系统。由于备用电源自投的功能并不是很复杂，为简单起见，采样、逻辑功能及人机接口均由同一个 CPU 完成。由于备用电源自投对采样速度要求不高，因此，硬件中 A/D 转换器可以不采用 VFC 类型，宜采用普通的 A/D 转换器。开关量输入/输出仍要求经光隔处理，以提高抗干扰能力。

7.2　故障录波

随着我国电网装机容量稳步增长、电网规模急剧扩大、电压等级进一步提高、输电容量进一步增大、电力设备增多，其技术水平尤其是自动化水平大大提高，各类安全自动装置被普遍采用。但由于电网运行方式日趋复杂，各种设备大幅度增加，对电网提出了更高的要求、管理更加复杂。为适应电力自动化发展水平，就需要建立集数据采集、计算分析、维护管理于一体的故障信息系统。

7.2.1 故障录波器及其应用现状

故障录波装置是电力系统故障信息记录的一种重要装置。它可以记录因短路故障、系统振荡、频率崩溃、电压崩溃等大扰动引起的系统电流、电压及其导出量，如有功、无功及系统频率的全过程变化现象。故障录波装置主要用于检测继电保护与安全自动装置的动作行为，了解系统暂态过程中系统各电参量的变化规律，校核电力系统计算程序及模型参数的正确性。多年来，故障录波已成为分析系统故障的重要依据。在现代电力系统中，故障录波装置得到越来越广泛的应用。故障录波装置可以监视电力系统运行状况、录波数据和波形图，为现场技术工作人员正确地分析事故原因、研究反事故对策、处理事故、评价继电保护功能和装置运行状况提供了正确可靠的依据。同时，根据录波数据还可分析系统的故障参数、谐波含量、各种电气量的变化规律、故障点定位及系统元件参数测量。故障录波系统对保证电力系统安全可靠运行起着十分显著的作用，它已成为电力系统自动化控制与管理的重要组成部分。

故障录波装置经历了 3 个阶段：第一阶段是机械式故障录波装置；第二阶段是光电式故障录波装置；第三阶段是微机式故障录波装置。前两个阶段的录波装置均是利用启动元件，在系统故障或振荡时启动装置记录下故障或振荡时电气量的波形，故障录波装置也因此而得名。但是这种录波方式由于存在精度低、实时性差、录波时间短等问题，现在已基本上被淘汰。从 20 世纪 80 年代中期微机故障录波器的出现直到今天，微机故障录波器在电网故障及继电保护动作行为分析方面发挥着越来越重要的作用。特别是近 10 年来，随着计算机技术的飞速发展，微机型故障录波器已经完全取代了光电式录波器，成为电网故障信息记录的主要装置，在许多重大事故的调查和分析中发挥了重要作用。微机式故障录波装置具有记忆功能强、存储容量大、能进行故障记时、故障类型判别、故障参数和事件顺序记录、能实现数据远传和便于后台分析等特点。微机式故障录波装置适用于各电压等级的输电线路、变压器设备等，可安装于发电、变电站等场所。由于微机故障录波装置准确度高，启动方式灵活，实时性强，在电力系统中得到广泛应用。

7.2.2 故障录波器的主要作用

电力系统在正常运行的时候，故障录波装置并不启动。当电力系统中发生故障或振荡时，故障录波装置迅速启动进行录波，直接记录故障或振荡过程中的电气量变化。故障录波装置所记录的电气量，是分析系统振荡和故障的可靠依据。故障录波装置的作用如下。

（1）正确分析事故原因，制定反事故措施

电网越大，发生的事故往往越复杂。实践证明，如果没有合适地记录故障发生时各个电气设备运行的信息，事故发生的原因就难以分析清楚，原因如下。

① 电力系统所发生故障的复杂性（包括故障的连续性、转换性及故障叠加振荡或多重故障的重叠性）。

② 系统保护装置动作不正常（包括误动、拒动、动作信号异常而造成判断错误）。

③ 在事故发生后，现在操作人员在处理过程中，忙于处理事故，记录信息不全，记录次序颠倒，反映情况不真实等。

因此，在没有故障录波装置时对事故真相的分析往往很困难，往往需要作各种假设和推理，但还不能自圆其说，只能以事故原因不明告终。装上故障录波装置后，故障滤波器记录的故障过程波形或数据，可以准确反映故障类型、相位、故障时电气量的大小、断路器的跳闸时间、保护及重合闸动作情况等，从而可以分析事故发生原因，研究相应的预防对策，减少事故的发生。

（2）为查找故障点提供依据

根据故障录波记录的数据或波形可以判断故障的性质（相间故障、接地故障及故障相别等），并根据电流、电压等录波量大小推算故障点位置，减轻巡线工人的劳动强度。

（3）积累运行经验，提高运行水平，减少故障发生

① 根据故障录波情况进行统计分析，对故障性质（如三相、两相短路；单相、两相接地；单相、两相断线；瞬时、永久性故障等）的判定和故障概率统计有科学依据，便于制订某些技术政策和措施。

② 帮助正确评价继电保护、自动装置、高压断路器的工作情况，及时发现缺陷，以便消除事故隐患。根据录波资料，可以正确评价继电保护和自动装置的工作情况（正确动作、误动、拒动），尤其是发生转换性故障时，故障录波提供的准确资料，可以帮助发现几点保护和自动装置的不足，有利于进一步改进和完善这些装置。同时故障录波真实记录了断路器的情况（跳、合闸时间，拒动，跳跃，断相等），可以发现断路器存在的问题，消除隐患。

③ 便于了解系统运行情况，及时处理事故。微机故障录波实时性强，能及时输出系统参数，并帮助判断事故原因，为及时处理事故提供可靠依据，从而提高了系统稳定性和供电可靠性。

④ 为检修工作提供依据。例如，根据相应的规程，对断路器进行检修。但从故障录波分析发现，有时单相接地故障发生在不同相别，切除故障电流并未集中在断路器的同一相，因此，断路器检修工作，应根据录波实际情况而定，可减少检修次数。

⑤ 统计分析系统振荡时有关参数。微机故障录波可以实测某些难以用普通试验方法得到的数据，为系统有关计算提供可靠依据。在电力系统振荡时，微机故障录波可提供从振荡发展到结束过程的数据，用以分析振荡周期、振荡中心、振动电流和振动电压等，从而可提供防止振荡的对策。

7.2.3　电力系统对故障录波器的要求

根据电力系统运行的特点，故障录波器需要具备以下的特性。

（1）记录功能

故障动态记录，功率的记录，事件记录，电能质量记录，频率、电压和谐波质量记录，相角测量记录等为主的记录功能是录波器的基本功能。实时、完整、准确地记录这一过程中发生的各种情况是十分必要的。这些记录应作为一个系统来综合考虑，以实现信息记录和管理的规范化。电力系统的故障记录的类型可分为 3 种。

① 高速故障记录。记录因短路故障或系统操作引起的电流、电压暂态过程，主要用于检测新型高速继电保护及安全自动装置的动作行为，也可用以记录系统操作过电压和可能出现的铁磁谐振现象。

② 故障动态过程记录。记录因大扰动引起的电流、电压及其导出量（功率、频率）的全过程变化现象。主要用于检测继电保护及安全自动装置的动作行为，了解系统动态过程中各电量的变化规律，校核电力系统计算程序及模型参数的正确性。这些数据采样频率一般不超过 1kHz，记录直到动态过程结束。

③ 长过程动态记录。主要用于记录如电厂中气流、气压、汽门位置，有功及无功功率输出，转子转速或频率以及主机组的励磁电压；再如变电所中线路的有功电流、母线电压及频率、变压器分接头位置及自动装置的动作行为等。这些数据采样频率低，记录时间长，存储有间隔。

除上述需要的记录之外，还有必要监视并记录直流系统和交流量的干扰情况及谐波分布情况。以便为分析不明原因的器件损坏和误动提供帮助，这需要大幅度提高采样频率，这就依赖于硬件技术的进步和认识的提高。

（2）录波数据的安全性

在故障录波器的诸多性能中，数据的安全性无疑是极为重要的。对录波数据安全性的要求不能只依赖于管理，而应首先在技术上采取有效措施。

录波数据的安全性主要是指事故后获取记录信息的能力。具体体现在 3 个方面。

① 完整性：保证长过程或连续故障时高密度录波数据的能力。

② 机要性：数据抵御各种因素（包括人为因素）破坏的能力。

③ 可用性：事故后查看和调用录波数据的能力。

因此，故障录波器应采取如下措施来保证数据的安全性。

① 提高存储容量：保证长过程或连续故障时高密度录波数据，使其保持完整性。

② 采用高速总线：实现数据的实时、快捷、安全转存。

③ 分区存放跳闸和非跳闸信息，跳闸信息的安全性应类似于"黑匣子"，未授权不可擦除，必要时可占用非跳闸信息的记录区域。

（3）录波数据的真实性

录波器的使命决定了它必须保证所采集的数据的真实性。这一点对录波再现和仿真研究，乃至进一步利用故障数据资源十分重要。故障录波器与微机保护在硬件电路和软件设计思想上最大的不同在于：微机保护必须在规定的时间内完成数据的采集、分析、判断并输出判断结果；而录波器的故障判别较之保护可大大简化，CPU 可主要用于保证数据的真实性和安全性，其他有关工作可以留待后台分析软件处理。

（4）故障录波装置时钟的同步

在电力系统中，各种监测装置之间的同步、继电保护以及状态相量测量等技术的实施，对于在系统范围内采用精确的标准时间的要求越来越迫切，在此方面已进行了大量的工作。近年来，随着全球定位系统技术的出现和应用水平的提高，微秒级精度的计时装置已经商品化，使得在电力系统内实现高精度的全网同步时钟成为可能。全球定位系统（GPS）可以实时和全天候地为全球范围从地面到 19 000km 高空之间任一物体提供高精度的三维位置（经度、纬度、高度）、三维速度和时间信息，是七维高精度导航系统。GPS 为 STD 和 PC 总线以及其他类型计算机提供高精度标准时钟，通过计算机串行 2 输入同步时钟，全系统由统一的 GPS 时钟定期对所有采集站发射时脉冲信号，校准采集站时钟与定时器，统一全系统的时间。GPS 能够提供误差在 $1\mu s$ 以内的高精度时钟信号。

（5）录波器的网络功能

为提高故障诊断的准确性，应该加强故障录波器的网络化管理。首先基于全系统高速计算机广域网的故障分析、诊断和再现，或接入 MIS 系统，或作为 SCADA 系统的补充，实现故障信息的远传，这样可以更好地实现信息的共享。Internet 随着全球信息化进程的推进得到飞速发展。故障录波器与 Internet 的连接，可实现录波器的远方故障诊断处理和软件升级。

（6）录波器的在线分析功能

故障录波器的在线分析应包括继电保护及安全自动装置动作行为的分析、电网故障的分析、运行状态记录和监测。

7.2.4　故障录波器的硬件结构

目前，国内知名厂家的保护测控装置、保护装置都有录波功能，有的还设置了专用的故障录波插件，但是由于其性能方面的原因，不能满足记录电力系统动态过程的要求，所以按有关电力规程规定，必要时必须设置专用的故障录波器。

故障录波器一般包括数据采集单元，数据分析处理单元和数据传输单元，如图7-3所示。根据数据采集单元和数据分析处理单元在装置中的不同安排方式，故障录波器主要分为两种结构模式：分散式和集中式。

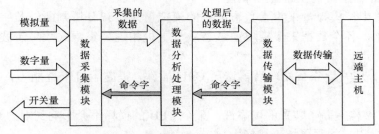

图 7-3　故障录波器硬件组成机构示意图

（1）分散式故障录波器

分散式故障录波器是指录波器的数据采集单元和分析管理单元互为独立的装置，如图7-4所示。故障录波器的数据采集单元可以分散地安装到需要记录故障数据的地方（如开关柜等），也可以集中到一起。各个数据采集单元通过专用的录波数据传输网（以太网或现场总线）连到主控制室的分析处理模块（专用工控机等）或远传到调度中心。各数据采集单元的结构是相同的。每个数据采集单元工作独立，互相之间没有联系，但均与分析管理单元联系。分散式故障录波器的结构有如下的优点。

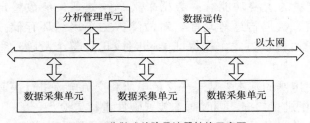

图 7-4　分散式故障录波器结构示意图

① 模拟量和开关量的信号调解全部置于各数据采集单元机箱内部，结构紧凑，方便安装在继电柜内。

② 多个数据采集单元通过以太网或者现场总线和分析管理单元相连，采样通道可以灵活配置。

（2）集中式故障录波器

集中式故障录波器是指录波器的数据采集单元和分析管理单元在一个装置内实现，如图 7-5 所示。数据采集模块由各个采集卡和它们对应的隔离变送电路构成，分析处理模块由工控机及其相关电路构成。数据采集单元一般是模拟量和数字量采集卡（板），将之插在工控机的 ISA 或 PCI 插槽内，通过数据采集卡的驱动程序由后台软件将采样数据读入工控机内存，由工控机进行采样数据的实时计算。当启动条件满足时启动录波，录波结束后数据在硬盘上存为文件。进而后台软件人工或自动对文件进行分析处理。模拟量和开关量的信号调节全部置于机箱外

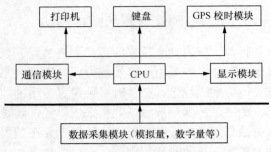

图 7-5　集中式故障录波器结构示意图

部专门的变送器中，模拟量采集卡负责所有的模拟量采集和分析判断，数字量采集卡专门采集开关量信息，各个数据采集模块通过总线与主机相连。集中式故障录波器的结构有如下的优点。

① 模拟量、开关量分布处理后再送至 CPU 插件，提高了抗干扰能力，易实现多 CPU 结构。

② 多 CPU 结构提高了装置的可靠性，某个 CPU 的损坏不会影响到别的 CPU。

③ 总线不外引，加强了抗干扰能力。

目前，集中式故障录波器在国内变电站及发电厂都有广泛的应用，不但有整个变电站公用的故障录波器，还有发电机故障录波器、变压器故障录波器、线路故障录波器等专用录波器。

7.2.5　故障录波器的工作原理

由于集中式故障录波器的在许多方面与分散式故障录波器相似，因此，在这里介绍的故障录波器的结构及基本原理对两者同样适用。

1. 数据处理功能

（1）数据采集模块的主要功能有：数据采集、预处理、参数整定、录波启动判断、故障录波、数据存储、数据传送等功能。对故障数据采用循环存储技术，将故障数据传到后台机时采用边记边传送方式，以保证能够完成记录整个故障过程。具体的功能如下所示。

① 连续不断地对电网的基本参数——交流电压和交流电流进行快速采样，对继电保护和安全自动装置的开关量进行扫描，同时对本装置硬件进行自检。

② 正常运行时接收并执行分析管理层下传的参数设置、启动录波、时间同步和复位等命令。

③ 采样、扫描的目的是进行必要的计算和分析，当电网发生故障或扰动时触发故障录波器。将故障前、故障时和故障后的数据存储于专门的数据区中。

④ 将记录的故障数据通过以太网送至分析管理层。

数据采集模块的主程序流程图如图 7-6 所示。

（2）故障录波启动条件

在判断故障录波装置是否启动，需要判断故障录波器的启动判据是否满足来判断是否开始进行记录，因此启动判据的设置关系到故障时刻录波装置能否可靠启动以及能否对故障状态进行全面可靠的记录。在实际装置中，除高频信号外，其他的如模拟量和开关量均可作为故障时的启动量，具体的启动量及启动方式说明如下。

① A，B，C 相电压和零序电压突变量启动。

对超高压电网中任一节点来说，反应电网重大暂态变化的根本表示是母线电压的突然变化，以相电压突变量为启动判据，可以监测接入变电站高压母线上的任一元件发生故障或由误操作而引起的电网暂态过程。为了反应电网暂态过程的发生及转换，例如线路发生故障、故障线路跳闸，必须同时选取增量与突减量启动，保证在电网每一次新的暂态开始，这个启动判据都能可靠地启动一次。

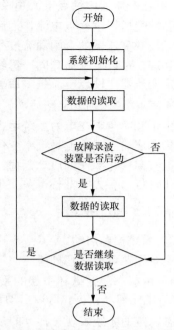

图 7-6　数据采集模块的主程序流程示意图

以零序电压突变量为启动判据，可以在电网发生故障以及进行重合闸时进一步支持故障录波器的可靠启动。电力行业标准规定：相电压突变量 $\Delta U \geqslant \pm 5\% U_N$；零序电压突变量 $\Delta U_0 \geqslant \pm 2\% U_N$。$U_N$ 为额定电压。

② 过压和欠压启动。

电力系统运行电压的高低，直接影响电力设备安全与电网稳定运行。长时间的越高限运行，将危及运行设备安全，而在超过允许电压上限的情况下突然对变压器合闸，极易引起变压器损坏。运行电压过低，则会降低线路的稳定传输预量，容易在较轻的系统扰动下，使系统发生静稳破坏。电力行业标准规定：正序电压越限启动值为 $U_1 \leqslant 90\% U_N$ 或 $U_1 \geqslant 110\% U_N$；负序启动值为 $U_2 \geqslant 3\% U_N$；零序电压启动值为 $U_0 \geqslant 2\% U_N$。

以低电压越限作为启动判据需要考虑作为测量电压源的电压互感器停用的可能性。例如，330～500kV 电网普遍采用抽取线路电压互感器二次侧电压的方式来启动录波器，如果线路因事故检修，将可能长时间停电。母线检修时，母线电压互感器也将长期停电。因此，当故障录波装置检测到被测电压在较长一段时间内很低，说明电压互感器停运或线路停电，应将低压越限判据自动退出。

对于长时期电压越限运行情况，应当记录其全过程，但只需记录电压量，其他量可以不记录。单纯的电压越限，在电力系统无功功率补偿配置不合理或某些重要无功功率补偿设备因故退出运行的情况下，可能在系统中某些节点上长期存在，在全程的完整记录当然是必要的。它无论对总结重大设备损坏事故的原因，或者记录电压崩溃的全过程都有特别重要的意义。但它的记录要求，应当与一般记录情况有区别，除非发生电压崩溃，它将是一种长期存在只有缓慢波动的系统异常现象，采样周期可以延长，或者对过程作相应处理，在可以对全过程作忠实描述的前提下，减少不必要的数据存储。

③ 主变压器中性点电流越限启动。

利用变压器中性点电流作为启动判据，可以进一步提高电网故障时启动记录的可靠性，也可以反映变压器的合闸涌流过程。较大的变压器中性点电流的出现，是反映电网三相不平衡的表现，可以用来监测同一母线线路是否发生了影响较大的非全相运行状态。电压行业标准规定变压器中性点电流越限启动值为 $3I_0 \geq 10\%I_N$，I_N 为变压器额定电流。

④ 频率越限与变化率启动。

由于频率越限在电力系统运行状态不正常的某些特殊情况下可能会长期存在，除非发生系统频率崩溃。其特点是频率变化极为缓慢，对记录数据的处理和单纯的低电压情况要求相似。以频率变化率作为启动判据，是要求记录当系统突然失去一个大电源的情况下的系统频率变化过程。电力行业标准规定的频率越限启动值为 $f \leq 49.5\text{Hz}$ 或 $f \geq 50.5\text{Hz}$。频率变化率启动值为 $\dfrac{df}{dt} \geq 0.1\text{Hz/s}$。

⑤ 系统振荡启动。

系统振荡可能有几种情况。

● 由静态稳定破坏引起的系统振荡。在初始阶段，母线电压必然低于额定值较多，用 $90\%U_N$ 电压启动判据，可以启动记录稳定破坏的全过程数据。失去稳定后的系统表现，与失去暂态稳定的系统表现一样，即母线电压、线路电流和线路功率大幅波动。

● 由暂态稳定破坏引起的振荡。这种振荡总是由于短路故障或突然切去重负荷送电回路等大扰动引起的，所以利用反映电压突变量的判据，可以启动记录，取得全过程数据。失去稳定后的系统现象和静态稳定破坏后的系统现象一样。

● 因失去动态稳定引起的系统振荡。失去动态稳定的系统表现为母线电压，线路电流和线路功率作为增幅振荡而失去同步，其结果是系统稳定破坏。更多的一种情况是由增幅振荡而演变为达到一定幅度和周期的稳定振荡，这种现象称之为"摇摆"。

为检测同步摇摆，可以利用线路电流或功率在某一给定时间内的变化率作为判据。电力行业标准规定同步摇摆的启动值为：线路同一相电流变化，0.5s 内最大值与最小值之差 $\geq 10\%I_N$。利用电压变化判据不能可靠反映系统振荡。因为振荡时的母线电压变化，与母线离振荡中心的距离有关，离振荡中心越远，变化越小，到了大电源母线，则基本不变。

⑥ 断路器的保护跳闸信号启动，空触点输入。

记录继电保护的跳闸命令，配合短路过程情况，用来检查继电保护装置和断路器的动作行为，是故障记录的重要内容之一。

由继电保护装置跳闸命令启动故障动态记录时，应当选用与发出断路器跳闸命令同步的触点信号（最好是跳闸出口继电器的触点）以准确记录启动时刻。

⑦ 手动和遥控启动。

可以由变电站就地和上级调度远方命令来启动。

（3）录波数据的记录方式

为了保证录波数据的准确性，我国故障录波数据记录格式按照原电力工业部《220～500kV 电力系统故障动态记录技术准则》执行。将故障录波记录按 A、B、C、D、E 5 个时段进行。

A 时段：系统大扰动开始前的状态数据，输出原始记录波形及有效值，记录时间为 $t \geq 0.04\text{s}$。

B 时段：系统大扰动初期的状态数据，可根据输出原始记录波形观察到 10 次谐波，同时也可以输出每一周波的工频有效值及直流分量值，记录时间为 $t \geqslant 0.1s$。

C 时段：系统扰动后中期状态数据，输出连续的工频有效值，记录时间 $t \geqslant 1s$。

D 时段：系统动态过程数据，每 0.1s 输出一个工频有效值，记录时间 $t \geqslant 20s$。

E 时段：系统长时间的动态数据，每1s 输出一个工频有效值，输出时间为 10min，记录时间 t 如图 7-7 所示。

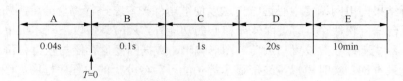

图 7-7 时间记录示意图

输出数据的时间标签，对短路故障等突变事件，以系统大扰动为开始时刻，例如短路开始时刻，为该次事件的时间零坐标，误差不大于 1ms。故障诊断录波器在符合启动条件规定中任一条件时启动，按 A、B、C、D、E 时段顺序执行。在已启动记录过程中，进行至 C 时段后，如又有模拟量或开关量启动，则在该时刻按 A、B、C、D、E 时段顺序重复执行。如果系统振荡启动元件动作后仍按常规的 A、B、C 时段进行但不进入 D、E 时段，按 C 段记录直至振荡停止。如故障引起振荡，而记录进行至 D 段或 E 段，则此时立即回至 C 段记录，按 C 时段记录直至振荡停止。

（4）录波数据的存储格式

录波数据所存放的格式符合 IEEE 国际标准的 COMTRADE 规定。按 COMTRADE 标准要求，一个完整的数据记录通常由 3 个文件构成，即头文件 HeaderFile、配置文件 ConfigurationFile 和数据文件 DateFile，所有文件均以 ASCII 形式存放。

① 头文件*.HDR。该文件是为数据文件的使用者阅读有关数据记录的信息而建立的。因此它可通过文字处理软件编辑而成，但建议以 ASCII 格式而不是文本格式储存。文件内容主要包括扰动前电网的描述，变电站名称，出现暂态的线路或断路器的名称，出现故障的线路长度，正序、零序电阻、电抗参数、容抗等。HDR 文件的长度和描述形式没有限制。

② 配置文件*.CFG。该文件是为计算机程序读取和解释数据文件中的记录数据而提供必要的信息，因而配置文件的内容有预先定义的固定格式，这样，计算机程序可以容易地读取这些信息，存储格式也为 ASCII 格式。它包括下述主要内容：变电站名称和标识；数据记录的总路数与类型，即模拟量还是状态量记录，各为多少路；记录数据的每一路信息，即名称、单位和转换因子等；线路频率；有关采样率的信息，整个数据中包括不同的采样率的数量，每一种采样率的具体值及采样率下记录数据的最后一行的序列号；数据文件中第一个数据记录值以及记录启动点的时间和日期；文件类型要求 ASCII 格式；

③ 数据文件 DAT。数据文件包括了记录的实际数据，按照采样的先后，按行排列每一采样时刻中 n 路的记录数据，包括模拟量与开关量，并有每一采样时刻序列号和以微秒标记的时间记录，每一记录数据长度用 6 位数字表示，文件类型为 ASCII 格式。

（5）录波结束条件

在记录时间大于 3s 时或所有的启动量全部复归后，自动停止记录波形。具体包括负序电压、零序电压、零序电流消失，相电压、相电流的有效值等恢复正常。在所有条件同时满足时，判为故障消失，如果任何一个条件不满足，则继续记录。

2. 后台分析处理功能

后台分析的核心部分有如下 4 个方面：网络通信、远传通信、数据分析和文件操作处理。网络通信实现后台机与录波模块的数据交换，同时也是实现远程定值设置、启动录波等控制功能的中间媒介。通信采用 TCP/IP 协议，并用自定义的通信规约。文件处理部分实现不同文件格式之间的转换，及在录波数据进行具体应用之前的预处理工作。远传通信的主要任务是将录波数据及分析结果向电网调度中心远方传送以便继电保护专家进行综合分析判断，并可以实现双端测距。后台分析软件除具有上面 4 个核心的功能外，还应具备以下基本菜单功能：数据的显示与打印、系统运行参数设置与浏览、图形编辑、数据的硬盘存储与软盘备份、模拟量通道整定、故障记录查询、实时模拟量波形显示等功能。后台分析的主程序框图如图 7-8 所示。

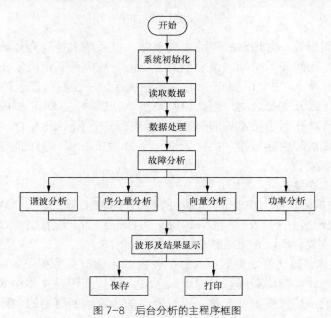

图 7-8 后台分析的主程序框图

无论是集中式故障录波器还是分散式故障录波器，后台分析处理单元都是一个完整的计算机系统，接有大容量硬盘、鼠标、键盘、显示屏、网卡等。

电力系统的故障录波作为事故分析的重要手段，正向集中管理实时分析的专家系统发展。这一新技术的应用提高了故障录波的自动化水平；减轻了运行人员的工作强度；能够对故障和继电保护动作信息进行集中分析；能够进行文件的远方通信、存储、输出。这一新技术也将故障录波装置由分散安装、就地分析提高到了分散安装、就地分析并可实时集中分析的阶段，为快速分析事故提供了先进技术手段。很显然，未来的故障录波装置既应是一种事故记录仪，又应是一种事故分析专家系统。

7.3 小电流接地系统单相接地故障检测

我国电力系统中性点的运行方式为中性点不接地、中性点经消弧线圈接地和中性点直接接地。根据系统中发生单相接地故障时接地电流的大小，非直接接地系统即中性点不接地系统和中性点经消弧线圈接地系统，称为小电流接地系统；中性点直接接地系统称为大电流接地系统。我国在 110kV 及以上电网中采用大电流接地系统。在 10～35kV 电网中，普遍采用中性点不接地或经消弧线圈接地的方式。根据规定，当系统发生单相接地故障时，对 35kV 电网，流过故障点的零序电容电流超过 10A 时，10kV 电网大于 20A 和 3～6kV 电网大于 30A 时，则电源中性点应采用经消弧线圈接地方式。小电流接地系统发生单相接地故障时，一般允许继续运行 1～2h，但必须尽快地寻找故障点，以防事故扩大。在本节主要研究小电流接地系统的相关问题。

7.3.1　中性点不接地系统单相接地故障的检测

1. 中性点不接地系统中单相接地故障的特点

对于图 7-9 所示的最简单的网络接线，在正常运行的情况下，其三相对地有相同的电容均为 C_0。在相电压的作用下，每相都有一超前于相电压 90° 的电容电流流入地中，而三相电流之和等于零。假设在 A 相发生了单相接地，则 A 相对地电压变为零，对地电容被短接而放电，而其他两相的对地电压升高 $\sqrt{3}$ 倍，对地电容充电电流也相应地增加 $\sqrt{3}$ 倍，其矢量关系如图 7-10 所示。

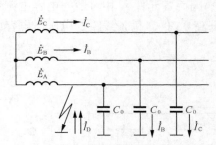

图 7-9　简单网络接线示意图

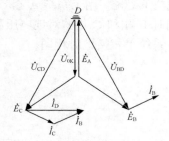

图 7-10　A 相接地示意图

各相对地电压为

$$\dot{U}_{AD} = 0 \tag{7-1}$$

$$\dot{U}_{BD} = \dot{E}_B - \dot{E}_A = \sqrt{3}\dot{E}_A e^{-j150°} \tag{7-2}$$

$$\dot{U}_{CD} = \dot{E}_C - \dot{E}_A = \sqrt{3}\dot{E}_A e^{j150°} \tag{7-3}$$

故障点 K 的零序电压为

$$\dot{U}_{0K} = \frac{1}{3}\left(\dot{U}_{AD} + \dot{U}_{BD} + \dot{U}_{CD}\right) = -\dot{E}_A \tag{7-4}$$

在非故障相中流向故障点的电容电流为

$$\dot{I}_B = \dot{U}_{BD}\,j\omega C_0 \tag{7-5}$$

$$\dot{I}_C = \dot{U}_{CD}\,j\omega C_0 \tag{7-6}$$

其有效值为 $\dot{I}_B = \dot{I}_C = \sqrt{3}U_\varphi\omega C_0$，其中 U_φ 为有效值。

从接地点 K 流回的故障电流，为非故障相对地电容电流之和，即 $\dot{I}_D = \dot{I}_B + \dot{I}_C$。其大小 $I_D = \sqrt{3}I_{BC} = 3\omega C_0 U_\varphi$，即正常运行时三相对地电容电流算术和，其方向为超前零序电压 90°。

中性点不接地系统发生单相接地故障时，故障点的电流为正常运行时三相对地电容电流算术和，此故障电流一般很小，对供电设备不会造成很大的危害。而且中性点不接地系统单相接地故障时，线电压保持不变，对负荷的供电没有影响。因此，在一般情况下允许其在单相短路的情况下运行 2h。这就提高了中性点不接地系统的供电可靠性，这是采用中性点不接地系统或小电流接地系统的主要优点。单相接地后，非故障相的对地电压升高 $\sqrt{3}$ 倍，变为线电压，因此，中性点不接地系统相对绝缘水平要按照线电压设计，电网的投资大。这是中性点不接地系统或小电流接地系统的主要缺点。

虽然中性点不接地系统单相对地电压按线电压设计，但单相接地故障如果不作及时处理，其有可能演变成相间短路故障或三相短路故障。因此，应正确及时地将单相接地故障检测出来发出信号，以便监控人员可以及时发现故障并进行处理。中性点不接地系统在发生单相接地时，一般要求继电保护能有选择性地动作于信号，而不必跳闸。

2. 中性点不接地系统中单相接地故障选线原理

（1）单相接地故障时线路电容电流和短路点故障电流

当中性点不接地系统有多条线路时，单相接地故障时其电容电流和单相接地故障电流的分布如图 7-11 所示，其中各条线路和电源对地电容，用集中电容 $C_{0\text{I}}$、$C_{0\text{II}}$ 和 $C_{0\text{G}}$ 来表示。当线路 II 的 A 相发生金属性接地后，由于负荷电流和电容电流在系统内产生的压降较小，为方便讨论将其忽略，则全系统 A 相对地电压均等于零，因而各元件 A 相对地的电容电流也等于零，同时 B 相和 C 相的对地电压和电容电流也都升高 $\sqrt{3}$ 倍，每条线路的电压与电容电流，与简单系统单相接地时相同。

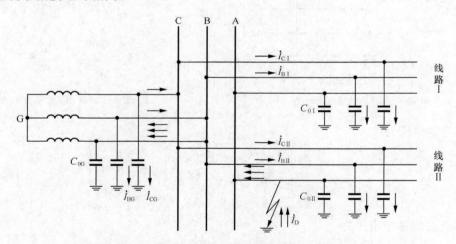

图 7-11　中性点不接地系统单相接地时电容电流与故障电流分布

从图 7-11 中可见，在非故障线路 I 上，A 相电流为零，B 相和 C 相中流有本身的电容电流，因此，在线路始端所反应的零序电路为 $3\dot{I}_{0\text{I}} = \dot{I}_{\text{BI}} + \dot{I}_{\text{CI}}$，其有效值为 $3I_{0\text{I}} = 3U_{\varphi}\omega C_{0\text{I}}$，即零序电流为线路 I 本身的电容电流，电容性无功功率的方向为由母线流向线路。当电网中的线路很多时，上述结论可以适用于每一条非故障线路。

在线路始端，首先流过它本身的 B 相和 C 相的对地电容电流 $\dot{I}_{\text{BG}}$ 和 $\dot{I}_{\text{CG}}$，但是由于它还是产生其他电容电流的电源，因此，从 A 相中要流回从故障点流上来的全部电容电流，而在 B 相和 C 相中又要分别流出各线路上同名相的对地电容电流，此时从发电机出线端所反应的零序电流仍为三相电流之和，从图 7-11 可见，各线路的电容电流由于从 A 相流入后又分别从 B 相和 C 相流出了，相加后互相抵消，只剩下发电机本身的电容电流，因此

$$3\dot{I}_{0G} = \dot{I}_{BG} + \dot{I}_{CG} \tag{7-7}$$

有效值为 $3I_{0G} = 3U_\varphi\omega C_{0G}$，即零序电流为线路始端发电机本身的电容电流，其电容性无功功率的方向是由母线流向发电机，这个特点与非故障线路是一样的。

而发生故障的线路 II，在 B 相和 C 相上与非故障线路一样留有它本身的电容电流 $\dot{I}_{BII}$ 和 $\dot{I}_{CII}$，而不同之处是在接地点要流回全系统 B 相和 C 相对地电容电流之总和，其值为

$$\dot{I}_{D} = \left(\dot{I}_{BI} + \dot{I}_{CI}\right) + \left(\dot{I}_{BII} + \dot{I}_{CII}\right) + \left(\dot{I}_{BG} + \dot{I}_{CG}\right) \tag{7-8}$$

它的有效值为 $I_{D} = 3U_\varphi\omega\left(C_{0I} + C_{0II} + C_{0G}\right)\dot{I}_{CG} = 3U_\varphi\omega C_{0\Sigma}$，其中 $C_{0\Sigma}$ 为全系统每相对地电容之和。

由于此电流要从 A 相流回去，因此，从 A 相流出的电流可表示为 $\dot{I}_{AII} = -\dot{I}_{D}$，这样在线路 II 始端所流过的零序电流则为

$$3\dot{I}_{0II} = \dot{I}_{AII} + \dot{I}_{BII} + \dot{I}_{CII} = -\left(\dot{I}_{BI} + \dot{I}_{CI} + \dot{I}_{BG} + \dot{I}_{CG}\right) \tag{7-9}$$

其有效值为 $3\dot{I}_{0II} = 3U_\varphi\omega\left(C_{0\Sigma} - C_{0II}\right)$。

由此可见，故障线路流向母线的零序电流的数值等于全系统非故障元件对地电容电流之总和，其电容性无功功率的方向为线路流向母线，恰好与非故障线路上相反。系统发生单相接地故障时的零序等效网络如图 7-12 所示。在接地点有一个零序电压 $\dot{U}_{K0}$，而零序电流的回路是通过各个元件的对地电容构成的，由于送电线路的零序阻抗远小于电容的容抗，因此，可以忽略不计，在中性点不接地系统中的零序电流就是各元件的对地电容电流，其矢量关系如图 7-13 所示。对中性点不接地系统中的单相接地故障，利用图 7-11 的分析可以给出清晰的物理概念，但是计算比较复杂，使用不方便。应用如图 7-12 所示的零序等效网络以后，对计算零序电流的大小和分布则是十分方便的。根据上面的分析，我们可以得到如下的结论。

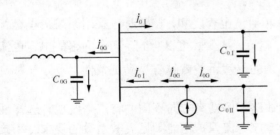

图 7-12　单相接地时的零序等效网络

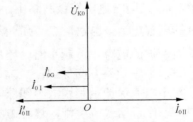

图 7-13　单相接地时零序电流向量图

① 中性点不接地系统发生单相接地后，中性点位移电压为相电压，全系统出现零序电压和零序电流。

② 在非故障线路上有零序电流，其数值等于本身的对地电容电流，其方向超前母线零序电压 90°。电容性无功功率的实际方向为母线流向线路。

③ 在故障线路上，零序电流为除本线路外全系统非故障元件对地电容电流之和，其方向为滞后母线零序电压 90°。与非故障线路零序电流相反。电容性无功功率的实际方向由线路流向母线。

（2）中性点不接地系统单相接地故障的检测

根据网络接线的具体情况，可利用以下的方式构成单相接地保护。

① 绝缘监视装置。

单相接地故障的传统检测方法就是采用绝缘监视装置。它利用接地后出现的零序电压带延时动作于信号。为此可以用一过电压继电器接于电压互感器二次开口三角形的一侧构成网络单相接地的监视装置。当网络中发生单相接地故障时，绝缘监察装置就可以判断出故障相。但由于在同一电压等级的变电站的母线上都出现零序电压，因此，这种方法给出的信号是没有选择性的，要先发现故障是在哪一条线路上，还需要工作人员按照顺序拉闸法进行判断。当断开某条线路时零序电压的信号消失，即表明故障是在该线路之上。

②零序电流保护。

利用故障线路零序电流比非故障线路大的特点来实现有选择性地发出信号或动作于跳闸。这是早期小电流接地保护装置采用的方法。这种保护一般使用在有条件安装零序电流互感器线路上，如电缆线路或经电缆引出的架空线路。当单相接地电流较大，足以克服零序电流过滤器中不平衡电流影响时，保护也可以使用在架空线路 3 个电流互感器接成的零序过滤器上。保护装置的启动电流按大于本线路的电容电流整定。

当某一线路上发生单相接地时，非故障线路上的零序电流为本身的电容电流。因此，为了保证动作的选择性，保护装置的启动电流 I_{act} 应大于本线路的电容电流，即

$$I_{act} = K_{rel} 3U_{\varphi} \omega C_0 \qquad (7\text{-}10)$$

其中， C_0 为被保护线路每相对地电容， K_{rel} 为保护系数。

经整定以后，还需要校验在本线路上发生单相接地故障时的灵敏系数，由于流经故障线路上的零序电流为全网络中非故障线路电容电流的综合，可以用 $3U_{\varphi} \omega (C_{\Sigma} - C_0)$ 来表示，因此灵敏系数为

$$K_{sen} = \frac{3U_{\varphi} \omega (C_{\Sigma} - C_0)}{K_{rel} 3U_{\varphi} \omega C_0} = \frac{C_{\Sigma} - C_0}{K_{rel} C_0} \qquad (7\text{-}11)$$

其中， C_{Σ} 为同一电压等级网络中，各元件每相对地电容之和，校验时应采用系统最小运行方式时的电容电流，也就是 C_{Σ} 为最小时的电容电流。从上式可以看到，当全网络的电容电流越大或被保护的电容电流越小时，零序电流保护的灵敏系数就越容易满足条件。

（3）零序功率方向保护

零序电流保护是利用故障线路与非故障线路零序功率方向不同的特点来实现有选择性的保护，动作于信号或跳闸。这种方式适用于零序电流保护不能满足灵敏系数的要求时和接线复杂的网络中。为了提高零序方向保护动作的可靠性和灵敏性，可以考虑仅在发生接地故障时，零序电流元件动作并延时 50～100ms 之后，才开放方向元件的相位比较回路，其原理框图如图 7-14 所示。

零序电流元件的启动电流按躲开相间短路时零序电流互感器的不平衡电流整定，而与被保护元件自身电容电流大小无关，既简化了整定计算，又极大地提高了保护的灵敏性。对零序方向元件的灵敏角可选择为 $\varphi_{sen.max} = 90°$ ，即 $3\dot{U}_0$ 相角超前 $3\dot{I}_0$ 相角 90° 时动作最灵敏，动作范围为 $\varphi_{sen.max} \pm (80° \sim 90°)$ 。

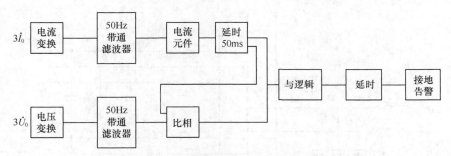

图 7-14 构成零序电流方向保护原理框图

零序电流方向保护的特点如下。

① 只在发生接地故障时才将方向元件投入工作，提高了工作的可靠性。

② 不受正常运行及相间短路时零序电压及零序电流过滤器不平衡输出的影响。

③ 电流元件动作延时 50～100ms 开放方向元件的比相回路，可有效地防止单相接地瞬间过渡过程对方向元件的影响。

④ 当区外故障时，流过保护的电流是被保护元件自身的电容电流，方向元件可靠不动作。

7.3.2 中性点经消弧线圈接地系统单相接地故障的检测

1. 中性点经消弧线圈接地系统中单相接地故障的特点

当中性点不接地系统中发生单相接地时，在接地点要流过全系统的对地电容电流，如果此电流比较大，就会在接地点燃起电弧，引起弧光电压，从而使非故障相的对地电压进一步升高，使绝缘损坏，形成两点或多点的接地短路，造成停电事故。中性点加装消弧线圈后，当发生单相接地故障时，在接地点就有一个电感分量的电流通过，此电流和原系统中的电容电流相抵消，减小单相接地故障发生后的接地电容电流，使得接地故障的危害减轻。在各级电压网络中，当全系统的电容电流超过一定数值（对 3～6kV 电网超过 30A，10kV 超过 20A，22～66kV 电网超过 10A）时应装设消弧线圈。

图 7-15 为中性点经消弧线圈接地系统，单相接地故障时的电流分布。当线路 II 上 A 相接地以后，电容电流大小和分布与不接消弧线圈时是一样的，不同之处是在接地点又增加了一个电感电流分量的电流 $\dot{I}_L$，因此，从接地点流回的总电流为

$$\dot{I}_D = \dot{I}_L + \dot{I}_{C\Sigma} \tag{7-12}$$

其中，$\dot{I}_{C\Sigma} = \dot{I}_{IC} + \dot{I}_{IIC} + \dot{I}_{GC}$ 为全系统的对地电容电流，$\dot{I}_L = \dfrac{-\dot{E}_A}{j\omega L}$ 为消弧线圈的电流，其中 L 为消弧线圈电感，$\dot{U}_0$ 为母线零序电压。

消弧线圈接地电网中单相接地系统的电流零序等效网络如图 7-16 所示。$\dot{I}_{C\Sigma}$ 和 $\dot{I}_L$ 的相位大约相差 180°，$\dot{I}_D$ 将因 $\dot{I}_L$ 对 $\dot{I}_{C\Sigma}$ 的补偿而变小。消弧线圈可以大大减小故障点的接地电流，另外，还可以减缓电弧熄灭瞬时故障点恢复电压的上升速度，抑制弧光过电压的产生。由于中性点经消弧线圈接地系统与中性点不接地系统的特点完全相同，单相接地时线电压不变，由于单相接地故障电流在允许范围内，因此，可以继续运行 2h；由保护装置动作于信号，以便工作人员采取措施消除故障。

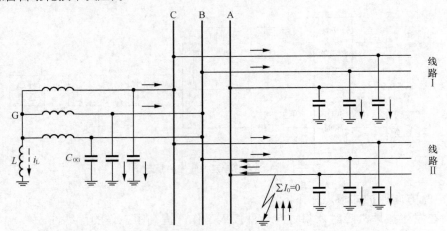

图 7-15　消弧线圈接地电网中单相接地时的电流分布

根据对电容电流补偿程度的不同，消弧线圈可以有完全补偿、欠补偿和过补偿 3 种补偿方式。

（1）完全补偿

完全补偿就是使 $I_L = I_{C\Sigma}$，接地点的电流近似为 0，从消除故障点的电弧，避免出现弧光电压的角度来看，这种补偿方式是最好的，但是从其他的方面来看则又存在有严重的缺点。因为完全补偿时 $\omega L = \dfrac{1}{3\omega C_{\Sigma}}$，正是电感 L 和三相对地电容 $3C_{\Sigma}$ 对 50Hz 交流串联谐振条件。这样在正常情况时，如果架空线路三相对地电容不完全相等，则电源中性点对地之间就产生点位偏移。应用戴维南定理，当 L 断开时中性点的电压为

$$\dot{U}_N = \frac{\dot{E}_A j\omega C_A + \dot{E}_B j\omega C_B + \dot{E}_C j\omega C_C}{j\omega C_A + j\omega C_B + j\omega C_C} = \frac{\dot{E}_A C_A + \dot{E}_B C_B + \dot{E}_C C_C}{C_A + C_B + C_C} \tag{7-13}$$

其中，$\dot{E}_A$、$\dot{E}_B$、$\dot{E}_C$ 分别为三相电源电动势，C_A、C_B、C_C 分别为三相对地电容。

此外，在断路器合闸三相触头不同时闭合时，也将短时出现一个数值更大的零序分量电压。在上述两种情况下所出现的零序电压都是串联于 L 和 $3C_{\Sigma}$ 之间的，其零序等效网络如图 7-17 所示。此电压将在串联谐振的回路中产生很大的电压降落，从而使电源中性点对地电压严重升高，这是不能允许的，因此，在实际上不宜采取全补偿方式。

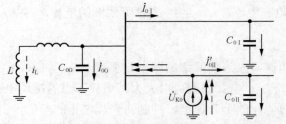
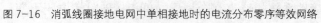
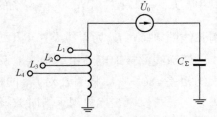

图 7-16　消弧线圈接地电网中单相接地时的电流分布零序等效网络　　图 7-17　产生串联谐振的零序等效网络图

（2）欠补偿

欠补偿就是 $I_L < I_{C\Sigma}$，补偿后的接地点电流仍然是电容性的。欠补偿的方式一般也不采

用，因为当系统运行方式变化时，例如某条线路元件被切除或发生故障而跳闸，则电容电流将减小，这就很有可能出现 $I_L = I_{C\Sigma}$，达到完全补偿的情况，发生串联谐振过电压。

（3）过补偿

过补偿就是 $I_L > I_{C\Sigma}$，补偿后的剩余电流是电感性的。采用这种方法不论系统运行方式如何改变，$I_L > I_{C\Sigma}$ 不会改变，不可能变为完全补偿的情况，不可能发生串联谐振的过电压问题。因此，在实际中获得了广泛的应用。

I_L 大于 $I_{C\Sigma}$ 的程度用过补偿度 P 来表示，其关系为

$$P = \frac{I_L - I_{C\Sigma}}{I_{C\Sigma}} \tag{7-14}$$

一般选择过补偿度 $P = 5\% \sim 10\%$，而不大于 10%。

通过以上的分析，我们可以得到如下的结论：

当采用完全补偿方式时，流经故障线路和非故障线路的零序电流都是本身的电容电流，电容性无功功率的实际方向都是由母线流向线路。因此，在这种情况下，利用稳态零序电流的大小和功率方向都无法判断出哪一条线路上发生了故障。

当采用过补偿方式时，流经故障线路的零序电流将大于本身的电容电流，而电容性无功功率的实际方向仍然是由母线流向线路，和非故障线路一样。因此，在这种情况下，首先无法利用功率方向的差别来判断故障线路，其次由于过补偿度不大，因此，也很难像中性点不接地系统那样，利用零序电流大小的不同找出故障线路。

实际电力系统所接线路的回路数会发生变化，导致全系统的对地电容电流发生变化，消弧线圈补偿可能出现过补偿，因此，可采用可变消弧线圈自动跟踪补偿解决此问题。

消弧线圈的自动跟踪补偿是靠自动控制装置按电网电容的变化来改变消弧线圈的电感，使单相接地电容电流得到电感电流的有效补偿。资料表明，采用手动调整消弧线圈电感的电网，有 60% 的单相接地故障不发展为相间电路；采用消弧线圈自动调谐的电网，有 90% 的单相接地故障不发展为相间短路。

2. 中性点经消弧线圈接地系统单相接地故障的选线原理

（1）单相接地时零序电流与电压的特点

中性点经消弧线圈接地系统单相接地时，非故障线路如线路 I 的零序电流，为该线路的对地电容电流，与中性点不接地不同。故障线路 II 首端的零序电流为

$$\dot{I}_{0\text{II}} = -(\dot{I}_L + \dot{I}_{C\Sigma}) + \dot{I}_{\text{IIC}} \tag{7-15}$$

$\dot{I}_{C\Sigma}$ 经 $\dot{I}_L$ 补偿后，使得 $\dot{I}_D$ 远远小于 $\dot{I}_{\text{IIC}}$，$\dot{I}_{0\text{II}}$ 由 $\dot{I}_{\text{IIC}}$ 决定。过补偿时，$\dot{I}_{0\text{II}} = (\dot{I}_L - \dot{I}_{C\Sigma}) + \dot{I}_{\text{IIC}}$，方向与 $\dot{I}_{\text{IIC}}$ 相同，大小相近。因此可知，故障线路首端的零序电流，与非故障线路零序电流方向相同，大小无明显差异，不能像中性点不接地电网那样，利用基波零序电流的大小和方向的不同，找出故障线路。

（2）中性点经消弧线圈接地系统单相接地故障的检测

① 绝缘监视装置。利用接地故障发生后所出现的零序电压判断接地故障的发生，原理接线同上一节所述。

② 利用单相接地故障瞬间过度过程的首半波构成保护。首半波实现接地保护原理的基本思想是：暂态过程中首半波接地电流幅值很大，接地线路首半波零序电压和零序电流极性相

反。但是，由于电容电流峰值大小与发生接地故障瞬间相电压瞬时值有关，因此，很难保证保护装置的可靠动作。

③ 5 次谐波判别法。中性点经消弧线圈接地电网中，由于电源电动势中存在高次谐波，某些非线性负荷也会引起高次谐波，电网中的电压和电流均还有高次谐波分量。按照叠加原理，可分解为基波分量电路（频率为 ω），3 次谐波分量电路（频率为 3ω），5 次谐波分量电路（频率为 5ω）…。在高次谐波中，3 次和 5 次谐波分量最大，但 3 次谐波分量具有和基波零序分量相同的特征，必须过滤掉。选 5 次谐波分量电路进行分析。在 5 次谐波分量电路中，5 次谐波感抗 $5\omega L$ 比基波感抗大了 5 倍，5 次谐波电容 $\dfrac{1}{5\omega C}$ 比基波容抗缩小了 5 倍，所以对于 5 次谐波电路，消弧线圈的感抗 $5\omega L$ 十分大，相当于开路。这样就与中性点不接地系统发生单相接地时的电路（基波）完全相同。其 5 次谐波中的零序电流和零序电压的关系，与中性点不接地系统中基波的零序电流和零序电压的关系相同。

总结上述分析，得到 5 次谐波判别法：

中性点经消弧线圈接地系统发生单相接地后，全系统有 5 次谐波的零序电压和零序电流出现。非故障线路（元件）5 次谐波零序电流，就是该线路对地电容电流的 5 次谐波分量，其方向超前 5 次谐波零序电压 90°。电容性无功功率的实际方向为由母线流向线路。故障线路首端的 5 次谐波零序电流，大小为全系统非故障线路（元件）的 5 次谐波零序电流之和，其方向滞后 5 次谐波零序电压 90°。电容性无功功率的实际方向由线路流向母线。

5 次谐波零序功率方向保护利用发生接地故障时的基波零序电压 $3U_0$ 作为启动元件，若 $3U_0$ 大于零序电压启动值，则启动比相回路。在微机系统中，对 5 次谐波带通滤波器提供的 5 次谐波电流和移相-90° 的 5 次谐波电压，进行判断。如果相位相同，则判断本支路为故障线路；如果相位相反，则判定为非故障线路。如果对所有支路判断的结果均为相反，则判定为接地故障时发生在本变电站的母线上。

本 章 小 结

本章主要对变电站综合自动化系统中的二次装置进行了总结。

备用电源自动投入装置是当工作电源因故障被断开后，能迅速自动地将备用电源或备用设备投入工作，使用户不至于停电的一种自动装置。备用电源自动投入是变电站综合自动化系统的基本功能之一。备用电源一般有明备用和暗备用两种备用方式。备用电源自投入装置的运行方式可以归结为以下三类：分段自投、进线互投和变压器互投。更复杂的备自投方式可以看成是以上三种方式的组合。

故障录波器是电力系统发生故障或振荡时能自动记录在故障前和故障后系统的电压、电流、功率、频率等变化的全过程以及继电保护与安全自动装置的动作行为以便为分析系统事故原因提供详尽的科学依据的一种装置。本章主要介绍了故障录波装置的硬件结构及工作原理。

我国电力系统中性点的运行方式主要有 3 种：中性点不接地、中性点经消弧线圈接地和中性点直接接地。根据系统中发生单相接地故障时接地电流的大小把前两种接地系统统称为小电流接地系统。当小电流接地系统中发生单相故障接地时，故障电流小，此时可以允许电网继续运行一段时间。但单相接地故障如果不及时处理，就可能发展成为两相接地短路故障，进而危及到电网运行的安全性。本章主要介绍了中性点不接地系统和中性点经消弧线圈接地系统的特点、选线原理及故障检测的方法。

习　　题

1. 画图说明备用电源投入的工作原理。
2. 备用电源的配置可分为几类，都是什么？并分别阐述其原理。
3. 简述备用电源自投的动作逻辑。
4. 什么是故障滤波器？其有何作用？
5. 故障滤波器应具备哪些功能？
6. 如何保证录波数据的安全性？
7. 试画出故障录波器的硬件结构示意图。
8. 什么是分散式故障滤波器与集中式故障滤波器。
9. 故障录波器的启动方式有几种，分别是什么？
10. 简述故障录波数据的记录方式。
11. 简述中性点不接地系统中单相接地故障选线原理并画出零序等效网络。
12. 什么是零序电流保护，其有何特点？
13. 什么叫完全补偿、欠补偿和过补偿？
14. 简述中性点经消弧线圈接地系统单相接地故障的选线原理。
15. 什么是 5 次谐波判别法？如何使用其来判断故障线路？

第 8 章　变电站综合自动化的数据通信

变电站综合自动化系统是由分级分布式的多台微机组成的控制系统，包括微机保护、微机监控及电能质量自动控制等子系统。由于计算机与计算机、系统与系统、计算机内部各部件间、CPU 与存储器及人机接口之间的信息交换都是属于数据通信的范畴，因此，在综合自动化系统内部，必须通过内部数据通信，实现各子系统内部和各子系统间的信息交换和实现信息共享，以减少变电站二次设备的重复配置和简化各子系统间的互连，既减少重复投资，又提高了整体的安全性，这是常规的变电站的二次设备所不能实现的问题。另一方面，变电站是电力系统中电能传输、交换、分配的重要环节，它集中了变压器、开关等昂贵设备。因此，对变电站综合自动化系统的可靠性、抗干扰能力、工作灵活性和可扩展性要求很高，尤其是在无人值班变电站中。变电站综合自动化系统的数据通信主要包含两方面的内容：（1）综合自动化系统内部各个子系统或各功能模块间的信息交换；（2）变电站与控制中心的通信。

本章主要介绍变电站内部和变电站与控制中心间的两类通信有关的基本概念和主要技术问题，主要包括综合自动化系统数据通信的基本概念、变电站综合自动化系统通信的基本内容与功能、变电站综合自动化数据通信的同步与差错控制、变电站综合自动化数据通信接口、变电站信息传送规约以及变电站综合自动化系统的通信网络。

8.1　综合自动化系统数据通信的基本概念

8.1.1　数据通信系统

数据通信包括两个方面分内容，数据传输和数据传输前后的数据处理。数据传输是指通过某种方式建立一个数据传输的通道，并将数据以信号的形式在信道中传播；数据传输前后的处理可以使数据的传输更加可靠和有效。由此来看数据传输应该由 3 个部分组成，即发送部分、传输部分和接收部分。数据通信系统的模型如图 8-1 所示。

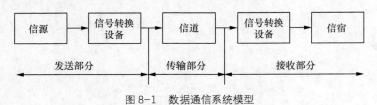

图 8-1　数据通信系统模型

1. 信源

信源即信息的发送端，其中包括电网中的各种信息源，如电压 U、电流 I，有功功率 P、频率 f 及电能脉冲量等，经过有关器件处理后转换成易于计算机接口处理的电平或其他量。

2. 信号转换设备

在发送部分主要包括信源编码器、信道编码器和调制器。编码器的功能是把信源或其他设备输入的二进制数字序列进行相应的变换，使之成为其他形式的数字信号或不同形式的模拟信号。信号的调制与解调将在后面的章节中进行详细的说明。编码的作用有两个：第一是把信源输出的信息转换成易在信道上传输的信息，此种作用为信源编码器，例如 A/D 转换等；第二是根据一定的规则对信源输出的信息或经过信源编码后的信息加入一些冗余码元，以便在接收端能够正确识别出信号，降低信号在传输过程中可能出现差错的概率，提高信息传输的可靠性，此种作用为信道编码器。

调制器的作用是把信源或编码器输出的二进制脉冲信号变换（调制）成模拟信号。这样做主要是因为信道编码器处的信号都是二进制的脉冲序列，这种信号传输距离较近，在长距离传输时往往因为电平的干扰和衰减而失真。为了增加传送距离，因此将信道信号进行调制传送。

在接收部分主要包括信源译码器、信道译码器和解调器。信源译码器和信道译码器是在接收端完成编码的逆过程。信源译码器是把二进制信号恢复到模拟信号的过程，如 D/A 转换。信道译码器的主要作用是去除保护码元，是接收端获得发送侧的二进制数字序列。解调器的作用是反调制，即把接收端接收的模拟信号还原为二进制脉冲数字信号。

3. 信宿

信宿是信息的接收端或接收人员能观察的设备，如电网调度自动化系统中的模拟屏、显示器等数据终端设备。

8.1.2 数据传输方式

数据传输方式是指数据在信道中是如何传输的。数据传输方式分类如图 8-2 所示。

1. 并行数据通信

并行数据通信指的是数据以成组的方式，在多条并行通道上同时进行传输，传输速度快，如图 8-3 所示。并行数据的传输可以以字节为单位（8 位数据总线）并行传输，也可以以字为单位（16 位数据总线）通过专用或通用的并行接口电路传送。并行数据传输一次可以传送一个字符或一个字节，因此，

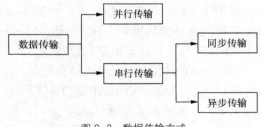

图 8-2 数据传输方式

收、发双方不存在字符同步问题，不需要另加"起"、"止"信号或其他同步信号来实现收、发双方的字符同步，这是并行数据通信的一个主要特点。但是并行传输必须有并行信道，因此，需要的传输信号线多，成本高，这往往带来了设备上或实施条件上的限制，因此并行传输常用在传输距离短（几米到几十米）和数据传输率较高的场合。

2. 串行数据通信

串行数据通信是指数据在一条信道上一位一位地依次传输，每一个数据占据一个固定的时间长度。一个字符的 8 个二进制代码，由高位到低位顺序排列，再接下一个字符的 8 位二

进制代码，这样串接起来形成串行数据流传输，如图 8-4 所示。显而易见，串行数据通信的各个不同位，可以分时使用同一根数据线进行传输。因此，串行数据通信的最大优点是用较少的传输线来传递大量的数据，特别是当数据量大和输送距离远时，这个优点更为突出。串行数据的传输可以达到数千公里，但串行通信的缺点是传输速度慢且通信软件的设计相比于并行通信要复杂许多。

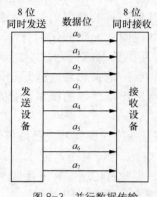

图 8-3　并行数据传输

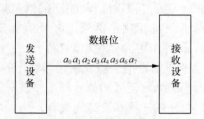

图 8-4　串行数据传输

　　在变电站综合自动化系统内部，各种自动装置间或继电保护装置与监控系统间，为了减少连接电缆、简化配线和降低成本，通常采用串行通信。

8.1.3　异步传输与同步传输

　　在串行传输中，为了使接收方能够从接收的数据比特流中正确地区分出与发送方相同的一个一个的字符而采取的措施称为字符同步。根据实现字符同步方式的不同，数据传输有异步传输方式和同步传输方式。

　　1.　异步传输

　　异步传输又称起止同步传输。在异步传输中，把各个字符分开传输，一次只传输一个字符。每个字符用一位起始位引导，对应于二进制值"0"，以低电平表示，占用 1 位宽度，它预告字符的信息代码即将开始；一位停止位结束，对应于二进制值"1"，以高电平表示，占用 1～2 位宽度，它表示该字符已结束。

　　字符可以连续发送，也可以单独发送；当不发送字符时，线路上发送的始终是停止信号，即保持 1 的状态。因此每个字符的起始时刻可以是任意的，收发端的通信具有异步性，但在同一字符内部各码元长度应是相同的。接收方可以根据字符之间从停止位到起始位的跳变来识别一个新字符的开始，从而正确地区分一个个字符。异步通信方式的优点是实现字符同步比较简单，收发双方的时钟信号不需要严格同步；缺点是不适于高速率的数据通信，且由于每个字符都需要加入起始位、停止位，因而传输效率比较低。异步传输通信的传输方式如图 8-5 所示。

　　2.　同步传输

　　同步传输是将一组字符或一个二进制位组成的数据块（称为帧）组织成组，以组为单位连续传送，中间没有间断时间。在这种方式中，发送方在发送数据之前先发送一串同步数据字符 SYN（以 01101000 表示）或一个同步字节（以 01111110 表示）。接收方只要检测到连续两个以上 SYN 或同步字符就确认进入同步状态，准备接收信息。随后在传送过程中双方以同一频率工作，直到传送完指示数据结束的控制字符。

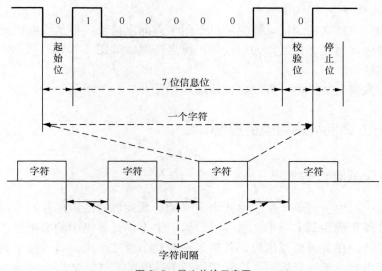

图 8-5 异步传输示意图

在数据块传送时，为了提高传送速度，在同步传输过程中去掉了在异步传输过程中每一个字符要用的起始位和停止位而是在数据传送的开始加入了信息帧来做为传送的指示。信息帧通常包含有同步字符、控制字符和数据字符等。同步传输示意图如图 8-6 所示。

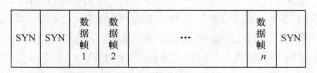

图 8-6 同步传输示意图

我国 1991 年发布的电力行业标准 DL451-1991《循环式远动传输规约》是采用同步传输方式，同步字符为 EB90H。

8.1.4 数据通信的工作方式

根据数据收发双方是否同时工作，数据通信方式主要可分为双工、半双工和单工 3 种不同的方式。

1. 全双工通信

全双工通信即双向同时通信，数据可以在两个方向上同时传输，也就是双方能同时收发信息。全双工通信可以是四线或二线传输；四线传输时有两条物理上独立的信道，一条发送一条接收；二线传输可以采用频分复用、时分复用或回波抵消技术使两个方向的数据共享信道带宽。如图8-7（a）所示。

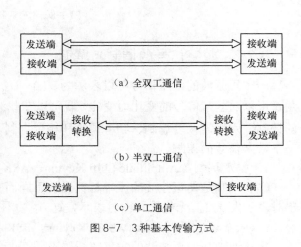

图 8-7 3 种基本传输方式

2．半双工通信

半双工传输即双向交替通信。数据可以在两个方向上传输，但是不能同时通信。当一方作为发送端的时候，另一方只能作为接收端，反之亦然，如图 8-7（b）所示。

3．单工通信

单工通信即数据只能沿单一方向进行传输，如图 8-7（c）所示。

8.2　数字信号的调制解调与差错控制

8.2.1　数字信号的传输

在数字通信中，由发送端产生的原始电信号为一系列典型的矩形脉冲信号。人们把矩形脉冲信号的固有频带称为基本频带。在数字通信信道上，计算机中的数据是以矩形脉冲信号的形式直接传送的。在近距离范围内，基带信号的功率衰减不大，具有速率高和误码率低等优点，因此在变电站内部的局域网内广泛采用基带传输的方式，如以太网等。基带传输是一种最简单、最基本的传输方式。但是以下两种方式是不适合于基带传输的。

① 通信的信道为模拟信道，如电话线等。

② 远距离通信。

为了解决以上两个问题，需要将数字基带信号用调制解调器转换成适合远距离传输的信号。在通信的过程中可以用一个正弦（余弦）信号作为载波，用被传输的数字信号去调制它，调制后作为传输信号。调制改变了载波的特征参数以便携带数字信息。在接收端再通过解调的过程，把载波所携带的数字信息提取出来，这就是调制与解调的过程。实现调制与解调的设备叫做调制解调器。调制解调器只改变数据的表示形式而不改变数据的内容，以便于传输。在电力系统中，数字信号通过调制解调器进行模拟传输的过程如图 8-8 所示。

图 8-8　信号调制解调过程

8.2.2　数字信号的调制与解调

一个正弦波的电压信号可以表示为 $U(t) = U_m \sin(2\pi ft + \theta)$，如果振幅 U_m，频率 f 和相位角 θ 可以随基带信号的变化而变化，就可以在载波上进行调制。振幅 U_m，频率 f 和相位角 θ 的调制分别称为幅度调制、频率调制和相位调制。解调是调制的逆过程。下面我们主要介绍一下数字信号的调制。

1．幅度调制（Amplitude Shift Keying，ASK）

幅度调制是使正弦波的振幅随数码的不同而变化，但频率和相位保持不变。如用载波输出时表示发送 1，无载波输出时表示发送 0，如图 8-9 所示。

2．频率调制（Frequency Shift Keying，FSK）

频率调制是使正弦波的频率随数码不同而变化，而振幅和相位保持不变。调制后用两个不同频率的正弦信号表示二进制数的 1 和 0，如二进制数字数据的 1 对应的载波频率是数字数据 0 对应的频率的 2 倍，如图 8-10 所示。在电力系统调度自动化中，用于与载波通道或微波通道相配合的专用调制解调器多采用频率调制。

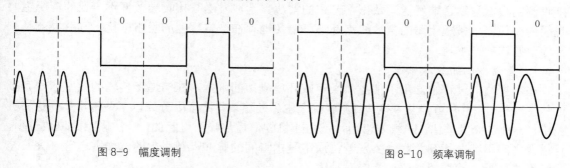

图 8-9　幅度调制　　　　　　　　　　　　　图 8-10　频率调制

3. 相位调制（Phase Shift Keying，PSK）

相位调制是使正弦波相位随数码而变化，而振幅和频率保持不变。如果用相位的绝对值表示数字信号 1 和 0，则称为绝对调相。如果用相位的相对偏移值来表示数字信号 1 和 0，则称为相对调相或称为差分相位调制。

（1）绝对调相

根据 1 或 0 的状态，分别给予已调信号 0° 或者 180° 的调制方法，即用相位的绝对值来表示二进制数 1 和 0，如图 8-11 所示，表示如下。

1——取相位值为 0°，$U(t) = U_m \sin(\omega t + 0°)$

0——取相位值为 180°，$U(t) = U_m \sin(\omega t + 180°)$

（2）相对调相

当数字信号为"1"时，码元中载波的相位相对于前一个码元的载波相位变化 π；当数字信号为"0"时，码元中载波的相位相对于前一码元的载波相位不变化，反之亦然。这种调相方式称为二相相对调相（2DPSK），如图 8-12 所示。

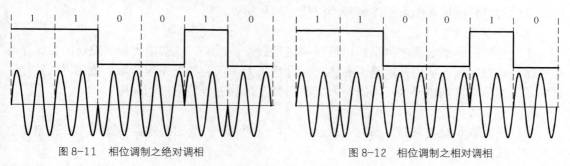

图 8-11　相位调制之绝对调相　　　　　　　　图 8-12　相位调制之相对调相

（3）多相调制

对于只有 0° 和 180° 两种相位变化方式来分别表示二进制数 0 和 1 的调制方法，称为两相调制。但是为了提高数据传输速率，通常可以采用多相调制的方法。如用 0°、90°、180° 和 270° 四种相位变化的方式调制数据称为四相调制，可分别用 00、01、10 和 11 四种比特组合，其传输速率较两相增加 1 倍。还有八项调制，其传输速率可以比两相调制增加 2 倍。

8.2.3　差错控制

数据通信系统的基本任务是高效而无差错地传输数据。所谓差错就是指在通信的接收端接收到的数据与发送端发送的数据不一致的情况。造成发送与接收端数据不一致的情况主要是因为在任何一条远距离的传输线路都不可避免地存在一定程度的噪声干扰，其后果就是可能导致差错的产生。

1.　差错控制的基本原理

在数据通信过程中，由于信道热噪声或环境噪声的干扰，在信道上传输的数字信号有可能从 1 变为 0，也有可能从 0 变为 1，这就产生了差错。差错可以分成以下两种，一种是随机差错，一种是突发差错。随机差错通常是由随机的信道热噪声引起的，一次影响的位数较少，且错误之间不存在相互关联。突发差错通常是由瞬间的脉冲噪声引起的，如雷电等。突发差错所影响的最大连续数据位称为突发长度。

在通信系统的数据传输过程中，用差错控制技术来减少或避免由于干扰和噪声的影响而产生的差错。由于在通信系统中，热噪声的干扰是不可避免的，因此，没有差错控制的传输通常是不可靠的。

无论采用什么方法来进行差错控制的编码都是以降低实际传输效率为代价来提高其传输的可靠性。因此，在信道特性已经确定的条件下，差错控制的基本任务就是寻求简单、有效的方法确保系统的可靠性。

2.　差错控制的方式

常用的差错方式主要有自动请求重发、前向纠错、信息反馈和混合方式等 4 种方式。

（1）自动请求重发

接收端检测到接受信息有错时，通过自动要求发送端重发保存的副本以达到纠错的目的，这种方式需要在发送端把所要发送的数据序列编成能够检测错误的码。

（2）前向纠错

接收端检测到接收信息有误后，通过计算，确定差错的文字并自动加以改正，这种方式需要发送端把将要输入的数据序列变换成能够纠正错误的码。

（3）信息反馈

接收端把收到的数据序列全部由反向信道送回给发送端，发送端比较其发送的数据序列与送回的数据序列，从而发现是否有错误，并把认为错误的数据序列的原始数据再次发送，直到发送端没有发现错误为止，这种方式不需要发送端进行差错控制编码。

（4）混合方式

接收端采取纠检错混合，即对少量差错予以自动纠正，而对超过其纠正能力的差错通过重发的方法加以纠正。

对上面所提到的差错控制方式应根据实际情况合理选择使用，除了信息反馈方式外，还要求发送端对要进行发送的数据序列进行差错控制编码，使其具有纠检错能力。这里需要注意的是，编码效率和纠检错能力是相互制约的，额外加入的监督位越多，纠错能力越强，但是编码效率越低，在实际应用的过程中，需要对两者进行权衡。

3.　常用的检错方法

（1）奇偶校验方法

奇偶校验是最简单、最常用的差错检测技术。奇偶校验码是最常用的一种检错码。奇偶校验码的信息字段以字符为单位，校验字段仅含一个比特称为校验比特或校验位。一个字符由 8 位组成，低 7 位是信息字符的 ASCII 码，最高位是校验位。该位中放"1"或放"0"按照如下的规则进行，即使整个编码中"1"的个数成为奇数或者偶数。如果附上奇偶校验位后，"1"的个数为偶数，就成为偶校验，如果"1"的个数为奇数，就称为奇校验。

奇偶校验的过程是：如果采用奇（偶）校验，发送方发送一个字符编码（含校验位共 8 位），则在这个字符编码中"1"的个数一定为奇（偶）数。在接收端对这 8 个二进制位中"1"的个数进行统计，若统计结果"1"的个数为奇（偶）数，则说明传输正确；若"1"的个数为偶（奇）数，则说明传输中有某位出错，要求发送方重发。但需要注意的是如果有两个（或偶数个）码反过来，则会发生奇偶校验未检测出的差错。奇偶校验码只需附加一位奇偶校验位，编码效率相当高，能检出所有奇数个差错。通常在异步传输方式中采用偶校验，同步传输方式中采用奇校验。奇偶校验一般包括水平奇偶校验、垂直奇偶校验和水平垂直奇偶校验。

（2）正反码校验方法

正反码是一种简单的能够纠正差错的编码，其中冗余位的个数与信息位的个数相同。冗余位的信息与信息位或者完全相同或者完全不同，由信息位中"1"的个数来决定。当信息位中有奇数个"1"时，冗余位就是信息位的简单重复；当信息位中有偶数个"1"时冗余位是信息位的反码。

例如，若信息位是 01101 则码字为 0110101101；若信息位为 01100，则码字为 0110010011。

接收方的校验方法为：先将接受码字中信息位和冗余位按位加，得到一个合成码组；若接收码字中信息位中有偶数个"1"，则取合成码组的反码作为校验码组；若接收码字中信息位中有奇数个"1"则取合成码组为校验码组。最后根据校验码组表就可以判断是否有差错及纠正部分的差错。

与奇偶校验码相比，正反码的编码效率很低，但其差错控制能力很强。如上述长度为 10 的正反码，能检测出全部两位差错和大部分两位以上的差错，并且还具备纠正一位差错的能力。由于正反码编码效率很低，因此正反码只能用于信息位较短的场合。

（3）循环冗余校验法

循环冗余校验法有很强的检错能力，并可以用集成芯片电路实现，是目前计算机通信中最普遍也是最有效的检错方法，其特征是所用的信息码元和校验码元字段的长度可以任意的选定。

循环冗余校验以二进制信息的多项式表示为基础。它的基本思想是：在发送方给所要发送的信息加上冗余校验位，构成一个特定的待传数据码，并使待传数据码所对应的多项式能被一个事先指定的多项式整除。这个指定的多项式称为生成多项式。生成多项式由发送方和接收方共同约定。接收方收到数据报文后，用生成多项式来检查所收到的信息。如果用生成多项式去除收到的信息多项式，相除结果无余数，就表示传输无误，否则说明收到的信息有误。循环冗余码是一种分组码。在一个长度为 n 的码组中有 k 个信息位和 r 个监督位，监督位的产生只与该组内的 k 个信息位有关，其构成如图 8-13 所示。循环冗余码有以下两个特性。

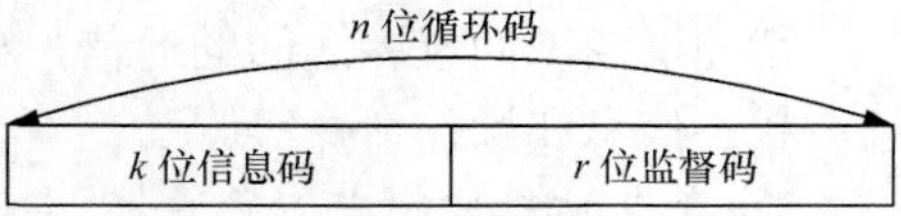

① 一种码中的任何两个需要码组按模 2 相加后，形成的新序列仍为一个许用码组；若两个相同许用码组相加则得一个全 0 序列，所以循

图 8-13　循环码格式

环码一定包含全 0 码字。

② 一个许用码组每次循环移位的结果一定也是码字集合中的另外一个码组。

循环冗余校验方法针对以下的错误可以检测：①单码元错误；②双码元错误（生成多项式是具有至少三项的因式）；③奇数个码元错误（生成多项式中包含有 $x+1$ 项）；④长度小于 n 的猝发性错误。

8.3 变电站综合自动化系统的通信基本内容与功能

8.3.1 变电站综合自动化系统通信内容

变电站综合自动化系统的数据通信，包括两方面的内容：一是综合自动化系统内部各子系统间的信息交换；另一是变电站与远方控制中心的通信。

1. 变电站综合自动化系统内部通信

目前变电站综合自动化系统一般都是分层分布式结构，在站控层-间隔层-过程层的分层分布式自动化系统中，需要传输的信息有如下几种。

（1）过程层与间隔层间的信息交换

间隔层的设备有控制测量单元或继电保护单元，或者两者都有过程层的高压断路器可能有的智能传感器和执行器，可以自由地与间隔层的装置交换信息。间隔层的设备大多数需要从过程层的电压和电流传感器采集正常和事故情况下的电压和电流值，采集设备的状态信息和故障诊断信息，这些信息包括：断路器和隔离开关位置、变压器分头位置，变压器、互感器的诊断信息以及断路器操作信息。

（2）间隔层内部的信息交换

在一个间隔层内部相关的功能模块间的数据交换包括继电保护和控制、监视、测量之间的数据交换。这类信息有测量数据、断路器状态、器件的运行状态、同步采样信息等。

同时，不同间隔层之间的数据交换有：主、后备继电保护工作状态、互锁，相关保护动作闭锁，电压无功综合控制装置等信息。

（3）间隔层和站控层的通信

间隔层和站控层的通信内容很丰富，概括起来有以下 3 类。

① 测量及状态信息正常和事故情况下的测量值和计算值，断路器、隔离开关、主变压器分接头位置、各间隔层运行状态、保护动作信息等。

② 操作断路器和隔离开关的分、合命令，主变压器分接头位置的调节，自动装置的投入与退出等。

③ 参数信息微机保护和自动装置的整定值等。

（4）站控层的内部通信

站控层的不同设备之间的通信，要根据各设备的任务和功能的特点，传输所需的测量信息、状态信息和操作命令等。

2. 变电站与控制中心的通信

变电站综合自动化系统应具有变电站与远方控制中心通信的能力，由上位机或通信管理机执行远动功能，把变电站所需测量的模拟量、电能量、状态信息和 SOE 等信息传送至控制中心。这些信息是变电站和控制中心共用的，不必专门为送控制中心而单独采集。

变电站不仅要向控制中心发送测量和监视信息，而且要从上级调度接收数据和控制命令，例如接收调度下达的开关操作命令，在线修改保护定值、召唤实时运行参数。在全系统范围考虑电能质量、潮流和稳定的控制等，这也是变电站实现综合自动化的优越性和要求的目标。变电站向控制中心传送的信息通常称为"上行信息"；而由控制中心向变电站发送的信息通常称为"下行信息"。一般把变电站与控制中心之间相互传送的这两种信息统称"远传信息"，以便与变电站内部各子系统与主系统间传输的"内部信息"相区别。根据四遥的基本功能，变电站与控制中心之间的远传信息主要分为如下 4 种。

（1）遥测信息

① 35kV 及以上线路及旁路断路器的有功功率（或电流）及有功能量；35kV 以上联络线的双向有功电能量，必要时测无功功率。

② 三绕组变压器两侧有功功率、有功电能、电流及第三侧电流，二绕组变压器一侧的有功功率、有功电能、电流。

③ 各级母线电压（小电流接地系统应测 3 个相电压，而大电流接地系统只测一个相电压）。

④ 站用变压器低压侧电压，直流母线电压。

⑤ 变压器增测无功功率。

⑥ 10kV 线路电流，母联断路器电流，并联补偿装置的三相电流，消弧线圈电流。

⑦ 用遥测处理的主变压器有载调节的分接头位置。

⑧ 主变压器温度，保护设备的室温。

（2）遥信信息

① 所有断路器位置信号，反应运行方式的隔离开关的位置信号，有载调压主变压器分接头位置信号。

② 35kV 及以上线路及旁路主保护信号和重合闸动作信号，主变压器保护动作信号，母线保护动作信号，保护闭锁总信号，高频保护收信总信号，轻瓦斯动作信号。

③ 变电站事故总信号，变压器冷却系统故障信号，继电保护、故障录波装置故障总信号，小电流接地系统信号，电压传感器断线信号，低频减负荷动作信号，直流系统异常信号。

④ 断路器控制回路断线总信号，断路器操作机构故障总信号。

⑤ 继电保护及自动装置电源中断总信号，遥控操作电源小时信号，远动及自动装置 UPS 交流电源小时信号，通信系统电源中断信号。

（3）遥控信息

① 变电站全部断路器及能遥控的隔离开关。

② 可进行电控的主变压器中性点接地开关。

③ 高频自启动发信。

④ 距离保护闭锁复归。

（4）遥调信息

① 有载调压主变压器分头位置调节。

② 消弧线圈抽头位置调节。

以上列出的内容为变电站远传的基本信息。在实际的应用过程中，可以根据变电站的实际情况对上述内容进行增减。

8.3.2 对变电站综合自动化系统通信的要求

1. 变电站通信网络

由于数据通信在综合自动化系统内的重要性，经济、可靠的数据通信成为系统的技术核心。而由于变电站的特殊环境和综合自动化系统的要求，使变电站综合自动化系统内的数据网络具有以下特点和要求。

（1）快速的实时响应能力

变电站综合自动化系统的数据网络要及时地传输现场的实时运行信息和操作控制信息。在电力工业标准中对系统数据传送都有严格的实时性指标要求，因此网络必须很好地保证数据通信的实时性。

（2）很高的可靠性

电力系统是连续运行的，数据通信网络也必须连续运行。通信网络的故障和非正常工作会影响整个变电站综合自动化系统的运行，设计不合理的系统，严重时会造成设备和人身事故、造成很大的损失，因此，变电站综合自动化系统的通信子系统必须保证有很高的可靠性。

（3）优良的电磁兼容性能

变电站是一个具有强电磁干扰的环境，存在电源、雷击、跳闸等强电磁干扰和地电位差干扰，通信环境恶劣，数据通信网络必须注意采取相应的措施消除这些干扰的影响。

（4）分层式的结构

由整个系统的分层分布式结构决定了通信系统的分层，系统的各层次又各自具有特殊的应用条件和性能要求，因此每一层都要有合适的网络系统。

（5）支持优先级传输

数据有轻重缓急之分，重要的数据需优先于其他数据传输，要求支持优先级调度，以提高时间紧迫性任务的信息传输的确定性。

2. 信息传输响应速度

不同类型和特性的信息要求传送的时间差异很大，其具体内容如下。

经常传送的监视信息：为监视变电站的运行状态，需要传输母线电压、电流、有功功率、无功功率、功率因数、零序电压、频率等测量值，这类信息需要经常传送，响应时间需满足SCADA 的要求，一般不宜大于 1～2s；计量用的信息，如有功电能量和无功电能量，这类信息传送的时间可以较长，传送的优先级可以较低；刷新站控层的数据库，需定时采集断路器的状态信息、继电保护装置和自动装置投入和退出的工作状态信息，可以采用定时召唤方式，以刷新数据库；监视变电站的电气设备的安全运行所需要的信息，例如变压器的状态监视信息，变电站安保及防火等有关的运行信息。

突发事件产生的信息：在系统发生事故的情况下，需要快速响应的信息，例如，事故时断路器的位置信号，这种信号要求传输时延最小，优先级最高；正常操作时的状态变化信息（如断路器状态变化）要求立即传送，传输响应时间要小；自动装置和继电保护装置的投入和退出信息，要及时传送；故障情况下，继电保护动作的状态信息和事件顺序记录，这些信息作为事故后分析事故用，不需要立即传送，待事故处理完再送即可；故障发生时的故障录波，带时标的扰动记录的数据，这些数据量大，传输占用时间较长，也不必立即传送。

3. 各层次之间和每层内部传输信息时间
① 过程层和间隔层：1～100ms。
② 间隔内各个模块间：1～100ms。
③ 间隔层的各个间隔单元之间：1～100ms。
④ 间隔层和变电站之间：10～1 000ms。
⑤ 站控层的各个设备之间：≥1 000ms。

8.3.3　变电站远传信息的通信线路

变电站的远传信息要利用通道来传输，即通信信道。通信信道可以是有线的形式，如电力载波通道、音频通道、光纤通道及电话线等，也可以是无线形式，如无线电通道及无线扩频等。

1. 电力线载波通信

电力线载波通信是利用载波频率经现有电力线去传送信息，利用架空电力线的某相导线作为信息传输的媒介。电力线载波通信是电力系统特有的一种通信方式，具有可靠性高和经济性好，不需要单独架设和维护线路。变电站主要利用 35～110kV 输电线传输，载波频率一般为 40～500kHz。

变电站采用电力线载波通信主要传送话音的模拟信息及远动、线路保护、数据等模拟或数字信号。根据不同的要求，可以采用话音、远动、系统保护的服用设备，但远动和数据一般采用单一功能的专用设备。运动和数据的通信速率为 300～1 200bit/s。电力线载波通信传送运动和数据信号的通道构成如图 8-14 所示。

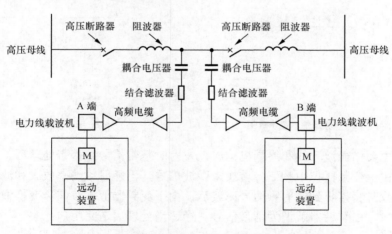

图 8-14　电力线载波传送远动和数据信号通道构成示意图

在图 8-14 中，A 端和 B 端均具有远动和数据信号发送和接收功能。M 是远动装置或数据传输装置的外接调制解调器。调制解调器先将数字信号调制成音频信号，再经过电力载波终端设备调制成高频信号，经高频电缆，结合滤波器和耦合电容器传送至电力线上，沿电力线传送到接收端。在接收端，经耦合电压器、结合滤波器、高频电缆进入电力线载波终端设备，再由相应频带的收信号滤波器取出高频信号，经调制解调器还原为发送端的远动和数据信号。其中线路阻波器用来阻止高频信号进入电力设备。耦合电容器和结合滤波器相互作用构成一个带通滤波器，高频信号可顺利通过，并将电力线上的工频高电压和大电流与通信设备隔开，以保证人身和设备的安全。结合滤波器实际上是一个阻抗匹配器。在电缆一侧的阻抗，与电缆的波阻相匹配，而在线路一侧的阻抗，则与线路的波阻匹配，以防电磁波的反射而引起高频能量的损耗。高频电缆主要连接载波终端机和结合滤波器。

2. 音频电缆通信

音频通信是一种比较简单的通信方式。音频通信具有较好的稳定性，一般适合于与调度室或控制中心距离较近的无人值班变电站。所用的音频电缆既可以租用电话电缆也可以自行铺设。音频电缆用作传输运动和数字信号的通道，构成比较简单，可直接通过调制解调器将变电站的远动装置或数据传送装置与调度控制中心的计算机系统连接起来，如图 8-15 所示。

3. 微波通信

微波通信是一种在视距离范围内进行直线传播的通信方式，它是工作频率在 300MHz～300GHz 的无线电通信。微波信道的优点是容量大，可同时传送几百乃至几千路信号，其发射功率小，性能稳定，通信质量高，一般作为电力系统的通信主干线。微波具有类似光的直线传输特性，绕射能力弱。由于地球是个球体，微波直线传输距离就受到限制，为增加通信距离，在远距离通信时需要增设中继站，因此，微波通信系统价格昂贵，而且安装复杂，电路传输时有损耗。微波通信的构成如图 8-16 所示。

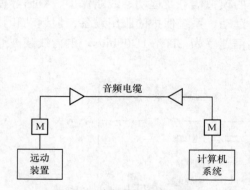

图 8-15 音频通信信道示意图

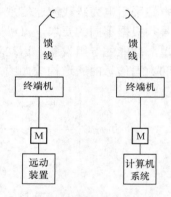

图 8-16 微波通信构成示意图

微波通信主要由微波天线和终端机构成。发射时基带信号经基带处理后，对中频载波进行调制，然后由上变频器把中频信号转换为微波信号，再经射频功率放大和滤波后送到天线发射出去。接收时将接收到的射频信号滤波后，由下变频器把微波信号变换成中频信号，再经中频滤波放大，由解调器解调为基带信号，经适当处理后送交用户。

4. 光线通信

光纤通信就是以光导纤维作为传输媒介，将信号从一处传输到另一处的通信手段。光纤通信作为一种主要的通信方式越来越得到广泛的应用，光纤通信具有如下的特点。

① 传输频带宽、容量大、性价比高。

② 传输损耗小，适合长距离传输。

③ 体积小，重量轻，可绕性强，利用电缆沟道和电力线杆，敷设方便。

④ 具有很好的抗电磁干扰能力。

⑤ 保密性好。

⑥ 线径细、质量轻、抗腐蚀，可直接埋于地下。

光纤通信用光导纤维作为传输媒介，形式上采用有线通信方式，而实质上它的通信系统是采用光波的通信方式，波长为纳米波，频率为 10^{14}Hz 数量级。目前，光纤通信系统采用简单的直接检波系统，即在发送端把信号调制在光波上（将信号的变化变为光频强度的变化），通过光纤传送到接收端。接收端直接用光电检波管将光频强度的变化转变为电信号的变化。光纤通信构成示意图如图 8-17 所示。光纤通信系统主要有电端机、光端机和光缆组成。

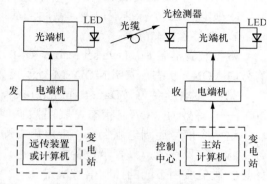

图 8-17 光纤通信通道构成示意图

发送端的电端机对来自信源的模拟信号进行 A/D 变换，将各种低速率数字信号复接成一个高速率的电信号进入光端机的发送端。光纤通信的光发射机称为光端机，实质上是一个电光调制器，它用脉冲编码调制（PCM）电端机发数字脉冲信号驱动电源（如发光二极管），发出被 PCM 电信号调制的光信号脉冲，并把信号耦合进光纤送到对方。远方的光接收机，也称光端机装有检测器，把光信号转化为电信号，经放大和整形处理后，再送至 PCM 接收端还原为发送电信号。远动和数据信号通过光纤通信进行传送是将远动装置或计算机系统输出的数值信号送入 PCM 终端机。因此，PCM 终端机实际上是光纤通信系统与 RTU 或计算机的外部接口。

8.4 变电站综合自动化数据通信接口

由于串行通信方式具有使用线路少、成本低的特点，特别是在远程传输时，避免了多条线路特性的不一致，因此，在变电站综合自动化系统中，特别是微机保护、自动装置与监控系统相互通信电路中，串行通信被广泛地采用。串行通信主要解决的是建立、保持和拆除数据终端设备 DTE（Data Terminal Equipment）和数据传输设备 DCE（Data Circuit-terminating Equipment）之间的数据链路的规约，即 DTE 与 DCE 之间的通信。这里的 DTE 一般可认为是 RTU、计量表、图像设备、计算机等，DCE 一般指可直接发送和接收数据的通信设备，如调制解调器等。在串行通信时，要求通信双方都采用一个标准接口，使不同的设备可以方便地连接起来进行通信，RS-232，RS-422 及 RS-485 是比较常用的串行接口。

8.4.1 RS-232 标准

RS-232 标准（协议）的全称是 EIA-RS-232 标准，其中 EIA（Electronic Industry Association）代表美国电子工业协会，RS（Recommend Standard）代表推荐标准，232 是标识号。它规定连接电缆、机械、电气特性，信号功能及传送过程。RS-232 标准是美国电子工业联合会与 BELL 等公司一起开发的通信协议。RS-232 标准接口适合于数据传输速率在 0～20 000bit/s 范围内的通信，是在终端设备和数据传输设备间，以串行二进制数据交换方式传输数据所用的最通常的接口。1969 年 1 月美国电子工业协会制定了 RS-232C 标准，其中 C 代表的是第三个版本，之前还有 RS-232A 和 RS-232B 版本。目前使用的标准协议是经 1987 年 1 月修改后定位为 EIA-RS-232D 协议。RS-232C 与 RS-232D 差别不大，因此，两种标准的串口协议在物理接口标准中基本成为等同的接口标准，统称为 RS-232 标准。

RS-232 标准规定采用一个 25 个脚的 DB25 连接器，如图 8-18 所示。

在规定的 25 个标准端口中，常用的端口如下所示。

1. 联络控制信号线

数据装置准备好（Data set ready，DSR，引脚 6）——有效时（ON）状态，表明 MODEM 处于可以使用的状态。

数据终端准备好（Data terminal ready，DTR，引脚 20）——有效时（ON）状态，表明数据终端可以使用。

图 8-18　DB25 接口

这两个信号连到电源上，一上电就立即有效。这两个设备状态信号有效，只表示设备本身可用，并不说明通信链路可以开始进行通信了，能否开始进行通信要由下面的控制信号决定。

请求发送（Request to send，RTS，引脚 4）——用来表示 DTE 请求 DCE 发送数据，即当终端要发送数据时，使该信号有效（ON 状态），向 MODEM 请求发送。它用来控制 MODEM 是否要进入发送状态。

允许发送（Clear to send，CTS，引脚 5）——用来表示 DCE 准备好接收 DTE 发来的数据，是对请求发送信号 RTS 的响应信号。当 MODEM 已准备好接收终端传来的数据，并向前发送时，使该信号有效，通知终端开始沿发送数据线 TD 发送数据。

RTS/CTS 请求应答联络信号是用于半双工 MODEM 系统中发送方式和接收方式之间的切换。在全双工系统中，因配置双向通道，故不需要 RTS/CTS 联络信号。

数据载波检出（Data Carrier Dectection，DCD，引脚 8）——用来表示 DCE 已接通通信链路，告知 DTE 准备接收数据。当本地的 MODEM 收到由通信链路另一端（远地）的 MODEM 送来的载波信号时，使 DCD 信号有效，通知终端准备接收，并且由 MODEM 将接收下来的载波信号解调成数字数据后，沿接收数据线 RXD 送到终端。

振铃指示（Ringing，RI，引脚 22）——当 MODEM 收到交换台送来的振铃呼叫信号时，使该信号有效（ON 状态），通知终端，已被呼叫。

2. 数据发送与接收线

发送数据（Transmitted data，TD，引脚 2）——通过 TD 终端将串行数据发送到 MODEM，（DTE→DCE）。

接收数据（Received data，RD，引脚 3）——通过 RD 终端接收从 MODEM 发来的串行数据，（DCE→DTE）。

3. 地线

有两根线，包括信号地（Signal Gnd，SG，引脚 7）和保护地（Protected Gnd，PG，引脚 1），信号线无方向。

上述控制信号线何时有效，何时无效的顺序表示了接口信号的传送过程。例如，只有当 DSR 和 DTR 都处于有效（ON）状态时，才能在 DTE 和 DCE 之间进行传送操作。若 DTE 要发送数据，则预先将 DTR 线置成有效（ON）状态，等 CTS 线上收到有效（ON）状态的回答后，才能在 TD 线上发送串行数据。这种顺序的规定对半双工的通信线路特别有用，因为半双工的通信需要能确定 DCE 已由接收方向改为发送方向，线路才能开始发送数据。

DB-25 型连接器虽然定义了 25 根信号，但是实际在异步通信时，只需要 9 个信号，即 2

个数据信号，6 个控制信号和 1 个低信号。由于 RS-232 并未定义连接器的物理特性，因此出现了 DB-9 型连接端子，如图 8-19 所示。

DB-9 型端子中接口的作用与 DB-25 型端子基本相同，但是引脚的定义却不相同。在 DB-9 型端子中，各个引脚的定义如下所示。

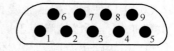

图 8-19　DB-9 型连接端子

引脚 1 载波检测（Carrier Detect，CD）。

引脚 2 数据接收（Received Data，RXD）。

引脚 3 数据传送（Transmitted data，TXD）。

引脚 4 数据端待命（Data terminal ready，DTR）。

引脚 5 地线（Ground，GND）。

引脚 6 传输端待命（Data set ready，DSR）。

引脚 7 要求传输（Request to send）。

引脚 8 清除并传输（Clear to send，CTS）。

引脚 9 响铃指示（Ring indicator，RI）。

目前电力现场常采用 DB-9 型连接器，作为两个串口的连接器。

8.4.2　RS-232D 的特性及优缺点

1. RS-232D 的特性

（1）电气特性

RS-232D 标准接口电路采用非平衡型，每个信号用一根导线，所有信号回路公用一根地线，信号速率限于 20kbit/s 之内，电缆长度限于 15m 之内。由于是单线，因此线间干扰较大。其电性能用 ±12V 标准脉冲，值得注意的是 RS-232D 采用负逻辑工作。

在数据线上：Mark（传号）：−5V～−15V，逻辑 "1" 电平。

Space（空号）：+5V～+15V，逻辑 "0" 电平。

在控制线上：On（通）：+5V～+15V，逻辑 "0" 电平。

Off（断）：−5V～−15V，逻辑 "1" 电平。

（2）规约特性

RS-232D 规约特性规定了 DTE 与 DCE 之间控制信号与数据信号的发送时序、应答关系与操作过程。

（3）机械特性

RS-232D 规定了用一个 25 根插针（DB-25）的标准连接器。一台具有 RS-232 标准接口的计算机在针脚 2 上发送数据，在针脚 3 上接收数据。虽然 RS-232D 规定了一个 25 根插针标准连接器，但是在实际异步通信的过程中，只需要用到其中的 9 根插针，因此出现了 DB-9 型的标准连接器。

2. RS-232D 的优缺点

RS-232D 采用的是单端驱动和单端接收电路，特点是传送每种信号只用一根信号线，而它们的地线是使用一根公用的信号地线，其优点是传送数据的电路简单。但是由于 RS-232D 出现较早，因此存在如下的不足之处。

① 接口的信号电平值较高，易损坏接口电路的芯片，又因为与 TTL 电平不兼容故需使

用电平转换电路方能与 TTL 电路连接。

② 传输速率较低，在异步传输时，波特率为 20kbit/s。

③ 接口使用一根信号线和一根信号返回线而构成共地的传输形式，这种共地传输容易产生共模干扰，所以抗噪声干扰性弱。

④ 传输距离有限，最大传输距离标准值为 50 英尺，实际上也只能用在 50m 左右。

针对 RS-232 的不足，出现了一些新的接口标准，RS-485 就是其中之一。

8.4.3 RS-485 标准接口

RS-485 适用于多个点之间共用一对线路进行总线式联网，用于多站互联非常方便。在 RS-485 互联中，某一时刻两个站中，只有一个站可以发送数据，而另一个站只能接收数据，因此，其通信只能是半双工的，且其发送电路必须由使能端加以控制。当发送使能端为高电平时，发送器可以发送数据，为低电平时，发送器的两个输出端都呈现高阻态，次节点就从总线上脱离，好像断开一样。RS-485 可以采用二线与四线方式，二线制可实现真正的多点双向通信。而采用四线连接时，与 RS-422 一样只能实现点对多的通信，即只能有一个主（Master）设备，其余为从设备，无论四线还是二线连接方式总线上可多接到 32 个设备。RS-485 需要两个终接电阻，其阻值要求等于传输电缆的特性阻抗。在短距离传输时可不需终接电阻，即一般在 300m 以下不需终接电阻。终接电阻接在传输总线的两端。

RS-485 标准接口具有以下特点。

① RS-485 的电气特性：逻辑"1"以两线间的电压差为+（2～6）V 表示；逻辑"0"以两线间的电压差为-（2～6）V 表示。由于接口信号电平比 RS-232C 降低了，因此不易损坏接口电路的芯片，且该电平与 TTL 电平兼容，可方便与 TTL 电路连接。

② RS-485 的数据最高传输速率为 10Mbit/s。

③ RS-485 接口是采用平衡驱动器和差分接收器的组合，抗共模干扰能力增强，即抗噪声干扰性好。

④ RS-485 最大传输距离约为 1 219m。平衡双绞线的长度与传输速率成反比，在 100kbit/s 速率以下，才可能使用规定最长的电缆长度。只有在很短的距离下才能获得最高速率传输。一般 100m 长双绞线最大传输速率仅为 1Mbit/s。

⑤ RS-485 接口在总线上是允许连接多达 32 个设备，即具有多站能力，这样用户可以利用单一的 RS-485 接口方便地建立起设备网络。

因为 RS-485 接口具有良好的抗噪声干扰性，长的传输距离和多站能力等上述优点就使其成为首选的串行接口。因为 RS-485 接口组成的半双工网络，一般只需两根连线，所以 RS-485 接口均采用屏蔽双绞线传输。RS-485 接口连接器采用 DB-9 的 9 芯插头座，与智能终端 RS-485 接口采用 DB-9（孔），与键盘连接的键盘接口 RS-485 采用 DB-9（针）。

8.4.4 RS-232 与 RS-485 通信接口存在的问题

早期变电站内部通信多采用 RS-232/RS-485 通信接口。这种方式的优点是通信设备简单，成本低，可实现监控系统与微机保护和自动装置间的相互交换数据和状态信息，可实现多个节点（设备）间的互联，但使用 RS-232/RS-485 通信接口同时也存在下面的问题。

① 相互连接的节点数一般不超过 32 个，不能满足大规模变电站综合自动化系统的要求。

② 一般通信方式多为查询方式，即由计算机通过询问方式访问保护单元或自控装置，通

信效率低，难以满足较高的实时性要求。

③ 整个通信网上只能有一个主节点对通信进行管理和控制，其余皆为从节点，受主节点管理和控制，这样主节点便成为系统的瓶颈，一旦主节点出现故障，整个系统的通信便无法进行。

④ 接口通信规约缺乏统一标准，使不同厂家生产的设备很难互联，给用户带来不便。

基于上诉原因，国际上在 20 世纪 80 年代中期就提出了现场总线，并制定了相应的标准。

8.5　变电站信息传输规约

由于电力生产的特点，发电厂、变电所和调度所之间的信息交换只能经过通道实现。信息传送只能是串行方式。因此，要使发送出去的信息到对方后，能够识别、接收和处理，就要对传送的信息的格式作严格的规定，这就是远动规约的一个内容。这些规定包括传送的方式是同步传送还是异步传送，帧同步字，抗干扰的措施，位同步方式，帧结构，信息传输过程。远动规约的另一方面内容是规定实现数据收集、监视、控制的信息传输的具体步骤。例如，将信息按其重要性程度和更新周期，分成不同类别或不同循环周期传送；确定实现遥信变位传送、实现遥控返送校核以提高遥控的可靠性的方式，实现系统对时、实现全部数据或某个数据的收集，以及远方站远动设备本身的状态监视的方式等。

远动规约的制定，有助于各个制造厂制造的远方终端设备可以接入同一个安全监控系统，同时还有助于制造设备工厂提高工艺质量，提高设备的可靠性，进而提高整个安全监控系统的可靠性。

目前，许多国际组织和权威机构（如 IEC、CIGRE、IEEE、EPRI 等）都在积极进行关于变电站自动化的标准制定工作。在我国的电网监控系统中主要采用两种类型的传输规约：① 循环式传输规约（Cyclic Digital Transmission，CDT）；②问答式规约（Polling）。CDT 规约采用时间早，使用最广泛。Polling 规约首先从引进项目中开始使用，由于 Polling 规约对通道结构的适应性好、功能丰富等优点，在国内正在逐步推广使用。

8.5.1　循环式传送规约（CDT）

CDT 规约适用于点对点的远动通道结构及以循环字节同步方式传送，同时还适用于变电站间以循环式远动规约转发实时信息的系统。CDT 规约是一个以厂站端为主动的远动数据传输规约。在调度中心与厂站端的远动通信中，厂站端周而复始地按一定规则向调度中心传送各种遥测、遥信、事件记录等信息。调度中心也可以向厂站端传送遥控、遥调命令以及时钟校对等信息。CDT 规约采用可变帧长度，多种帧类别循环传送、变位遥信优先传送，重要遥测量更新循环时间较短，区分循环量、随机量和插入量而采用不同形式传送信息，以满足电网调度安全监控系统对远动信息的实时性和可靠性的要求。

CDT 规约规定了主站和子站间可以进行以下信息的传送。

- 遥信。
- 遥测。
- 事件顺序记录（SOE）。
- 电能脉冲记数值。

- 遥控命令。
- 设定命令。
- 升降命令。
- 对时。
- 广播命令。
- 复归命令。
- 子站工作状态。

1. 规约传送要求

在远动信息传输中信息按其重要性来规定不同的优先级和循环时间，由此来确定循环传送的数据信息的先后。为了满足实时性的要求，规约对各类远动信息的优先级和传送时间作如下安排。

（1）上行（子站至主站）信息的优先级排列顺序和传送时间要求如下。

① 对时的子站时钟返回信息插入传送。

② 变位遥信、子站工作状态变化信息插入传送，要求在 1s 内送到主站。

③ 遥控、升降命令的返送校核信息插入传送。

④ 重要遥测安排在 A 帧传送，循环时间一般不大于 3s。

⑤ 次要遥测安排在 B 帧传送，循环时间一般不大于 6s。

⑥ 一般遥测安排在 C 帧传送，循环时间一般不大于 20s。

⑦ 遥信状态信息包含子站工作状态信息，安排在 D1 帧定时传送。

⑧ 电能脉冲计数值安排在 D2 帧定时传送。

⑨ 事件顺序记录安排在 E 帧以帧插入方式传送。

（2）下行（主站至子站）命令的优先级排列如下。

① 召唤子站时钟，设置子站时钟校正值，设置子站时钟。

② 遥控选择、执行、撤消命令，升降选择、执行、撤消命令、设定命令。

③ 广播命令。

④ 复归命令。

⑤ D 帧传送的遥信状态、电能脉冲计数值是慢变化量，以几分钟至几十分钟循环传送。

⑥ E 帧传送的事件顺序记录是随机量，同一个事件顺序记录应分别在 3 个 E 帧内重复传送。

⑦ 变位遥信和遥控、升降命令的返校信息以信息字为单位优先插入传送，连送三遍。对时的时钟信息字也优先插入传送，并附传送等待时间，但只送一遍。

2. 帧及帧结构

帧是由多个码元组成的，具有收发信号码及包含一定数据信息的连续脉冲。按照循环式远动规约规定，远动信息的帧结构如图 8-20 所示。

| 同步字 | 控制字 | 信息字 1 | ... | 信息字 n | 同步字 | ... |

图 8-20 循环式远动规约的帧结构

每帧信息都以同步字开头，并有控制字，除少数帧外均应有信息字。信息字的数量依实际需要设定，因此帧的长度是可变的。但同步字、控制字和信息字都由 48 位二进制数组成，字长不变。这三种字的排列规则是：字节自低向高，上下排列；每个字节里的位又自高到低左右排列，如图 8-21 所示。每一帧向通信信道发码的规则是：低字节先送，高字节后送，字节内低位先送，高位后送。

（1）同步字

同步字用以同步各帧，故列于帧首，它取固定的 48 位二进制数。CDT 循环式远动规约规定同步字位 EB90H，同步字符连续发 3 个，即 3 组 1110 1011 1001 000B。为了保证通道中的传送顺序，写入串行通信接口的同步字的排列格式是 D709H，如图 8-22 所示。图中字节由低 B1 至高 B6 上下排列，字节的位由高 b7 至低 b0 排列。

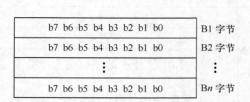

b7 b6 b5 b4 b3 b2 b1 b0	B1 字节
b7 b6 b5 b4 b3 b2 b1 b0	B2 字节
⋮	⋮
b7 b6 b5 b4 b3 b2 b1 b0	B*n* 字节

图 8-21 字节排列

D7H(1 1 0 1 0 1 1 1)	B1 字节
09H(0 0 0 0 1 0 0 1)	B2 字节
07H(1 1 1 0 1 0 1 1 1)	B3 字节
09H(0 0 0 0 1 0 0 1)	B4 字节
07H(1 1 1 0 1 0 1 1 1)	B5 字节
09H(0 0 0 0 1 0 0 1)	B6 字节

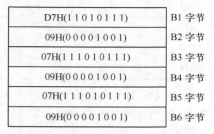

图 8-22 同步字排列格式

（2）控制字

控制字是对本帧信息的说明，共 6 个字节，它们是控制字节、帧类别、信息字数类 *n*，原站址、目的站址和校验码字节，如图 8-23 所示。其中第 2～第 5 字节用来说明这一帧信息属于什么类别的帧，包含多少个信息字、发送信息的源站址号和接收信息的目的站址号。

控制字的第一个字节即控制字节的前 8 位中，后 4 位固定取 0001，前 4 位分别为扩展位 E、帧长定义为 L、原站址定义为 S 和目的站址定义为 D，如图 8-24 所示。

控制字节	B7 字节
帧类别	B8 字节
信息字数 *n*	B9 字节
原站址	B10 字节
目的站址	B11 字节
校验码	B12 字节

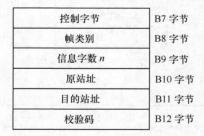

图 8-23 控制字

E	L	S	D	0	0	0	1

图 8-24 控制字节

扩展为 E：当 E=0 时，控制字中帧类别定义的代码取本规约已定义的帧类别，如表 8-1 所示。当 E=1 时，控制字中帧类别代码可以根据需要另行定义，已满足扩展功能的要求。

表 8-1　　帧类别代号定义表

帧类别代号	定义	
	上行 E=0	下行 E=0
61H	重要遥测（A 帧）	遥控选择
C2H	次要遥测（B 帧）	遥控执行
B3H	一般遥测（C 帧）	遥控撤消

续表

帧类别代号	定 义	
	上行　　*E*=0	下行　　*E*=0
F4H	遥信状态（D1 帧）	升降选择
85H	电能脉冲数值（D2 帧）	升降执行
26H	事件顺序记录（E 帧）	升降撤消
57H		设定命令
7AH		设置时钟
0BH		设置时钟校正值
4CH		召唤子站时钟
3DH		复归命令
9EH		广播命令

帧长定义位 L：当 *L*=0 时，表示本帧无信息字；当 *L*=1 时，表示本帧有信息字，信息字的个数等于控制字中信息字数 *n* 字节的值。

原站址 S 和目的站址 D：在上行信息中，*S*=1 表示控制字中源站址有内容，源站址字节即代表信息始发站的站号，即子站站号；*D*=1，目的站址字节代表主站站号。在下行信息中，*S*=1 表示源站址字节有内容，源站址字节代表主站站号；*D*=1 表示目的站址字节有内容，即代表信息到达站的站号；*D*=0 表示目的站址字节内容为 FFH，即代表广播命令，所有站同时接收并执行此命令。以上所述的上行信息和下行信息中若 *S*=0，*D*=0，则表示源站址和目的站址无意义。

（3）信息字

每个信息字由 6 个字节构成，其中功能码 1 个字节、信息、数据码 4 个字节和校验码 1 个字节，其通用格式如图 8-25 所示。功能码字节的 8 位二进制数可以取 256 种不同的值，对不同的信息字其功能码的取值范围不同。功能码的分配情况如表 8-2 所示。

图 8-25　信息字通用格式

表 8-2　　　　　　　　　　　　　　　功能码分配表

功能码代号	字数	用途	信息位数	容量
00H～7FH	128	遥测	16	256
80H～81H	2	事件顺序记录	64	4096
82H～83H		备用		
84H～85H	2	子站时钟返送	64	1
86H～89H	4	总加遥测	16	8
8AH	1	频率	16	2
8BH	1	复归命令（下行）	16	16
8CH	1	广播命令（下行）	16	16
8DH～92H	6	水位	24	6
93H～9FH		备用		

续表

功能码代号	字数	用途	信息位数	容量
A0H～DFH	64	电能脉冲计数值	32	64
E0H	1	遥控选择（下行）	32	256
E1H	1	遥控返校	32	256
E2H	1	遥控执行（下行）	32	256
E3H	1	遥控撤消（下行）	32	256
E4H	1	升降选择（下行）	32	256
E5H	1	升降返校	32	256
E6H	1	升障执行（下行）	32	256
E7H	1	升障撤消（下行）	32	256
E8H	1	设定命令（下行）	32	256
E9H	1	备用		
EAH	1	备用		
EBH	1	备用		
ECH	1	子站状态信息	8	1
EDH	1	设置时钟校正值（下行）	32	1
EEH～EFH	2	设置时钟（下行）	64	1
F0H～FFH	16	遥信	32	512

信息字可以分为上行信息和下行信息字。从表 8-2 可以看到，上行信息包括遥测、总加遥测、电能脉冲计数值、事件顺序记录、水位、频率、子站时钟返回和子站状态信息等。下行信息包括遥控命令、升降命令、设定命令、复归命令、广播命令、设置时钟命令和设置时钟校正值命令等。不同的信息字除功能码取值范围不同外，信息字中第 2～第 5 字节（信息数据字节）的各位含义也不一样。

3. 循环式规约的特点

① 数据传送以现场端为主，RTU 自发的不断循环上报现场数据给主站。

② 数据格式在发送端与接收端事先约定好，按时间顺序首先发送起始同步字，然后依次发送控制字和信息字，如此周而复始，连续循环发送。

③ 为了满足电网调度安全监控系统对远动信息的实时性和可靠性的要求,按远动信息的特性划分为多种帧类别，分为 A、B、C、D、E 帧 5 种类别，按帧传送。

④ 重要数据发送周期短，实时性强，一般数据发送周期长，实时性差，遥信变为优选插入传送，大大提高了事故传送的响应速度。

⑤ 帧的长度可变，多种帧类别循环传送，重要遥测量更新循环时间较短。

⑥ 循环式规约采用信息字校验的方式，将整帧信息化整为零，当某个字符出错时，只需丢弃相应的信息字即可，而其他校验正确的信息字就可以接收处理，大大提高了传输数据的利用率。

⑦ 循环式规约可以传送 512 路遥信量和 256 位遥测量。

⑧ 循环式规约允许多个从站和多个主站间进行数据传输。

8.5.2 问答式传输规约

国际电工委员会（IEC）为变电站自动化系统制定了传输规约标准 IEC 60870-5-103 和 IEC 61850 变电站网络和系统标准。103 的规约有两部分内容，即兼容范围和通用服务。兼容范围的功能包括：初始化、时间同步、总召唤、控制、扰动数据传输、监视方向的闭锁；兼容范围定义了各种类型标识、信息元素、应用服务数据单元和传输过程，并定义了比较通用的一些继电保护信息和测量值。通用服务采用由各个间隔层单元自我描述和自我定义的方法，对要求传输的信息进行定义。在初始化的时候，将这些信息传输给变电站的主站，这样变电站的主站和各个间隔单元就完全确定了所要求传输的信息的全部内容和含义，用不着由传输规约来定义所要求传输的信息，而且只需要有 4 种通用的应用服务数据单元就可以传输任何所要求传输的信息。在变电站自动化系统中采用局域网之后，就需要采用 IEC61850 标准，但 IEC60870-5-103 仍然有效。将数据按照 IEC60870-5-103 的应用服务数据单元的格式组织好。

1. 问答式规约的特点

问答式传输规约的主要特征是调度端主动地按照顺序发出"召唤代码"，变电站响应后才上传本站信息。问答式传输规约规定遥控过程如下所示。

① 由主站向 RTU 发送一个遥控对象、性质的选择命令。

② 由 RTU 向主站返送一个返送校验码。

③ 主站向 RTU 发送一个执行命令。

④ RTU 向主站报告一个正确接收的确认信号。

问答式规约适用于网络拓扑结构为点对点、多个点对点、多点共线、多点环形和多点星形网络配置的远动系统中，可以是双工和半双工的通信。问答式传输规约规定了电网数据采集和监视控制系统中主站和子站之间以问答方式进行数据传输帧的格式、链路层的传输规则、服务源语、应用数据结构、应用数据编码、应用功能和报文格式。

分站的远动数据种类不一，可按其特性和重要程度加以分类，对于重要的、变化快的数据、分站应重点监视，采样扫描周期应短一些；对于不重要的变化缓慢的数据，采用扫描周期可以长些。分站可提供几种类别的扫描周期，主站在需要时可以向分站查询这些类别的数据。为了提高效率，通常遥信采用变位传送，遥测采用越阈值，即越死区传送。因此，对遥测量需要规定其死区范围。由于遥测量配有数字滤波，因此，还要规定滤波系数，对扫描周期、死区范围也应规定。

问答式规约的特点是 RTU 有问必答，当 RTU 收到主机查询命令后，必须在固定时间内应答，否则视为本次通信无效；RTU 无问不答，当 RTU 未收到主机查询命令时，绝对不允许主动上报信息。

2. 问答式规约的优点

① 问答式规约允许多台 RTU 以共线的方式共用一个通道，这样有助于节省通道，提高通道占用率，对于区域工作站和为数众多的 RTU 通信情形比较适合。

② 问答式规约采用变化信息传送策略，从而大大压缩了数据块的长度，提高了数据传送速度。

③ 问答式规约既可以采用全双工通道，也可以采用半双工通道，既可采用点对点方式，又可以采用一点多址或环形结构。

8.5.3　循环式传输规约与问答式传输规约的比较

①　循环式传输规约只适应点对点的通信，所以在网络拓扑结构为点对点的时候才能使用循环式传输规约；问答式传输规约可以在多种类型的网络拓扑结构中应用，如点对点、多个点对点、多点环形、多点星型等多种通道结构。

②　循环式传输规约传送信息时，必须始终占用调度中心和变电站之间的通信信道；由于问答式传输规约只在需要传送信息时才能使用通信信道，因此，允许多个 RTU 分时共享通信信道资源。

③　采用循环式传输规约以变电站端为主动方，变电站远传信息连续不断地送往调度中心，变电站的重要信息能及时插入传送，调度中心只发送遥控、遥调等命令；采用问答式传输规约时，调度中心是主动方，包括变为遥信等在内的重要远传信息，变电站只有接收到询问后，才向调度中心报告。

④　循环式传输规约在通信信道上连续发送信息，某远传信息没有传送成功时，可以在下一次传送中得到补偿，信息刷新周期短，因而对通信信道的质量要求不高；问答式传输规约传送信息时是仅当需要时传送，即使选用了防止报文丢失和重传技术，对通道的质量要求仍比循环式高。

⑤　采用循环式传输规约数据采集以变电站为中心；而问答式传输规约的采集信息中心已延伸到调度中心，数据处理比循环式规约简单，可在更大的范围内控制电网运行。

⑥　采用循环式规约信息发送方不考虑信息接收方接收是否成功，仅按照规定的顺序组织发送，通信控制简单；采用问答式规约时信息发送方要考虑接收方的接收是否成功，采用信息丢失以及等待-超时-重发等技术，通信控制比较复杂。

8.6　变电站综合自动化系统的通信网络

8.6.1　局域网信息传输

局域网（Local Area Networks，LAN）是把多台小型、微型计算机以及外围设备用通信线路互联起来，并按一定的网络通信协议实现通信的系统。从硬件的角度看，局域网（LAN）是传输介质、网卡、工作站、服务器以及其他网络连接设备的集合体；从软件角度看，LAN 由网络操作系统（Network Operating System，NOS）统一协调、指挥，提供文件、打印、通信和数据库等服务功能；从体系结构来看，LAN 由一系列层次的服务和协议标准来定义。在该系统中各计算机既能独立工作，又能交换数据进行通信。

LAN 标准主要由 IEEE802 委员会制定，并得到国际标准化组织 ISO 的采纳。相对于广域网，LAN 的基本特征有下列三方面：覆盖范围距离一般在 0.1km～25km 之间不等；数据传输速率高；误码率极低。

与局域网相关的基本术语主要有以下几个。

①　节点。有两种，一种是转接节点，支持网络的连接，通过连接的链路来转接信息，如集中器、转接中心等；另一种是访问节点。除了连接的链路以外，还有计算机和终端设备，也称为端点。

② 链路。是两个节点之间承载信息流的线路或信道。单位时间内可以连接的最大信息量，称为链路容量。通常链路有电话线路、光缆、微波连接等。

③ 主机。负责处理数据和网络控制，同时还执行网络协议。

④ 终端。是用户进行网络操作时使用的设备。

局域网的典型拓扑结构有星型（star）、环型（ring）、总线型（bus）和树型（tree）等 4 种，如图 8-26 所示。

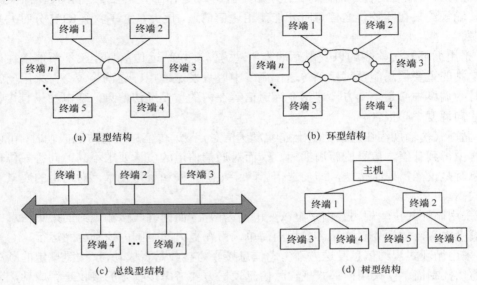

（a）星型结构　　　　　　　　　　　　（b）环型结构

（c）总线型结构　　　　　　　　　　　（d）树型结构

图 8-26　局域网的典型拓扑结构

1. 星型拓扑结构

以中央节点为中心，然后均以单独的链路使处理中心与其他工作站相连，这种形式又称集中式网络。星型结构的优点有：控制方式简单；任何一个非中心节点故障只影响一个设备，不会影响全网；由于每个节点都直接连接到中央节点，易检测和隔离故障，可方便地将故障节点从系统中删除，所以便于集中控制和故障诊断；访问协议简单。星型结构的缺点有：通信依赖于中央节点，中央节点故障时会使其全系统瘫痪；如果通信量增加并要求高速通信时，中央节点将成为瓶颈，而如果采用双机冗余来提高可靠性，则增加系统的复杂程度和成本，故通道利用率低，不易扩展。

在电力系统中，采用循环式规约的远动系统的调度端和各厂、站端的通信拓扑结构就是星形结构。

2. 环型拓扑结构

各个收发器接成环形，信息在连接的环路中传送时，必须穿过接于环路中各个节点的通信控制处理机，只有信息流中的目的地址和某个通信控制处理机在环路中的地址相同时，信息才被接收。在环型网络中，接于环路中的任何模块都可以请求发送信息，其请求一旦被批准后，即可向环路发送信息，信息按环路设计流向流动，且串行地穿过环路中各个节点。

环型结构的优点有：传输速率高，可采用光纤，环形拓扑是单方向传输，光纤传输介质十分适用；可采用多种传输介质，因为网上是一个节点与一个节点连接，同一个环上的不同节点间可用不同的介质连接，传输速率也可不同。环形结构的缺点有：可靠性差，某个节点故障会阻塞信息通路，引起全网故障，为了提高可靠性，必须找出故障部位加以旁路，才能恢复环网通信；故障诊断困难，因某一节点故障，会使全网不工作，难以诊断故障，需对每个节点进行检测；不易重新配置网络。

3. 总线型拓扑结构

各个工作站均挂在一条总线上，各工作站地位平等，无中心控制节点。总线大多采用一根同轴电缆、双绞线或扁平电缆，两端用终接器作阻抗匹配，以防信号反射。总线型拓扑结构的重要特征是采用广播式多路访问方法。只要总线空时，任何一个有信息发送权的节点，都可以发送信息。在信息发送前，先发送一个询问信息，询问信息中含有被询问的目的节点地址。它连同信息一起送到总线上，总线上的所有节点的接收器，接收这些信息，并送到节点鉴别器。当识别出是本节点地址后，即设置本点为工作状态，进入接收信息状态。此方式结构简单，可靠性高，扩充方便，是局域网中最为流行的一种拓扑形式。在实用中，采用集线器、以太交换机来连接计算机，其结构从物理上看类似星形结构，但其逻辑结构仍然是总线形拓扑。

总线型网络结构的故障诊断和故障隔离困难。由于总线拓扑型不是集中控制，故障检测必须在网上各站点进行，如果故障发生在传输介质上，则整个段总线都要切除。所有站点共享一条公用的传输总线，一次只能由一个设备传输信息，需要有一种访问控制策略来决定哪一个站可以发送，所以接在总线上的站点要有介质访问控制功能。

4. 树型拓扑结构

树型拓扑结构是分级的集中控制式网络，结构就像树权似的，在分布式 LAN 中较流行。与星形相比，通信线路总长度短，成本低，扩充性能好，寻址方便，但是任一节点或其连的线路有故障时就会影响整个系统。这种结构较适合多监测点的实时控制和管理系统。当前，在企业网、校园网中常以以太路由交换机和集线器（Hub）组成树型拓扑结构。

局域网广泛应用的典型传输介质有双绞线、同轴电缆、光缆以及无线、微波和红外线等，也可采用无线信道。双绞线一般用于低速传输。双绞线传输距离较近，但成本较低。同轴电缆可满足较高性能的要求，与双绞线相比，同轴电缆可连接较多的设备，传输更远的距离。

8.6.2　现场总线通信方式

现场总线是应用在生产现场、微机化测量控制设备之间实现双向串行多节点数字通信的系统，也被称为开放式、数字化、多点通信的控制网络。以现场总线为基础的现场控制层，其网段与工厂现场设备连接，是工厂信息网络集成系统的底层，所以说现场总线是工厂底层网络。

现场总线技术将专用微处理器置入传统的测量控制仪表，使它们各自都具有了数字计算和数字通信能力，采用可进行简单连接的双绞线等作为总线，把多个测量控制仪表连接成的网络系统，并按公开、规范的通信协议，在位于现场的多个微机化测量控制设备之间以及现场仪表与远程监控计算机之间，实现数据传输与信息交换，形成各种适应实际需要的自动控制系统。简而言之，它把单个分散的测量控制设备变成网络节点，以现场总线为纽带，把它们连接成可以相互沟通信息、共同完成自控任务的网络系统与控制系统。现场总线使自控系统与设备具有了通信能力，把它们连接成网络系统，加入到信息网络的行列。

现场总线控制系统既是一个开放通信网络，又是一种全分布控制系统。它作为智能设备的联系纽带，把挂接在总线上作为网络节点的智能设备连接为网络系统，并进一步构成自动化系统，实现基本控制、补偿计算、参数修改、报警、显示、监控、优化及控管一体化的综合自动化功能。这是一项以智能传感器、控制、计算机、数字通信和网络为主要内容的综合技术。

采用现场总线，实现了控制系统的综合管理和自律分散控制。

① 现场仪表具有综合管理功能。使用现场总线不但可以传输采集的信息值，而且还可以传输很多用于设备管理的信息。所以，现场仪表能够实现更多的功能，例如，具有温度压力校正的现场总线流量变送器，具有阀门流量特性补偿的现场总线阀门定位器等。

② 系统控制功能的自律分散。现场仪表具有高层次功能，在某种程度上承担了系统仪表的控制功能。这样就有利于实现现场仪表控制功能的自律分散化，以便进一步提高整个系统的可靠性。

③ 系统控制功能的下移。随着现场仪表的高功能化以及控制功能的分散化，今后系统仪表的部分控制功能可能会向下移动，进入现场总线仪表，例如，PID 控制功能既可以在现场仪表中实现，也可以在系统仪表中实现，根据不同的控制对象，用户可以自由选择。当控制回路之间的关联密切、需要协调时，可以将 PID 控制功能放在系统仪表中实现；相反，当控制回路之间的独立性较强时，可以将其放在现场仪表中实现。现场总线通信方式正在向国际标准化推进，标准化确保了互操作性的实现。不同厂家的设备可以混合使用，控制系统的组成较自由。

现场总线是现场仪表所采用的双向数字通信方式，随着技术的发展和企业自动化水平的提高，将有可能取代目前现场仪表广泛使用的 4～20mA 标准模拟信号传输方式，其具有以下特点。

① 一根双绞线可连接多台设备，从而减少导线数量，降低配线成本。

② 由于采用数字传输方式，可以实现高精度的信息处理，提高控制质量。

③ 由于实现了多重通信，除了可以传送过程变量 PV、控制变量 MV 之外，还传送大量的现场设备管理信息。

④ 现场仪表之间可以通信，实现了现场仪表的自律分散控制。

⑤ 由于现场总线仪表具有互操作性，不同厂家的仪表可以自由组合，为用户提供了更广泛的选择余地。

⑥ 实现了测量仪表、电气仪表、分析仪表的综合化。

⑦ 在控制室就可以对现场仪表进行调试、校验、诊断和维护。

目前几种有影响的现场总线有：基金会、LonWorks、PROFIBUS、CAN、HART 等现场总线，均已得到广泛应用。

不同的现场总线，具有不同的体系结构，但一般都分为不同的层次，每个层次具有不同的具体含义。如基金会现场总线定义了 3 个层次。

① 物理层。定义信号如何发送，其从上层接收编码信息并在现场总线传输媒体上将其转换成物理信号，亦可以进行相反的过程。

② 通信层。定义设备间网络如何被共享和调度，它控制信息通过物理层传输到现场总线，同时通过链接活动调度器（用来规定确定信息的传输和批准设备间数据的交换）连接到现场总线。并且此层负责对用户层命令进行编码和解码。

③ 用户层。定义了一个利用资源模块、转换模块、系统管理和设备描述等技术的功能模

块应用过程。其中如资源模块定义了整个应用过程（如制造标识，设备类型等）的参数；功能模块浓缩了控制功能（如 PID 控制器、模拟输入等）；转换模块表示温度、压力、流量等传感器的接口。

　　变电站综合自动化系统的体系结构从早期的面向功能（按保护、监控等若干个相对独立的子系统，每个子系统有自己的输入和输出设备）向着面向对象（一次设备）将保护、测量集成在一起的方向发展。变电站自动化系统需要在变电站各种二次设备及其他相关智能设备之间进行信息交换、共享，这就决定其信息传输的多元性和复杂性。这种多元性不但表现为信源各异，信息构成多变，传输要求也是多样的。从通信角度看，变电站自动化系统应具有高度的开放性、可互操作性、现场适应性。现场总线在技术上满足上述要求。

　　建立在现场总线基础上的变电站自动化系统中，智能设备自身具备不依赖于主控或站级的独立测量控制能力，在完成测控功能上，它们是彻底分散的，而实时可靠的数据交换和信息共享，在更高的层次上将各种设备连接起来，促进了变电站信息的集中分析和综合处理。

本 章 小 结

　　本章主要介绍变电站综合自动化系统的数据通信的基本概念和相关问题。

　　综合自动化系统的数据通信系统由信源、信道以及信宿组成。重点介绍了数据通信的传输方式及调制方法。实现调制与解调的方法主要包含 3 种：幅度调制、频率调制和相位调制。

　　变电站综合自动化系统的数据通信主要包括两方面的内容：综合自动化系统内部各子系统间的通信和变电站与远方控制中心的通信。变电站综合自动化系统对通信系统要求包括具备快速的响应能力、良好可靠性、优良的电磁兼容性能、分层式的结构等。介绍了适合变电站远传信息的相关通信线路以及变电站综合自动化数据通信接口。

　　了解两种变电站的传输规约：循环式规约以及问答式规约。

习　　题

　　1．什么是基带数字信号？采用基带数字信号传输适用哪些场合？

　　2．电力系统远动通信系统由哪几部分组成？为什么要对传输信号进行调制和解调，其有什么作用？

　　3．为什么要对信息传输进行差错控制？其控制的方式和途径有哪些？

　　4．电力系统远动通信规约有哪几种？各有什么缺点？

　　5．电力系统通信信道有哪几种形式？各适用于哪些场合？

　　6．为什么需要调制，有哪几种调制方式，分别简述其工作原理？

　　7．什么叫并行通信和串行通信？它们各自有何优缺点？其适用场合是什么？

　　8．简述数字通信模型及其优点。

　　9．载波通信的优点有哪些？简述其原理。

第9章　变电站综合自动化系统的可靠性

变电站的各类保护和控制系统是计算机控制的综合自动化系统，这与过去传统的保护和控制装置相比，是一次技术上的革命。但是计算机综合自动化系统现在面临的一个问题就是各种干扰的问题。因为计算机综合自动化系统在运行中面对的是非常复杂的高电压、强电场电磁环境，既有大电流造成的磁场干扰，又有高压设备造成的电场干扰。这其中有大电流流经接地装置时由地电位差引起的地电位干扰，电网中一些非线性铁磁元件和整流设备产生的谐波干扰，还有在雷击时由雷电过电压产生的雷电过电压干扰，雷电过电流干扰，静电干扰，电网中开关操作产生电弧重燃和过渡过程干扰以及电网中各种过电压干扰。而微机保护和综合自动化系统的计算机则比较脆弱，对干扰具有敏感性。这些干扰会对计算机监控设备的取样回路、控制回路、电源和通信回路造成影响。随着变电站一次系统电压的升高、容量的增大，电磁干扰就更加严重。

本章将从电磁干扰产生的原因及后果、抗电磁干扰的措施和自动化系统本身的纠错与故障诊断等方面讨论提高变电站综合自动化系统的可靠性措施问题。

9.1　变电站综合自动化系统的可靠性问题

随着电力系统自动化水平的提高，变电站内采用的弱电设备及系统越来越多，如数据采集系统、通信系统、控制和继电保护系统等。变电站的二次系统处在一个强电磁环境中，工频电流、电压和系统短路故障、开关操作、雷电侵扰、交直流混联以及多种放电现象等通过不同途径引发的各种干扰，将不可避免地影响二次系统的正常工作。所谓变电站综合自动化系统的可靠性是指综合自动化系统内部各子系统的部件、元器件在规定的条件下、规定的时间内完成规定功能的能力。例如微机保护子系统的可靠性通常是指在严重干扰情况下不误动、拒动；远动子系统的可靠性通常以平均无故障间隔时间来表示。

目前变电站综合自动化系统已向数字化、集成化和高速化发展的二次系统方向发展，其工作电压已经降到0～5V，其对外界的干扰的敏感度远大于传统的控制设备，同时微机保护和自动化装置，经信号电缆和电源线等与一次侧相连，使它们极易受到干扰。如果某一环节出现问题，这些干扰就会对综合自动化系统造成较大的危害，比如会使逻辑混乱、计算机死机、芯片损坏、保护误动等，严重时会危及到发电机、变压器等一些主设备。在我国电力系统中，开关操作、雷电、辐射电磁场等原因引起的干扰事件屡有发生，其结果造成保护装置误动、自动化设备不能正常工作，甚至造成元件和设备的损坏等。针对在综合自动化系统中因干扰信号所带来的问题，目前主要采用提高综合自动化系统可靠性的措施，如下所示。

① 采用电磁兼容技术设计变电站一次和二次的自动化系统，提高系统整体的抗干扰水平。

② 选用高质量的原件、合理的制造工艺和屏蔽与隔离技术，从装置和原件选择上减少故障和错误出现的几率。

③ 采用微机自动检测技术，对系统的运行情况进行自动判断，一旦有故障情况发生，立即报警并自动闭锁装置，防止装置误动。

④ 采用容错设计方式，利用冗余的设备保证装置不间断地在线运行。

9.2 电力系统电磁兼容的基本概念

9.2.1 差模干扰及共模干扰

判别干扰的性质是消除干扰的关键所在。按照电磁干扰的模式，可将干扰分为差模干扰和共模干扰。

1. 差模干扰

差模干扰定义为出现在一组规定的导体系统中任意两点之间的电压，它在线路上产生反相位的电流。在图 9-1 中的电压 u_D，i_D 分别为差模干扰电压、电流，它们与信号电压 u_S 或负载电流 i_z 相串联。差模干扰电压、电流多数由同一线路中的电动机、晶闸管、开关电源等引起，一般频率较低，也有少数来自空间的电场和磁场的耦合。

存在差模干扰时，干扰电压差动出现在两个信号线之间，与所加信号相同的方式存在于信号灵敏电路中。它可由如下原因产生。

① 静电感应：每个信号线与周围环境的电容不同。

② 电磁感应：磁场与每个信号线的链接不同。

③ 共模干扰转换为差模干扰。

差模干扰主要通过与传输信号相同的通道而耦合进入信号通道。除了信号通道本身，干扰电流没有电流通道存在。差模干扰可以由共模干扰向差模干扰转变而产生，干扰的整个幅值耦合进入系统。差模干扰通常具有不同于传输信号的频率特性。在两线系统中，每个导线的正常信号电流一般具有相同的幅值和相反的相位。差模干扰电流同样是幅值相等，但方向相反。差模干扰将比共模干扰更能引起设备误动作。

2. 共模干扰

共模干扰是指出现在每个导体与参考点（通常为地或机架）之间的电压和电流，它在线路上产生同相位电流。共模干扰如图 9-2 所示。在图 9-2 中的 u_C 和 i_C 为共模干扰电压、电流，它们是对地的；u_S 为工作电源，Z_S 为电源内阻，Z 为负载，i_z 为负载电流。共模干扰大多来自雷电、大功率辐射，并通过对空间电、磁场的耦合。

共模干扰表现为出现在每个信号线对地的干扰电压相等。共模干扰可以由下面的一个或两个原因产生。

① 静电感应：所有信号线与周围环境之间的电容相同，出现在两根信号线上的干扰电压相同。

② 电磁感应：与每个信号线相连的磁场相同，出现在每个信号线上的干扰电压也相同。

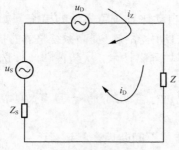

图 9-1　差模干扰

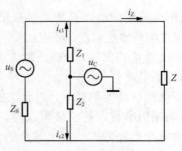

图 9-2　共模干扰

共模干扰至少从一个端点引入信号通道。设备底座如果没有从电路网络分隔开，则一般是最常见的一个端点。共模电路经常是由于接地点之间或导线对地电信号之间的电位差引起的。共模干扰不直接作用在接收器上，但共模干扰转换到差模干扰将引起信号误差。施加在不平衡电路上的纯共模冲击将产生一个差模冲击。在两导线的线路上，感应在每根导线上的共模干扰电流幅值或多或少不相等。

外电磁场可以在回路的任意处产生感应电流和电压，同时出现共模和差模干扰。从以上的分析我们可以知道差模干扰是串联在回路中的，由它产生的电流是负载电流 i_z 叠加的，在回路中的"来"、"回"通路中产生大小相同、方向相反的电流。共模干扰是并联在电路的任意一点与地之间的，在电路里的"来"、"回"通路中产生的同方向的电流。显然，要消除这两种干扰对负载的影响应采取的措施是完全不同的。在进一步分析清楚干扰的频率范围之后，就可采用适量的电容并联在接地点处或机架上以分流掉共模干扰电流。对高频电路，要使用无引线的电容（插脚式电容），以避免引线电感。对差模干扰则应在回路中串联适合的电感以阻挡它对负载电流的影响。大的共模干扰电压有可能在信号线和外壳或线路中心点引起表面闪络，甚至造成永久性的损害。

3. 共模与差模之间的转换

大部分的传导干扰（通过电路直接连接）都与输入、输出电路中存在共模电流有极大的关系。在频率较高或者线路来往阻抗不相等的情况下，不同路径的共模电流会在阻抗两端产生不相等的电压，这个电压就构成了在负载上的差模电流。另一种常见的共模与差模的转化出现在电缆上。在电缆外皮中的干扰电流会通过转移阻抗反映到各路负载的芯线中。外电磁场感应在外皮与地之间的电压以及外皮上的电流都属于共模性质，但是通过转移阻抗的作用影响到电缆芯线上的电压、电流就直接与负载电流相叠加，影响到工作性能。要减小这种干扰，应尽量减小电缆与地面之间构成的回路面积，以减小外电磁场感生在电缆皮上的共模电流。

由于电缆有寄生电感和电容，它们构成了振荡回路，所以电缆皮上的感应电流有"振铃"现象，其振荡的主频率 f_0 对应的波长一般是电缆长的 2 倍。由此振荡电流耦合到芯线中的电流也有振荡现象。可以根据此振荡频率的数值，加以判别干扰源的频率范围以及来源。

不论是辐射还是传导的干扰信号都可能串到公共的电源线中。电源线外皮中的杂乱电流通过转移阻抗再影响到相关的部分。这也就是为什么说实际上传导干扰的比例大于辐射干扰。在电源线上装滤波器件尤为重要。

9.2.2　电磁干扰的传导路径

在高压变电站，有多种渠道将电磁干扰源和受干扰的二次回路或二次设备连接起来。耦合渠道包括传导、电容耦合、电感应耦合和辐射。虽然在理论上可以把不同方式的耦合机理明确地区分，但实际上，被干扰设备接收的电磁干扰水平往往源于集中耦合方式产生的综合效应。在不同的环境和不同的使用条件下，确定干扰路径是比较困难的。如果能具体辨别出干扰路径，电磁兼容问题就比较容易解决了。下面简单地对电磁干扰的传导路径做一下介绍。

1. 直接耦合

传导是指经过金属线路的传输，其途径可分为电阻传输、电感传输和电容传输。传导直接耦合干扰的传输要求在干扰源及敏感设备之间有完整的电路连接，包括导线、供电电源、公共阻抗、设备机架、金属支架、接地平面、互感或电容等。即使共用一个返回通路，将两个电路直接连接起来，也会发生传导性直接耦合。直接耦合或金属性耦合是经常出现的。如果两个电流回路具有共同的阻抗 z（可以是简单的一段导线，一个耦合阻抗或一个两端网络），就会产生直接耦合。

如图 9-3 所示，工作单元 1（干扰者）中的电流在共有阻抗 Z 中产生一个电压降，叠加在工作单元 2（被干扰系统）的有用信号上。在这个简单的等值回路中，阻抗 Z 上引起的干扰可以是共用引线、共用地线等。显然，当两个回路的功率比相差不大时，回路 II 的电流也在回路 I 中造成干扰。

解决经内阻耦合的方法主要如下。

① 降低电网内阻抗，如减小引线距离、用双线绞合等。

② 提高工作单元的供电电压。

③ 在工作单元入口装设容量大的支撑电容器，减小快速开关过程中出现短时大电压变化产生的电压降落。

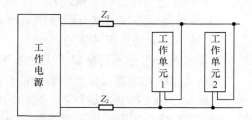

图 9-3　经共同的阻抗耦合

④ 对功率消耗不相同的工作单元，分开设立单独的供电回路，减小大功率元件对小功率电源电压的影响，也相当于减小了小功率工作电源电压的波动。

接地线引起的耦合是多电流回路经共用地线的电耦合。图 9-4 是两回路共用地线示意图。共用接地线是电磁干扰发生的最经常的原因。在实际应用中，有非常多的装置都会通过杂散电容而形成双边回路接地。为了防止共用地线上电压对测量值的影响，所有仪器的接地线必须接在同一个接地点。

2. 电耦合

处于不同电位的两个电流回路之间会发生电场或电容的耦合。电场耦合发生在低阻抗电路中。导体上的交流电压产生电场，这个电场与临近的导体耦合，并在其上感应出电压。敏感设备上感应的电压如下所示

$$V = C_c * Z_{in} * dV_L / dt \qquad (9-1)$$

其中，C_c 是耦合电容，Z_{in} 是受害电路的对地输入阻抗。假设耦合电容阻抗远远大于电路阻抗。噪声是以电流源形式注入的，其值为 $C_c * dV_L / dt$。C_c 的值与导体之间距离、有效面积以及有无电屏蔽材料有关。电场耦合示意图如图 9-4 所示。

在图 9-4（a）中，在 220V 的引线和回路 2 的引线之间存在一个电场，其影响可以用图 9-4（b）的等值回路中的杂散电容 C_1 和 C_2 来描述。由于杂散电容的存在，因此在两个回路中间一定会存在耦合。工频电压经杂散电容提供了交流电流，再经共有的接地回到电源中性线内。经 C_1 的电流在回路 2 的发射机和接收机的 Z_S 和 Z_E 上产生电压降，此电压降作为干扰电压叠加在有用信号上。减少线路 1 对线路 2 的干扰措施可以采用减少杂散电容并屏蔽线路

2 的方式。一个理想的屏蔽作用的先决条件如下。

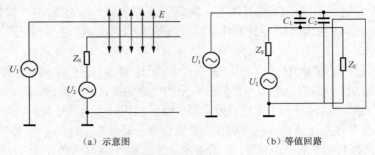

（a）示意图　　　　　　　　　（b）等值回路

图 9-4　电场耦合示意图

① 屏蔽层应是无电感的良导体，屏蔽层两端的阻抗为零，即使线路 1 经杂散电容向线路 2 注入电流，电流也会经屏蔽层注入大地。

② 屏蔽层对芯线的耦合阻抗应减小到可以不计。

③ 减小屏蔽层的容性渗透。

在很多场合以上的屏蔽条件无法实现，只能做到尽可能地屏蔽。

电路模型中的电耦合以电容器为耦合阻抗，称为电耦合。强电回路与弱电系统靠得越近，平行段越长，静电耦合就越严重。当回路中存在集中电容设备（如电容式互感器、耦合电容）时，则强电回路的暂态电压更容易通过电容耦合方式传到弱电系统中去。电容耦合通常只对高阻接收器起作用，如空载状态下的示波器、高阻音响放大器等。当与信号源连接后，由于与电源内阻并联成低电阻后，干扰将大大下降，因此，只在接收机空载时，输入端才出现这种现象。

3. 磁耦合

在两个或多个环路之间，当一个回路有电流时，会对另一个回路发生磁感应的耦合，称为磁耦合。

交流电流在导体中流动会产生磁场，这个磁场将与相邻的导体耦合，在其上感应出电压，磁场耦合用两个环路之间的互感表示。这样感应的电压由式（9-2）计算。

$$V = -M * \mathrm{d}I_l / \mathrm{d}t \tag{9-2}$$

其中，M 是互感，取决于干扰源和敏感设备的环路面积、方向、距离以及两者之间有无磁屏蔽。通常相互靠近的短导线之间的互感在 $0.1 \sim 3\,\mu\mathrm{H}$ 之间。此外，两个电路之间有无直接连接对磁场耦合没有影响，并且无论两个电路对地是隔离还是连接，感应电压都是相同的。

在图 9-5 中，如不考虑电的耦合，在回路 1 流过的电流将产生交变磁场 H，H 交链回路 2，在回路 2 中感应出电压，与有用的信号相加，如图 9-5（a）所示。回路 I 对回路 II 的作用，在等值回路中用互感或感应电压表示，如图 9-5（b）所示。

磁耦合是一个电路产生的磁场对另一回路产生的电感性耦合，它是由干扰源与被干扰对象之间的互感所引起的，是由干扰源的电流所决定的。当强电回路有大电流通过时，必然在其周围产生大的磁场，从而在其附近的弱电回路上感应出干扰电压。特别是在电力系统操作或发生事故的情况下，强电回路中的电流产生突变，将会引起强烈的电磁感应。如隔离开关操作一个回路时，产生多次重燃的电弧，在高压线路上产生相应的电流脉冲。这种脉冲为高频，会对邻近的弱电系统引起强干扰，是变电站的主要干扰源。

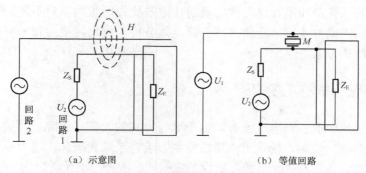

（a）示意图　　　　　　　　　（b）等值回路

图 9-5　磁耦合示意图

任何系统的电路都存在闭合回路。闭合回路接收到的干扰电压的幅值，除与干扰源的强度有关外，还与回路几何面积包含的磁通量成正比。两回路间的作用原理，基本上与变压器作用原理类同，即使干扰源回路是直流电路，当它被接通或切断时，也会产生一个变化的磁场。综上，可以有如下的防范磁干扰的措施：

① 缩短导线的平行段。

② 增大回路间的距离。

③ 回路正交放置。

④ 绞紧回路 2 的导线，即减小磁通量。

⑤ 将回路 2 屏蔽起来。

⑥ 放置补偿导线。

绞紧导线是最经济和有效地减小感应电压的措施。如果因绝缘要求使保留的距离仍然很大而出现了干扰电压，则可引入附加屏蔽作为进一步的抗干扰措施。

4. 辐射耦合

电磁辐射是干扰源将能量以电磁波的形式向周围空间发射出去。这个干扰源可以对任何的载流体产生干扰，例如一根信号线、一根电源线甚至是一根接地引线，但是对于无线电发射装置则是由专门设计的各种天线来发射电磁波的。一根导线流过高频电流，它的周围空间就会产生交变的电场和磁场。

辐射干扰是干扰源系统产生的电磁干扰辐射能量，通过空间电磁被的形式传播到弱电系统中产生的干扰。我们将辐射耦合概念限制在无线电范围内，被干扰的接收系统处于干扰源产生的辐射场的范围内，电场和磁场同时出现，通过自由空间的波阻抗相联系，如图 9-6 所示。

输电线路电晕和某些部位放电时，会向空中辐射电磁波。无线电辐射耦合是以电磁波传播形式进行能量传播的。耦合电压和电流的情况具有特殊性。虽然按波阻抗端研究，但在导线上还是因共模量的多次反射形成严重的行波振荡。使用屏蔽电缆可减少干扰的影响，但投射到表面的直达波和反射波的叠加场还会使屏蔽线流过电流，借助耦合阻抗的概念，可以知道对电缆芯线的影响。

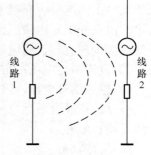

图 9-6　辐射耦合

需要指出：干扰路径可以是单一路径，也可以是多种路径，有时含有多个并联的耦合机制，实际中多数情况是多种耦合同时存在或平行作用的。一个自动化系统的电磁干扰可以从多条路径渗入。对干扰源和干扰路径作明确的认定是比较困难的。对不同的干扰源和干扰路径应采取不同的抗干扰方式，一定要具体问题具体分析，找出主要问题来解决，切不可死记硬背、片面套用解决方案。

9.3　变电站电磁干扰的主要来源

在同一电力系统中的各种电气设备，由于运行方式的改变、故障、开关操作等引起的电磁振荡会波及很多电气设备，使其工作特性受到影响甚至遭到破坏。电力系统电磁干扰主要表现在一次与一次设备之间、一次和二次设备之间、二次和二次设备之间，包括工频、谐波、冲击和高频振荡。变电站和发电厂本身是一个强大的电磁干扰源，在正常和故障情况下都会产生各种电磁干扰。干扰源大致可分为以下 3 类。

（1）自然干扰源

自然界所存在的干扰源主要是指雷电，如一次系统遭雷击对二次设备引起干扰。根据雷击点的不同，雷电流将通过不同路径传入变电站。这种干扰源与人类的活动无关，不可能不让它出现，但可以通过各种方法控制其对电力系统的干扰作用。

（2）系统内在干扰源

高压变电站是一个具有高强度电磁场环境的特殊地域。装在高压变电站的继电保护和自动装置不断受到正常运行情况下和某些偶然情况下产生的电磁干扰。在设计条件相同的条件下，弱电系统的暂态干扰电压与运行电压成三次方关系。

（3）系统外部干扰源

外部的干扰源是指与电力系统无关而与人类活动有关的干扰源，如无线电干扰、步话机的使用以及人身触及电子设备外壳产生的火花放电等干扰。

9.3.1　自然干扰源

1.　雷电干扰源

雷击是二次回路设备及相关回路的重要干扰源。研究结果表明：雷击电流平均 20kA，最高可达 200kA，是典型的冲击型电流源，其上升时间从 1 μs 到 50 μs，衰减到半幅值的时间从 50 μs 到几百 μs，雷电流对二次设备的影响主要是在二次电缆上的干扰。雷电流经避雷器入地，使得地网上的电位分布极不均匀，另外将引起地电位升高，将对屏蔽层接地的电缆产生干扰。直接雷击在变电站内或线路上的雷击波最终将经变电站母线传播并经避雷器入地。根据过电压形成的物理过程，雷电过电压可以分为两种。

① 直击雷过电压：雷电直接击中杆塔、避雷线或导线引起的线路过电压。

② 感应雷过电压：雷击线路附近大地，由于电磁感应在导线上产生的过电压。

根据运行经验总结，直击雷过电压对电力系统危害最大，感应雷过电压只对 35kV 及以下的线路有威胁。

2.　自然辐射

自然辐射干扰源的种类非常多，主要有电子噪声、大地表面磁场、大地磁层、大地表面电场、大气中电流电场、闪电和雷暴电场、太阳无线电辐射和银河系无线电辐射等。由自然辐射带来的干扰，必须在设备上完成屏蔽措施，以保证设备与环境的电磁兼容。

9.3.2　系统内在干扰源

1.　隔离开关的通断引入高频干扰源

在电力系统短路、一次系统操作中，都会有电弧产生，此电弧为一个高频电流源，将对弱电回路引起干扰。特别是隔离开关在闭合或打开时，会引起长时间的重燃，在回路中形成一系列高频电流、电压衰减振荡波。振荡波的电压幅值等于电弧点燃瞬间断口之间的电位差。母线相当于天线，将暂态电磁场的能量向周围空间辐射，通过静电耦合或电磁耦合而作用于弱电回路，产生干扰电压。同时通过连接母线或线路上的测量设备直接耦合到二次设备。干扰电压可造成电网保护的误动作或使二次设备损坏，是必须广泛重视的问题。

2.　开关操作引起的暂态干扰

一次回路中，当开关进行切合操作时，引起回路的状态发生变化，从一种稳定状态经过振荡达到新的稳定状态，从而产生暂态过电压。此电压将在电路中产生电流衰减振荡波，且峰值电流和系统电压成正比。

一般来讲，由于断路器的断口之间有灭弧介质，而且触头的运动速度比隔离开关快，所以操作时电弧重燃的概率很小，所产生的干扰较之隔离开关操作时低得多。当断口间有抑制操作过电压的并联电阻时，对二次回路的干扰就更小。这种干扰多见于切除空载线路或电容器组、分闸空载线路、拉合空母线等。

3.　直流回路操作产生的暂态干扰

直流操作回路中具有大电感的线圈，如开关的跳合闸线圈、电磁式继电器的工作线圈等。当直流回路断开时，由于电感内储存的磁能释放，线圈两端可能产生几千伏的过电压。这种过电压可以通过连接导线形成传导干扰和辐射干扰，直接或间接地影响有直流电源供电的二次设备。

4.　直流电源的瞬时中断与恢复引起的干扰

这是一种在运行中对微机设备产生干扰的情况。直流供电电源的突变和渐变实验，应是对微机保护装置的一个重要实验内容，包括直流电源的突然断开、投入和直流供电电源的逐渐上升、逐渐下降。前者对应于保护装置本身直流电源的断开和投入，而后者则对应于直流供电系统的远方短路故障。在大型的变电站中，直流控制系统有很大的对地电容，由于远端短路故障的发生和切除而产生的保护装置端子上的直流供电电压变化，都可能是渐变而非突变的，所以设计的继电保护装置，必须保证在整个直流供电电压变化的过程中，不误发跳闸命令，同时也不误发跳闸信号。

5.　操作电容器引起的暂态干扰

操作电容器产生干扰的原理与操作隔离开关产生干扰源的原理相似，区别在于充电暂态电流的大小与其容量和电源内阻相关。如果在同一母线上有其他电容器组在运行，就会降低由被操作电容器看到的阻抗（电源内阻），从而增加了暂态电流的幅值及频率，也更易对相邻回路产生干扰。

为了降低干扰，连接在一起的由同一电压各高压电容器引出的中性点应相互连接，且只在一点接于变电站地网。为了便于实现一点接地，同一电压的所有电容器组应位于同一点。

6.　中压开关柜操作引起的电磁干扰

柜式断路器多用于 10kV 中压配电网。目前新的趋势是将微机保护及控制装置直接装在开关柜处，距中压带电部分极近。当断路器进行充电合闸和断开短路电流时，将对微机保护产生强烈的干扰。目前继电保护装置按电磁兼容 3 级标准进行研制。

7. 二次回路自身产生的干扰源

在变电站控制回路中，或发电厂的综合电力设备的数字集成电路装置内，直流回路中有许多大电感线圈，在直流电源进行断开、闭合操作时，线圈两端将出现过电压。由于该系统中的印制电路板上的器件均是由直流电源供电，会感应出不利于正常工作的感应电压和感应电流，对电路板上的器件造成干扰，从而干扰单片机系统的正常工作。

8. 故障地电流引起的地网电位升高

在变电站的地网中，常因各种原因流过不同类型的电流，电流可能是脉冲的、短时间的或长时间的，这些电流均可能使电网上的不同点出现电位差。脉冲电流的来源，主要是雷击电流和操作产生的高频电流。长时间电流的来源是正常工作条件下的不平衡工作电流，该零序电流数值较小，因此影响不大。短时间电流的来源是电力系统的接地故障。在有效接地系统中发生接地故障时，不论是直接在变电站内接地，还是在输电线上发生接地，当变电站变压器有接地点时，地网上就会有工频电流流过，时间大约几十 ms 到几百 ms。当在变电站外部系统发生接地故障时，故障点的接地电流将经过两个回路流入电源的中性点。大部分经过大地和地网回到中性点，另有一小部分在故障点经架空屏蔽线也回到电源中性点。

接地系统的地网通常具有很大的面积。当地网上有电流流动时，在地网各点会有不同的地电位。接地的二次电缆芯线会将其接地点的电位引向其能到达的地方。如果在此电位与原来接地点的电位的差超过了它们之间的绝缘水平，则会在此处引起闪络和击穿，称为地网对电气设备的反击现象。这些都是在安装和使用中要特别注意的，电缆的安装地点必须远离可能有地电位升高的点，以避免反击现象发生。为防止地电位升高，就要降低接地电阻。应选用密集网格的地网接地，有时还要在接地处打入辅助接地棒。对变压器中性点、电压互感器、单相电容互感器的接地点都必须仔细地进行处理，以降低接地电阻，减小地网电位差。

接地电流在地网上流动，地网上的各点间产生电位差。这个工频地电位差（称为 ΔU），一旦耦合到电流互感器和电压互感器回路，将对继电保护的正确工作产生严重影响。

9.3.3 系统外部干扰源

1. 静电放电干扰

当带电物体靠近电力设备时，如果空气隙上的电位梯度足够高，电荷会以火花的形式转移到另一个物体上，形成放电现象。这种火花放电是一个非常复杂的物理过程，也是一个能量转换过程。其能量转移是放电电流的函数。在较高的电压水平范围内，放电电流一般也不与预放电电压成正比。

预放电电压与放电电流之间存在非正比关系的可能原因如下。

① 高压电荷的放电一般经过使上升时间延长的长弧通道来实现，因此使得放电电流中的高频分量低于与预放电电压成正比的值。

② 假定在一个典型的充电过程中，充电量为常数，那么高充电电压水平更可能存在于小电容量的情况。反之大电容两端的高充电电压则需有一系列连续发生的过程，而它不太可能发生，这意味着用户环境中所获得的高充电电压下电荷能量有变成稳定的趋向。

如果电子设备外壳与导电地接触良好，则放电电流将直接流入大地，其放电特性决定于放电源的电容、电阻和回路中的电感。电流波形前沿极陡，波长约为数纳秒级，衰减波尾约数十纳秒。如果设备未能接地，放电电流的上升时间较前者高一数量级，其波尾则似衰减振荡波。当大量的放电电流通过金属件或电源回路入地时，回路中的元件将置于感应耦合或辐射耦合之下。电子设备均可能受到不可逆的损坏，也可能不立即显示功能的损坏，而是受到潜在损坏，使装置的整体性能变差，直至损坏。静电放电干扰的措施主要是尽量减少静电荷的产生和积蓄。变电站抗静电放电干扰措施一般如下所示。

① 变电站应有合格的接地网，每个电子设备必须按各种规程规定接地。

② 变电站的工作人员要避免穿化纤服装，专职工作人员应穿含有金属线的防静电服。

③ 在参与电子器件工作时，一定要有完善的防静电干扰措施，严格按注意事项工作。

④ 人在接触电气设备时，应先以触摸接地金属器件等方法泄放人体带静电荷后，方可触摸。

2. 步话机辐射干扰源

在步话机的附近将产生强辐射电场和相应的磁场。变化的磁场耦合到附近微机型保护装置中的电子器件和回路中，将感生高频电压并形成一个假的信号源，其中的音频分量经滤波形成为连续波，经过整流后可能使数字回路的逻辑电位偏移，音频分量也可能成为线性回路的噪声。

一般在运行、检修现场使用的步话机频率在 $146 \sim 174 \mathrm{MHz}$ 与 $420 \sim 470 \mathrm{MHz}$ 频带范围内，当步话机与被辐射的设备距离增大，则快速衰减。因此，在安装微机型监控和保护的运行场所最好是不用步话机，至少应慎用无线通信设备。

9.4 变电站抗电磁干扰的措施

9.4.1 电磁场的屏蔽机理

屏蔽能有效地抑制通过空间传播的电磁干扰。采用屏蔽的目的有两个：一是限制内部的辐射电磁越出本区域；二是防止外来的辐射进入基本区域。

对变电站二次设备而言，特别是微机型保护装置，对干扰信号比前边的保护装置更敏感，因此，需要更加完善的抗干扰屏蔽措施。抗干扰屏蔽按机理可分为电场屏蔽、磁场屏蔽和电磁场屏蔽。下面我们将分别介绍这三种屏蔽机理。

1. 电场屏蔽

（1）交变电场屏蔽

首先把电场感应看成是分布电容间的耦合。在图 9-7 中，干扰源 A 和受感物 B 的电压分别是 U_A 和 U_B，U_A 和 U_B 的关系为 $U_B = \dfrac{C_1}{C_1 + C_2} U_A$。

为了减弱受干扰体 B 上的电场感应电压，可以采用如下的 3 种方法。

① 增大 A、B 之间的距离，目的是减小 A、B 间的分布电容。

② 使受感物 B 靠近地面，以增大对地电容。

③ 可以在 A 和 B 之间插入一块屏蔽板，一般为金属薄板。

在图 9-7 中加入屏蔽板后，如图 9-8 所示。

插入金属板后相当于增加了两个分布电容 C_3 和 C_4，其中 C_3 被屏蔽板短路到地，它不会对 B 点的电场感应产生影响，而受感应物 B 对地和对屏蔽板的分布电容 C_2 和 C_4 实际上处在并联位置上，这样，受感体的对地电压 U_B' 应当是 A 点电压被 A、B 之间的剩余电容 C_1' 与并

联电容 C_2 和 C_4 的分压，即 $U'_B = \dfrac{C'_1}{C'_1 + \dfrac{U_B}{C_2 + C_4}}$。由于 C'_1 远小于 C_1，所以 U'_B 远小于 U_B。金属

板起到了屏蔽作用。

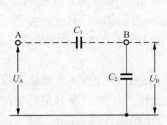

图 9-7　电场感应示意图

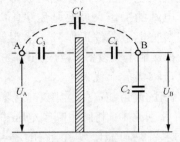

图 9-8　金属板对电场屏蔽示意图

为了获得良好的电屏蔽效果，应注意以下几点。

① 屏蔽板以靠近受保护物为好，而且屏蔽板接地必须良好。

② 屏蔽板的材料以良导体为好，但对厚度无要求，只要有足够强度就可以。

③ 屏蔽板的形状对屏蔽效能有明显的影响。全屏蔽的金属盒可以有最好的电场屏蔽效果，而开孔或带缝隙的屏蔽盒，其屏蔽效能会受到不同程度的影响。

④ 机壳接地可以使得由于静电感应而积累在机壳上的大量电荷通过大地释放，否则这些电荷形成的高压可能引起设备内部的火花放电而造成干扰。

（2）静电场屏蔽

屏蔽是通过一个导电壳体，将壳体内区域封闭起来实现的。屏蔽壳体可以是金属隔板式、盒式，也可以是电缆屏蔽和连接器屏蔽。屏蔽的壳体一般有无缝无孔、有缝有孔、金屑编织带等三种，后者主要用作电缆的屏蔽。各种屏蔽体的性能均用屏蔽体的屏蔽效果来表示，定义为空间某一区域屏蔽后的静电场强度比屏蔽前降低的分贝数。屏蔽效果的优与劣的影响因素有很多，但是主要由以下几方面的因素决定。

① 屏蔽材料的性能。

② 屏蔽体与静电源距离。

③ 壳体上的各种不连续的孔洞以及空洞的数量。

空腔导体不接地的屏蔽称为外屏蔽，如图 9-9（a）所示。如果把一个导电的空球放入静电场内，在外电场力的作用下，屏蔽材料（空球）内的可移动电荷要重新分布，直到屏蔽表面上场强的切线分量等于零为止。所以，电力线是垂直地出入屏蔽表面。可移动电荷的电场和外界干扰场相互作用，在屏蔽内部任一点上场强为零。一个无缝的金属屏蔽对静电场的屏蔽衰减是无限大的，这一效应早已闻名，一直被承认是法拉第笼的先决条件（如果电场随时间以很快的速度变化。可利用电磁场理论及有关复杂的数学分析得知屏蔽衰减是有限的。屏蔽壁的厚度也影响屏蔽衰减。在屏蔽壁较厚的条件下，屏蔽衰减也大。若空腔导体内部带电，在静电平衡时，它的内表面将产生等量异号的感生电荷。如果外壳不接地，则外面会产生与内部带电体等量而异号的感应电荷，此时感应电荷的电场将对外界产生影响。这种空腔导体只能对外电场屏蔽，却不能屏蔽内部带电体对外界的影响。

空腔导体接地的屏蔽称为全屏蔽，如图 9-9（b）所示。当外壳接地时，即使内部有带电体存在，这时内表面感应的电荷与带电体所带电荷的代数和也为零，而外表面产生的感应电荷通过接

地线流入大地。外界电场将无法影响壳内带电体，内部带电体对外界的影响也随之消除，所以这种屏蔽称之为全屏蔽。为了防止内、外界信号的相互干扰，全静电屏蔽得到了广泛应用。例如冰箱外面的金属罩，通信电缆外面包的铅皮接地等，都是用来防止内、外电场相互干扰的屏蔽措施。

2. 磁场屏蔽

磁场又分低频磁场和高频磁场。不同磁场应采取不同的屏蔽措施。对于低频磁场，应该用高导磁材料做屏蔽体来实现磁场屏蔽。由于屏蔽的元器件在平行于磁场的方向不得出现缝隙，以避免漏磁。同时对高频磁场存在的电场分量和磁场分量要求电场屏蔽和磁场屏蔽一起进行，因此磁场屏蔽是一个比较复杂的问题。

对低频磁场，屏蔽主要依赖高导磁材料所具有的低磁阻，对磁通起分路的作用，使得屏蔽体内的磁场大大减弱。其作用示意图如图 9-10 所示。

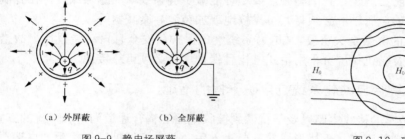

(a) 外屏蔽　　　　(b) 全屏蔽

图 9-9　静电场屏蔽　　　　　　　　　　　图 9-10　磁场屏蔽

为获得良好的屏蔽效果，要注意如下的几个问题。

① 选用高导磁率的材料。

② 增加屏蔽体的厚度。

③ 减小通过被屏蔽体体内的磁通。

④ 注意屏蔽体的结构设计。

⑤ 可采用双层磁屏蔽的结构。

对要屏蔽外部强磁场的，则屏蔽体外层要选用不易磁饱和的材料；而内部可选用容易达到饱和的高导磁材料。反之，如果要屏蔽内部强磁场，则材料排列次序要倒过来。当没有接地要求时，可以用绝缘材料作为支撑件。若有接地要求时，可选取用非铁磁材料（如铜、铝）作为支撑件。从防止电场感应的目的出发，屏蔽体一般还是要接地的。

3. 电磁场屏蔽

当干扰源的频率较高、干扰信号的波长与被干扰的对象结构尺寸有相同的数量级，或者干扰源与被干扰者之间的距离 $r >> \lambda/2\pi$ （λ 为波长）时，干扰源以平面电磁波形式向外辐射，将电磁场能量带入被干扰对象的通路。

电磁屏蔽对于电磁波的屏蔽有以下 3 种机理。

① 当电磁波在到达屏蔽体表面时，由于空气与金属的交界面上阻抗不连续，对入射波产生了反射。这种反射不要求屏蔽材料有一定的厚度，只要求在交界面上阻抗不连续。

② 未被表面反射掉而进入屏蔽体的能量，在屏蔽体内向前传播的过程中被屏蔽材料所衰减。这种物理过程称为吸收。

③ 在屏蔽体内尚未衰减掉的剩余能量传到材料的另一表面时，在遇到金属-空气阻抗不连续的交界面时，会形成再次反射，并重新返回屏蔽体内。这种反射在两个金属的交界面上可能发生多次。

电磁屏蔽体对电磁的衰减主要是基于电磁波的反射和电磁波的吸收这两种机理。不同材料、不同的材料厚度，对于电磁波的吸收效果是不一样的。电磁波的反射问题比较复杂，它不但与屏蔽材料的表面阻抗有关，也与波阻抗的大小及辐射源的类型有关。

4. 实际的电磁屏蔽体

在前面讨论中都把电磁屏蔽体看成是连续均匀和没有孔隙的屏蔽体。但是在实际工程中这种屏蔽体是不存在的。在实际工程中屏蔽一定会存在接缝，而完成电场屏蔽只要各屏蔽单元间有一点电的连接就起作用了。例如在继电保护装置的面板与机壳之间增加铜质弹簧片就是为了完成这一任务。

采用柜式结构屏，不论是对源在外对内的干扰，还是对源在内对外的辐射，其对电磁干扰均有屏蔽作用。但铁磁材料防高频磁场只限于 100kHz 以下，更高频的磁场还需采用特殊的屏蔽办法。例如为防止缝隙、孔洞漏磁，要尽可能减少缝隙或增加缝隙深度，在孔洞处加盖金属罩；如有凸出的金属轴，必须将其可靠接地或加装波导衰减器等。

机壳及保护屏框的屏蔽至关重要。《电力系统继电保护从安全且自动装置反事故措施要点》规定：集成电路及微机保屏宜采用柜式结构且保护本身必须可靠接地。

9.4.2 变电站综合自动化系统抗电磁干扰的措施

干扰源、对干扰敏感的接收电路以及干扰源到接收电路的耦合通道为形成干扰的三要素。所以对电磁干扰的控制就应该从干扰形成的三要素入手：首先应该抑制干扰源，直接消除干扰原因；其次是消除干扰源和受扰设备之间的耦合和辐射，切断电磁干扰的传播途径；最后是提高受扰设备的抗干扰能力，减低其对噪声的敏感度。目前抑制干扰的几种措施基本上都是切断电磁干扰源和受扰设备之间的耦合通道，它们确是行之有效的办法。常用的方法是抑制干扰源、接地、隔离和滤波。

1. 抑制干扰源

外部干扰源是变电站综合自动化系统以外产生的，无法消除，但这些干扰往往是通过接导线由端子串入自动化系统的，因此可以从以下两个方面来抑制外部的干扰源。

（1）屏蔽

屏蔽的主要作用有两方面：抑制设备自身向空间辐射干扰信号，净化包括设备自身内部空间在内的电磁环境；抑制通过各种途径进入设备内部的外界电磁干扰信号，提高设备自身的抗干扰能力。屏蔽分为电屏蔽（静电屏蔽）、磁屏蔽及电磁屏蔽。

对于变电站综合自动化系统而言，为防止外部的骚扰直接耦合到装置的内部插件和元器件上，所有的插件用机箱屏蔽，并采用机箱良好接地的方式。当装置安装于主控制室内时，由于距离开关场比较远，从电磁干扰比较严重的开关场地发出的骚扰，无论是表现为静电的形式，还是电磁波的形式，在经过很长的距离到达主控室后，先要经过屏蔽体，经过衰减后到达保护屏，保护屏的外壳也是一个屏蔽体，再次衰减后到达微机保护装置的机箱。由于微机保护装置机箱也是一个屏蔽体，它对电磁干扰将起再次屏蔽的作用。大量的实践经验证明，直接从开关场进入到微机保护装置内部的骚扰是非常小的，所以进入到微机保护装置内部的骚扰往往是从装置的端口，通过装置的外引电缆传导过去的。

经过屏蔽的作用，电磁干扰在装置的内部主要表现为传导骚扰，再通过其他的措施对传导干扰进行抑制。电磁干扰在装置内部的传播一般是从电源输入端口及从交流模拟量输入端口、开关量输入端口、遥控输出端口、通信端口进入，所以通常微机保护装置内部的 TA、

TV 的原边和副边线圈之间、开关电源的原边和副边线圈之间需要采取屏蔽措施。以下就是在综自变电站中常采用的电磁屏蔽措施。

① 一次设备与自动化系统输入、输出的连接均采用屏蔽电缆，电缆的屏蔽层两端接地，对电场耦合和磁耦合都有显著的削弱作用。当屏蔽层一点接地时屏蔽层电压为零，可明显减少静电感应电压；当两点接地时，干扰磁场在屏蔽层中感应电流，该电流产生的磁通与干扰磁通方向相反，互相抵消，因而显著降低磁场耦合感应电压。两端接地可将感应电压降到不接地时感应电压的 1%以下。

② 二次设备内，综合自动化系统中的测量和微机保护或自控装置所采用的各类中间互感器的一、二次绕组之间加设屏蔽层，这样可起电场屏蔽作用，防止高频干扰信号通过分布电容进入自动化系统的相应部件。

③ 机箱或机柜的输入端子上对地接耐高压的小电容，可抑制外部高频干扰。由于干扰都是通过端子串入的，当高频干扰到达端子时，通过电容对地短路，避免了高频干扰进入自动化系统内部。

④ 变电站综合自动化系统的机柜和机箱所采用的铁质材料，也可以进行屏蔽。

（2）减少强电回路的感应耦合

为了减少变电站一次设备对综合自动化系统的感应耦合，可采取以下方法。

① 高压母线是强烈的干扰源，因此，增加控制电缆和高压母线之间的距离并尽可能减少平行长度是减少电磁耦合的有力措施。避雷器和避雷针的接地点、电容式电压互感器、耦合电容器等是高频暂态电流的入地点，控制电缆应尽可能离开它们，以减少感应耦合。

② 电流互感器引出的 A、B、C 三相线和中性线应在同一根电缆内，避免出现环路。

③ 电流和电压互感器的二次交流回路电缆从高压设备引至综合自动化装置安装处时，应尽量靠近接地体，减少进入这些回路的高频瞬变漏磁通。

2.　接地

接地是变电站综合自动化系统控制干扰的主要办法。实践证明，良好的接地可以在很大程度上抑制装置内部的耦合噪声，防止外部电磁干扰的侵入，从而提高系统的抗干扰能力。以下为变电站综合自动化系统电磁兼容的几种接地方式。

（1）一次系统的接地

一次系统接地是以防雷、保安（系统中性点接地）为目的，但它对二次回路的电磁兼容有重要的影响。处理一次系统接地时，应注意对于引入瞬变电流的地方应设多根接地线并加密接地网，以降低瞬变电流引起的地电位升高和地网各点的电位差。比如高压开关柜的底座槽钢虽然按要求多点接地，接地阻抗很小，但仍有一定的阻抗值。因此，应将开关柜体、底座槽钢、接地铜排、平行接地导线等连在一起，所有的地面接地体捆绑成一个立体接地网架，形成一个等电位接地体，再与地下接地网多点相连。

（2）二次系统的接地

微机装置接地包括装置机箱直接经金属结构件接地、经接地引线接地以及装置屏蔽接地。将箱体与柜体搭接，装置内、外电路的接地，就可利用机箱实现短引线接地。各电路板信号地一般采用浮接地，没有引出接地端子。装置机箱与开关柜体金属件应直接接地。

（3）变电站综合自动化系统的工作接地

在综合自动化系统中，大致有 5 种地线：微机电源地（内部电源零电位）、数字地（数字器件的零电位点）、模拟地（主要指采样保持器、多路转换开关及 A/D 转换器前置放大器的零电位）、噪声地和屏蔽地（指内部小电流交换器和小变压器原、副边线圈之间的屏蔽层）。

（4）电缆屏蔽层的接地

在一次设备周围的线缆都会受其电磁干扰。因此，施工中二次回路线缆和网络线缆的布线和敷设，要尽量避免与高压母线或高压设备一次侧的接地引线近距离平行敷设，并力求增大两者间的距离。如将网络线缆纵引至开关柜的底部接地铜排的位置，然后横向穿越到相邻的开关柜，并靠近接地铜排平行敷设。

电缆屏蔽层的接地有两种接地方式，即两点接地和一点接地。众所周知，对于通过电容耦合的电场干扰，一点接地即可大大降低干扰电压，发挥屏蔽作用。对于通过感应耦合的磁场干扰，一点接地不能起到屏蔽作用，只有两端都接地，外部干扰电流产生的磁场才能在屏蔽层中感应产生一个与外部干扰电流方向相反的电流，这个电流起到抵消降低干扰电流的作用，即屏蔽作用。从防止暂态过电压看，屏蔽层采用两点接地为好。两点接地使电磁感应在屏蔽层上产生一个感应纵向电流，该电流产生一个与主干扰相反的二次场，抵消主干扰场的作用，使干扰电压降低，故继电保护和自动装置规程规定屏蔽层宜在两端接地。

3. 隔离

为防止外部浪涌影响综合自动化系统的正常工作，在综合自动化系统中应采用隔离与屏蔽措施。隔离技术重点从以下几个方面考虑。

（1）模拟量的隔离

变电站的监控系统，微机保护装置以及其他自动装置所采集的模拟量，大多数都来自一次系统的电压互感器和电流互感器，它们均处于强电回路中，不能直接输入至自动化系统，必须经过设置在自动化系统各种交流输入回路中的隔离变压器（常称小电压互感器和小电流互感器）隔离。这些隔离变压器一、二次之间必须有屏蔽层，而且屏蔽层必须接安全地，才能起到比较好的屏蔽效果。

（2）开关量输入、输出的隔离

变电站综合自动化系统开关量的输入，主要是断路器、隔离开关的辅助触点和主变压器分头位置等。开关量的输出，大多数也是对断路器、隔离开关和主变压器分接头开关的控制，这些断路器和隔离开关都处于强电回路中，如果与自动化系统直接相连，必然会引入强的电磁干扰。因此，要通过光电耦合器、隔离变压器或继电器触点隔离，这样会取得比较好的效果。有条件的最好采用光纤通信，以加强接口的隔离度。

（3）其他隔离措施

自动化设备的安装应远离大电流、高电压工作的电气设备，减少静电感应和电磁感应；二次回路布线时，应考虑隔离，减少互感耦合，避免干扰由互感耦合侵入。敷设电缆时要注意不同类型的电缆不要混扎在一起，小信号电缆、控制电缆、低压电源线一定要与高压线分开敷设，避免强电信号对弱电信号的干扰。为了抑制通道之间的干扰，减少来自变换器二次回路产生的磁场耦合干扰，强弱信号必须单独走线，不能混绑在一起，而且应尽量远离，避免平行。采取良好的隔离和接地措施，可以减小干扰传导侵入。

4. 滤波

滤波是抑制变电站综合自动化系统模拟量输入通道传导干扰的主要手段之一。模拟量输入通道受到的干扰有差模干扰和共模干扰两种，对于串入信号回路的差模干扰，采用滤波的方法可以有效地消除。因此，各模拟量输入回路都需要先经过一个滤波器，以防止频率混叠。滤波器能很好地吸收差模浪涌。

如果差模干扰信号的频率比被测信号频率高，则采用低通滤波器；若低，则采用高通滤波器；若恰好落在被测信号频率附近，则采用带通滤波器。滤波器在阻带范围内要具有足够高的衰减量，将传导干扰电平降低到规定的范围内。对传输的被测信号的损耗，以及对电源工作电流的损耗均应降到最低程度。

常用的滤波器有以下几种。

（1）电容滤波器

最简单的低通滤波器有旁路电容器，利用电容器的频率特性，使高频串模干扰虑掉。在变电站综合自动化系统的交流输入回路中，电压互感器和电流互感器的输入端子上和印制电路板上常采用这种电容滤波器。其电容器接在线间，对抑制差模干扰有效；接在线与地之间，对消除共模干扰有效。

（2）电感滤波器

电感滤波器常称为扼流线圈，按其作用分差模扼流圈和共模扼流圈两种。差模扼流圈串接在电路中，用于扼制高频噪声；共模扼流圈有两个线圈，当出现共模噪声时，两线圈产生的磁通方向相同，通过耦合使电感加倍，起到很强的抑制作用。

（3）RC 滤波器

RC 滤波器是最常采用的滤波器。在交流采样的小电压互感器和电流互感器的二次侧采用 RC 滤波器，可以滤去高频干扰信号。

对于电磁干扰较严重的场合，可采用电容和非线性电阻组成并联浪涌吸收器。这种浪涌吸收器能有效地抑制共模和差模暂态干扰，常用在综合自动化系统各子系统的交流输入回路电压与电流互感器的二次侧，以及直流电源的入口处。

5. 其他的抗干扰措施

抗干扰的主要措施包括抑制干扰源、接地、隔离以及滤波，但是不仅仅局限于此，合理的排线布局都可以降低干扰，以下的各项措施，都有利于降低二次回路的电磁干扰水平。

① 由于互感电容和互感电感与回路之间的间距和方向有关，间距增大一些，可能显著降低回路间的相互影响。只要有可能，控制电缆的走向应与高压母线垂直；不可能时，应尽可能增大母线与控制电缆的间距。

② 由同一设备引出的所有电缆，在开关场必须靠近在一起。接到相同灵敏度的设备的电缆，应成组安排；接到不同灵敏度的设备的电缆，应保持最大距离。电压高于 600V 的电缆，不得与控制电缆置于同一电缆沟内。在电缆出线的入孔中，应在入孔周围布置接地母线，并至少用两根连线接于地网，以方便个别电缆屏蔽接地。

③ 控制回路辐射状布置可以降低暂态电压。由控制室引入开关场的回路，不得从开关场某一设备到另一设备利用另一电缆的回程导线形成环路。所有电源与回程导线必须在同一电缆中，以避免因环形网络包围大磁通而在环路中感应出高压。

④ 地网系统的设计、设备的接地方法等对暂态过电压和控制回路的影响也很大。但是，即使设计的地网具有极低的电阻，也不能视为等电位面，因为由于各种原因将产生电位差。如果在受影响的控制电缆的紧邻敷设一低电阻导线，该导线因地电位差引起的电流将在控制电缆中感应出一反电动势，从而起到中和作用。因而在电缆沟中要放置粗导线，且放于电缆沟的上层，即干扰源与控制电缆之间。

⑤ 对于气体绝缘变电站，连接安装在外壳的设备（宜用互感器、断路器压力计的电缆应

与外壳平行，在接头处就垂直离开外壳），垂直距离不小于 2～3m，以躲开接头处的电磁辐射区。所有电容式电压互感器及耦合电容器底座上接地管道与接线盒均应为金属，连在一起并联到底座。底座必须接于地网。

⑥ 直流供电电源进线经抗干扰处理。对于集成电路与微机型设备，供电电源是一个重要的干扰源。以变电站的直流电源作供电电源，并采用 DC/DC（直流逆变器）方式实现隔离，对设备可以取得良好的抗干扰效果，但直流逆变器本身的故障并不鲜见。实践说明，在 DC/DC 入口前安装滤波器能够妥善地解决这个问题。常用的一种接线是在正极与负极进线分别加装 II 型滤波器，两组 II 型滤波器的电容都直接接到地网上。这种方式可以滤除共模与差模干扰，除可以设置过电压保护外，还可以增设过电流保护。同时也需要指出，以交流电源作为测试仪表的电源最易受来自交流电源侧的干扰。其应对措施：一是通过滤波回路；二是加设隔离变压器。要想隔离变压器发挥隔离作用，设计隔离变压器一、二次绕组间必须有静电屏蔽，屏蔽层应引出，并接于被测设备的接地上。

⑦ 在硬件结构上采用冗余技术。硬件的冗余技术主要有静态冗余法、动态冗余法和混合冗余法三种。静态冗余法是通过屏蔽掉硬件故障的影响来实现容错，采用冗余工作部件来实现掩蔽作用。动态冗余法即备用冗余法，一般是一个模块工作，另有模块作备用。根据备用模块是处在断电状态还是通电状态，又分为冷备用和热备用，在保护和监控系统中，为满足实时切换的要求常采用热备用方式。动态冗余法在实际配置时有多种方案，如有部分备用系统、双机备用系统、重叠备用系统等。混合冗余法是静态和动态冗余法的综合应用。

⑧ 对保护回路的出口，可以利用几个并行接口的不同位，使 CPU 必须多执行几条指令才能构成跳闸条件，这样可以进一步降低误动的可能；对担任出口指令执行任务的继电器，可对其常开触点长期进行监视，一旦触点状态不正常，能及时报警并自动闭锁执行回路。

总之，提高综合自动化系统可靠性涉及的内容很多，应从多方面入手才能取得良好的效果。

9.5 变电站综合自动化系统的自动检测技术

由于综合自动化系统本身的各个子系统都是由微型机和大规模集成电路或电子器件组成的，在电磁干扰下有被损坏的可能。因此，利用 CPU 的逻辑判断能力进行装置的故障自诊断和自纠错，也是提高综合自动化系统运行可靠性的重要措施之一。

1. 模拟量的自纠错

由于存在电磁干扰，模拟量输入通道的采样有时会发生错误。为了保证综合自动化系统的正常工作，必须找出错误数据，并加以剔除，随后输入正确的数据供保护和监控程序使用。判断数据是否有效一般有以下几种方法。

（1）校核输入数据的相关性

电力系统的三相电压和电流是相互关联的。例如有如下瞬时值关系

$$i_a(k) + i_b(k) + i_c(k) \approx 3i_0(k) \tag{9-3}$$

$$u_a(k) + u_b(k) + u_c(k) \approx 3u_0(k) \tag{9-4}$$

其中，k 为采样点。

经过采样和模/数变换后，考虑一定的量化误差，于是有

$$\left| x_a(k) + x_b(k) + x_c(k) - 3x_0(k) \right| < \varepsilon \tag{9-5}$$

其中，ε 为考虑输入通道各种固有误差后给定的检验指标，是一个常数。

还有更简单的校核输入数据方法，在条件允许的情况下，对某些信号可分别设置两个通道，只有在两个通道读数一致时才被采用，否则将其剔除，采集后续的数据。

（2）限制判断

任何一个模拟量都有其合理的变化范围，因此可用阻值判断的方法检验所采集的数据是否正确。

（3）数字滤波

对于一些频率比较低的随机噪声干扰信号，用阻容滤波器不能把它们完全消除。若加大滤波常数必然会引起时间的滞后。因此，可考虑用数字滤波的方法减少噪声对采样信号的影响。

2. 故障自诊断

故障自诊断是指变电站综合自动化系统具有对内部各主要部件在不需要运行人员参与的情况下进行自诊断检查的功能。如果自诊断检查出某部分运行不正常，则立即报警，以提醒维护人员进行维修。对于关键部件，则自动闭锁相应出口，以保证电力系统的正常运行。由于综合自动化系统具有故障自诊断功能，因此，只要系统内部出现故障就被立即发现，并被告知具体的故障部位。这不仅可以免去定期检修的工作量，还能大大缩短维修时间，对提高系统运行的可靠性是非常有益的。

按照综合自动化系统的工作状态的不同，故障自诊断分为静态自检和动态自检。静态自检是指综合自动化系统在刚上电，但尚未投入运行时，系统本身先进行的全面的自检。一旦发现某部分不正常，则不投入运行，必须在检修正常后再投运。动态自检是在自动化系统投入运行的过程中插入的自检，以便及时发现故障。一般来说，静态自检不受时间限制，检查更加仔细，可实现故障定位；动态自检时间不能太长，以免影响正常功能的执行。

按照检测时机的不同，故障自诊断又分为即时检测和周期检测。即时检测指连续监视或检测时间间隔不大于采样周期的检测，它要求有一定的辅助硬件，或者 CPU 的处理量不大。周期检测指利用正常功能执行的富裕时间，积零为整来进行检测，其检测周期长，通常不具备即时性。

按照检测对象的不同，故障自诊断又分为元器件检测和成组功能检测。元器件检测是指检测各元器件是否故障或复位，主要包括检测 EPROM、RAM、A/D 转换器件、CPU、接口芯片、定值电路、开关或插件的接触情况等。成组功能检测则是通过对模拟系统故障的模拟程序和数据的处理，判断硬件是否有缺陷。

下面介绍几种常用的检测方法。

（1）CPU 的检测

最基本的检测方法是利用定时电路来对 CPU 进行检测。该定时器不能被 CPU 禁止，但可由 CPU 清零。CPU 正常工作时，由软件按一定周期（此周期应小于定时器的定时）使定时器清零。一旦 CPU 故障，无法使定时器清零，定时器达到定时后便发出报警信号。

（2）A/D 转换器的检测

在检测过程中只要连续若干次发现电压或电流不满足量化误差的要求，就可初步判断A/D 转换存在故障。若电压和电流均不满足，即可认定 A/D 转换器存在故障。若仅有电压或者电流不满足，则故障可能出现在隔离变压器、前置模拟低通滤波器、采样保持器或者多路转换器。在检测的过程中，还可以通过多路转换器为 A/D 转换器预留一个检测通道，该通道接有标准电平，定时读取标准电平经 A/D 转换的数值来检查 A/D 转换器的正确性和精度。

（3）RAM 的检测

RAM 用来存储微计算机控制系统的临时性数据。常见故障有存储单元损坏、特殊数据组合故障、数据线或地址线粘接等。RAM 的检测经常采用的是模式校验法，事先选定某一种校验模式，按照这种模式将数值写入 RAM，然后读出，观察是否发生变化，从而发现 RAM 可能出现的故障。

对 RAM 的检测有破坏性测试和非破坏性测试。破坏性测试是指进行自检时，不保留原来存放在 RAM 中的内容，即破坏了 RAM 中存放的数据等。因此，破坏性测试只能用于刚上电时的静态检查，它可以检查到每一个 RAM 单元的每一位。开始测试时，将一个基准寄存器和全部 RAM 单元清零；将基准寄存器与一个 RAM 单元比较，如果两者相等则将此单元加 1，而后检查下一个单元；对每个单元都检查后，基准寄存器加 1。重复上述检查过程。若发现错误，则显示错误存储单元的地址和内容。显然，这种测试方法较为彻底，但其改变了整个 RAM 的内容，而且耗费时间长，因此，只能用于静态自检。

非破坏性测试是指对某个 RAM 单元测试时，将原来所存的数据保留，待测试完后恢复其原先数据。用非破坏性测试可对 RAM 的每一地址循环进行检测。这种方法可测试每个存储单元的每一位的两种二进制状态，对于检测故障单元和数据线的粘接均有较好的结果。但对每一个 RAM 单元的测试过程不能被其他功能的程序所打断，否则容易出错，有可能误把测试数据当成原来的数据去进行判断，甚至导致保护误动作。但在检查完一个 RAM 单元后，进行第二个 RAM 单元的测试前，可能被其他功能的程序所打断。非破坏性测试可以作为动态自检，但要检查完全部 RAM，所需周期较长。

（4）EPROM 的检测

只读存储器 EPROM 一般用于存放工作程序或参数，因此，不能像检查 RAM 一样用写入和比较的方法去检查。根据其应用特点，可以用求检验和的方法进行测试。首先将 EPROM 分成若干段，将每段中自第一个字节至第末字节的代码，采取按位加的方法将它们全部相加起来，得出的和数称为检验和，并将这个检验和事先存放在 EPROM 指定的地址单元中。以后在进行自检时，按上述求和的方法得到一个和数，将此和数与事先存放的检验和进行比较，如果相等，则认为此段 EPROM 正常，否则认为该段有错。这种检验方法简单易行，耗时少。但是当两个单元的同一位出错时不能够被发现。

（5）模拟量输入通道的检测

模拟量输入通道的自检包括对模拟滤波器、采样保持器、模拟多路开关和模/数转换器等部分的检查，可以利用所采集的三相电路中电流与电压之间的相关性和相应的限值进行校核，还可以考虑在设计数据模块时，专门设置一个采样通道，将一个标准电压输入该通道，CPU 可以通过对这一通道的采样值的监视来检测多路开关、A/D 转换器等是否正常。

（6）输出通道的自检

输出通道的自检包括计算机输出接口电路、光电隔离电路、继电器出口电路等部分的自检。由于涉及出口电路，自检时尤其要谨慎，否则容易造成误操作。

（7）重要数据的校核

变电站综合自动化系统在运行过程中，一些重要的中间结果数据，例如微机保护子系统的直接实现动作判断的数据、状态标志等对执行程序有着非常关键的作用，这些结果存放在 RAM 中，为防止在强电磁干扰情况下这些重要的数据和标志出现错误，可分别将同一结果存放在内存的两个不同区域，一个区域是直接存入，另一个区域是将该数据或标志取反码后再存入；每次使用前先进行校对，即将这两个不同区域的数据或结果进行比较，如果两者不一致，说明已出现错误，该数据或标志不可信，应剔除。这种检测方法既简单又有很好的效果。

另外，遥控的码制应采用比较可靠的保护码，如 BCH 保护码。BCH 码所检查的码位不多，但编码效率高，实现电路简单，不仅可以检查错误，还可自纠错，是一种抗干扰能力强，灵活性大的保护码；因为遥控的可靠性比其传输速率更为重要，所以应采用相对较慢的速率传输信息，采用异步工作方式，这样可排除许多经常性的干扰，并能提高单元码元在通道中的抗干扰能力。

（8）程序出轨的自恢复

以上介绍的几种自诊断方法主要是对组成综合自动化系统的主要部件的自检，即对硬故障的诊断。但在程序的执行过程中，有时会由于电磁干扰造成程序出错，也可能出现软件故障。这种情况下会造成程序进入死循环或死机，甚至导致控制系统误动或拒动等严重后果。因此，当出现程序出轨时，应能够迅速发现，并自动使其重新纳入轨道。由于发生软故障时 CPU 已不再按预定的程序工作，必须设置有专门的硬件电路来检测是否发生程序出错并实现自恢复。例如采用 Watch Dog，即看门狗电路，则可方便地实现这些功能。

本 章 小 结

变电站综合自动化系统的可靠性是指在规定的条件和规定的时间内，各子系统完成规定功能的能力。鉴于综合自动化系统运行中因干扰信号所带来的问题，目前在提高其可靠性方面采取的主要措施有以下 4 种方式：在设计过程中，采用电磁兼容技术提高系统整体的抗干扰水平；从装置的实际和元件选择上减少故障和错误出现的几率；利用微机的自动检测技术，实时检测微机装置中有关的硬件设备的运行工况，一旦出现问题及时报警，防止装置误动；采用容错设计方式，利用冗余的设备保证装置不间断地在线运行。

习 题

1. 如何提高变电站综合自动化系统的可靠性？
2. 什么是差模干扰和共模干扰？
3. 电磁干扰的传导路径有哪些？
4. 什么是磁耦合，如何屏蔽变电站综合自动化系统中的磁耦合？
5. 变电站中电磁干扰的干扰源有几种，分别都是什么？
6. 变电站综合自动化系统内部都存在哪些干扰源？
7. 简述电磁场屏蔽机理。
8. 变电站综合自动化系统有哪些抗电磁干扰的措施？
9. 如何抑制系统的干扰源？
10. 如何对系统中的模拟量和开关量进行隔离？
11. 变电站综合自动化系统中有哪些常用的滤波器？
12. 什么是变电站综合自动化系统的自动检测技术？
13. 什么是故障自诊断，常用的故障自诊断有哪些方法？

变电站综合自动化系统是确保电网安全、优质、经济的发供电，提高电网运行管理和电能质量的重要手段，为使自动化系统稳定可靠的运行，必须认真做好系统的运行管理、调试以及维护工作。

本章主要介绍变电站综合自动化系统运行管理的规定内容，系统调试以及日常和故障维护的相关知识。

10.1 变电站综合自动化系统的管理

变电站综合自动化系统的管理分为运行管理、制度管理、设备管理、技术资料管理以及安全管理等。以下就这些内容进行简要介绍。

10.1.1 运行管理

变电站综合自动化的运行管理可分为日常管理、交接班管理、设备巡视管理、现场验收管理、测试与维扩、故障处理和事故抢修管理等。

1. 日常管理

（1）运行规定

① 在设备运行过程中要定期对遥测、遥信、遥控、遥调等信息进行核对，对主通道及备通道切换和通信网络进行测试，校对标准时钟，维护 UPS 蓄电池的充、放电等，如果发现问题要及时处理并做好记录。只有在获得许可并通知相关的调度自动化值班人员后才可进行变电站例行遥信传动试验等对上级调度自动化系统信息及功能有影响的工作。

② 变电站监控系统设备运行和维护的责任单位和人员应保证设备的正常运行及信息的完整性和正确性，发现故障或接到设备故障通知后，应立即进行处理并将故障处理情况及时汇报上级和相关的调度自动化值班人员；在事故处理过程中及结束后，要详细记录故障现象、原因及处理过程，写出分析报告并报上级调度管理部门备案。

③ 当变电站一次设备的变更（比如设备的增减、主接线变更、互感器变比改变等），需修改相应的画面和数据库等内容时，应以批准的书面通知为准。

④ 未经上级调度自动化运行管理部门的同意，不得在监控系统设备及其二次回路上工作

和操作，但按规定由运行人员操作器件不受此限制。

⑤　各类电工测量变送器和仪表、交流采样测控装置、电能计量装置是保证监控系统遥测精度和电能量结算正确性的重要设备，必须严格执行《电工测量变送器运行管理规程》和《电能计量装置技术管理规程》，并按有关的检验规定进行检定。

⑥　如果需要对运行中的系统设备、数据网络配置等作重大修改，应经过技术论证，提出书面改进方案，经主管领导批准和上报并获得相关的调度自动化运行管理部门确认后方可实施。技术改进后的设备和软件应经一段时间的试运行（一般为 3～6 个月），并验收合格后才可正式投入运行。在正式投入运行时要提交技术报告。技术报告主要包括技术改进方案、细框图、程序文本、使用和操作说明等。

⑦　某些与一次设备相关的自动化设备（如变送器、远动装置、测控单元、防误操作逻辑闭锁及合闸同期检测、UPS 电源、电气遥控和 AGC 遥调回路、功角/相量测量装置、关口电能表和电能量计费装置等）的校验时间应尽可能结合一次设备的检修进行，并配合发电机组、变压器、输电线路、断路器、隔离开关的检修，检查相应的测量回路和测量准确度、信号电缆及接线端子并做遥信和遥控的联动试验。用于控制、考核、结算的频率、电压、功率等测量设备及电能量计费装置的，计量回路应由指定的计量监督部门进行定周期地现场合格校验。

⑧　当一次设备检修时，应将相应的遥信信号退出运行并把相应的自动化输入/输出回路的正确性及检验相关测量装置和回路的正确性列入检修工作任务。当一次设备检修完成后，应将相应的退信信号投入运行，与调度自动化设备相关的二次回路按线恢复正常，同时应通知相关调度自动化设备的运行管理部门。

⑨　交接班时应对监控系统进行全面检查,特别需要仔细检查的是各保护小室与监控系统的网络通信是否正常。

⑩　在日常巡视时，应仔细对监控系统进行巡视，随时掌握设备、负荷的情况。

⑪　监控系统发出异常报警时，值班人员应及时检查，并按现场规程的规定，对事故及异常情况进行处理。

⑫　监控系统主机故障，备机应可以自动切换为主机。当备机不能切换时，应立即向网、省调当值调度员汇报，并通知维护人员进行处理。在监控系统退出时，应加强对一、二次设备的巡视。

⑬　监控系统未经调度或上级许可，值班人员不得擅自将其退出（除故障外），如有设备故障退出，必须及时向网、省调当值调度员汇报。

（2）日常监视

微机监控系统的日常监控，是指以微机监控系统为主、人工为辅的方式，对变电站内的日常信息进行监视、控制，以达到掌握本变电站一次主设备、站用电及直流系统、二次继电保护和自动装置等的运行状态，保证变电站正常运行的目的。日常监控是变电站最基本的一项工作，监控系统日常监视的内容如下。

①　一次主接线及一次设备运行情况。

②　继电保护及自动装置的投入情况。

③　设备的电气运行参数。

④　热工和水工的运行参数。

⑤　本站的潮流流向。

⑥ 变压器分接开关运行位置。

⑦ 保护及自动装置运行情况。

⑧ 日报表中各整点时段的参数，如母线电压、线路电流、有功功率、无功功率等。

⑨ 电压棒型图等各类曲线图。

⑩ 光字牌信号动作情况，必要时还应及时记录有关信号动作情况。

⑪ 对事故信号、预告信号进行检查、分析及处理。

⑫ 本站计算机及五防系统网络的运行状态。

⑬ 各类运行日志。

⑭ 计算机监控系统间隔层各设备的运行情况。

⑮ UPS 电源的运行情况。

⑯ 直流系统的运行情况。

⑰ 监视系统时钟是否准确一致。

⑱ 检查本站所做的安全措施情况。

（3）操作员工作站的操作监控

操作员工作站的操作监控是指运行人员通过操作员工作站在变电站内进行倒闸操作、继电保护及自动装置的投切操作以及其他特殊操作工作时，对操作过程中的各类信息进行监视、控制，以达到保证各种变电设备及操作人员安全的目的。

操作监控的内容有一次设备的倒闸操作、继电保护及自动装置连接片的投切操作、五防系统操作及其他特殊操作。

（4）事故及异常处理监视

事故监控是指变电站在发生事故跳闸或其他异常情况时，运行人员通过操作员工作站对发生事故或异常情况前后某一特定时间段内的信息进行监视、分析及控制，以达到迅速、正确地判断和处理各类突发情况的目的，使电网尽快恢复到事故或异常情况前的运行状态，保证本站设备的安全、可靠地运行，并确保整个电力系统的稳定。

事故及异常处理监视的内容如下。

① 线路断路器继电保护动作跳闸的事故监控。

② 主变压器过负荷的异常运行监视。

③ 主变压器冷却器故障的处理。

④ 主变压器油温异常的监控。

⑤ 主变压器继电保护动作跳闸后的监控及处理。

⑥ 各曲线图中超出上、下限值的监视及处理。

⑦ 音响试验失灵后监控。

⑧ 系统发生扰动后的监控。

2. 交接班管理

交接班的内容一般包括如下的内容。

① 监控系统和本站的运行方式。

② 设备的倒闸操作和变更情况以及未执行的命令或未操作完的项目并且要说明原因。

③ 继电保护、自动装置、通信、微机监控、五防设备的运行及动作情况。

④ 设备异常、事故处理、发现缺陷及处理缺陷情况。

⑤ 设备检修、试验情况，安全措施的布置，地线的异动。

⑥ 许可的操作票、停电、送电申请操作票及工作班工作进展情况。

⑦ 按照设备巡视检查的内容对设备进行巡视检查。

⑧ 核对断路器、隔离开关、接地开关、保护连接片的位置，检查模拟图板与记录是否相等。

⑨ 技术资料、图纸、台账、安全工具、其他用具、物品、仪表及钥匙是否齐全无损。

⑩ 工具、仪表、备品、备件、材料、钥匙等的使用和变动情况。

⑪ 当值已完成和未完成的工作。

⑫ 上级指示、各种记录和技术资料的收管情况。

⑬ 其他需要转告通知的事项。

3. 倒闸操作管理

倒闸操作一般应在操作员工作站上进行，运行值班人员在操作员工作站上进行任何倒闸操作时，应严格遵守 DL408-91《电业安全工作规程（发电厂和变电所电气部分）》规定。运行值班人员必须按规定的权限进行操作，严禁执行非法命令或超出规定的权限进行操作。

正常运行时，操作员工作站的一个显示器应分别显示一次接线图和全站保护信号图，值班人员应认真监视并在菜单中选择左屏或右屏来实现双显示器的切换。当倒闸操作完毕时，应按系统运行方式在一次接线图中标注接地线符号及编号。在倒闸操作的过程中还需要注意以下的注意事项。

① 在检修时应该在一次图中标识"检修"等字样。

② 当断路器、隔离开关、主变压器分接开关、站用变压器分接开关或继电保护设备需要检修时，应在监控系统上将需要检修及相关设备的遥测量、遥信量、遥控量改为"封锁"状态。

③ 当系统正常运行时，除 220kV 线路高频保护收发信机启动信号可在工作站上进行远方复归外，其他保护或自动装置的信号必须到现场核对、记录后，方可进行复归。

④ 每隔半年应将主机历史数据进行备份。

⑤ 只有系统管理员可对监控系统界面、数据库以及系统配置进行修改。

⑥ 操作员工作站的投入与退出应由系统维护人员进行操作。

4. 设备巡视管理

变电站计算机监控系统运行人员应按变电站计算机监控系统的实际情况，制定日常（定期）巡视表格，进行巡视检查，做好记录，不得漏查设备。发现设备缺陷时应及时填写缺陷记录和缺陷通知单，通知检修人员进行办理。监控系统的巡视方式可分为日常巡视、定期巡视和特殊巡视。

5. 现场验收管理

变电站计算机监控系统在新建、扩建、改造、检修后，必须经过验收合格，手续完备，方能投入系统运行。变电站计算机监控系统的验收应按有关规程、技术标准以及现场运行规程进行。

（1）对新建的计算机监控系统现场验收

对新建的计算机监控系统现场验收，应由基建部门组织有关运行、调度部门参加，具体由调试单位实施。若在调试过程中，双方同意对某些功能进行修改的应按修改后的要求进行验收。验收试验应在厂家指导下，由运行单位负责完成每个项目的验收。在变电站启动前应提交验收报告。

（2）检修后的验收

计算机监控系统检修后的验收工作应由工作票许可人进行，培训部门有关技术人员对运行验收工作应进行技术指导。验收人员要在验收前认真阅读检修人员填写的有关记录，弄清所记内容是否需要补充，现场检查和核对被检修设备的缺陷是否消除。若检修涉及计算机监控系统功能（如信号、控制等），则要对其功能进行验收。将验收的结果填入有关记录簿内，并消除所记的缺陷。

6. 五防系统的日常管理

五防系统在正常运行下应投入，值班人员不得擅自退出。五防系统的培训功能应由站长管辖，正常运行时投入逻辑判别功能，只有在每月考核时，由站长负责退出逻辑判别功能，对本值人员进行考核。五防机不得擅自进行解锁，如果急需解锁操作，应根据有关规程执行。

7. 测试与维护

变电站计算机监控系统检修人员应做好月度和定期测试工作，现场运行人员应做好监控系统的运行维护工作。其中月度测试的内容为测量电源的供电电压和对地电压；核对模拟量、状态量信息的正确性。定期试验测试内容如下：校时精度；系统响应性能指标；系统环境条件测试；电压无功控制功能的试验；UPS 充放电试验。

结合一次设备停电检修的试验测试内容有：测量系统精度；控制回路直流继电器的动作电压；同期合闸检测功能的试验；闭锁、联锁功能的试验。

维护工作内容：对监控系统进行必要的清洁维护；对监控系统的交、直流电源进行定期检查；做好防小动物的防护措施。

8. 故障处理和事故抢修管理

变电站计算机监控系统的故障处理或事故抢修应等同于电网一次设备。变电站计算机监控系统设备的故障处理和事故抢修应由变电站运行人员直接通知所辖上级调度或主管部门。由主管部门组织变电站计算机监控系统维护检修人员立即赴现场抢修，必要时继电保护、通信等相关专业人员也应赶赴现场，予以密切配合。当情况紧急在危及人身或设备安全的情况下，可先切断故障设备电源，并立即报告变电站运行人员和调度管辖的当值调度员。设备恢复运行后，设备故障的原因、时间及处理经过等均应予以记录，并及时书面报告上级主管部门和上级调度部门。当监控系统出现故障时，应遵循如下的内容进行管理。

① 监控系统设备出现严重故障或异常，影响到电气设备操作的安全运行时，变电站运行部门应立即组织运行人员按事故抢修预案处理，没有事故抢修预案的应作出应急处理，并加强对电网一次、二次设备的监视，以避免出现电网事故或因监管不力而危及设备和电网安全。

② 监控机发出异常报警时，值班人员应及时检查，必要时检查相应的一、二次设备。

③ 监控系统未经调度或上级许可，值班人员不得将其擅自退出（除故障外），如因计算机故障退出，必须向调度汇报。

④ 监控系统主机故障，备用机能自动切换。若不能自动切换时，应及时向调度和有关部门汇报，尽快处理。在监控系统退出时间，值班人员应加强一、二次设备的巡视，及时发现问题。

⑤ 在处理事故、进行重要测试或操作时，有关二次回路上的工作必须停止，运行人员不得进行运行交接班。监控系统设备检修或工作结束，未向相应调度的自动化值班人员汇报和确认，不能离开现场。

10.1.2 制度管理

各级调度机构的自动化部门是该级调度的自动化运行管理部门。投入运行的监控系统或设备，调度机构均应设置专职负责人并在变电站内另外明确专职维护人员，按监控系统设备所在范围建立完善的岗位责任制。具体的管理办法如下。

① 监控系统和数据通信网络在公司一级设置专职系统和网络管理员,负责监控系统和数据通信网络的安全运行、性能优化、系统备份和网络管理。软件应设专职负责人,负责软件的运行、维护、管理工作,定期检查、分析软件运行的稳定性和各种功能的运行情况,发现问题及时诊断处理并作详细记录。

② 调度机构应设置自动化值班运行人员。自动化运行值班人员负责管辖范围内的监控系统运行和设备的巡视检查、故障处理和运行日志记录、信息定期核对、许可执行已批准的相关操作、通知相关调度和用户、检查安全措施和给出停复役指令。

③ 各级调度机构和变电站应制定符合本监控系统的运行管理制度:运行值班和交接班制度;计算机房管理制度;设备停复役制度;设备安全检查制度;系统故障查处流程和缺陷管理制度;新系统设备移交运行的技术交底制度;监控系统年度运行统计考核范围和信息考核内容。

④ 运行值班人员和专职维护人员必须经过专业培训和考试,考试合格后方可上岗。脱离岗位半年以上者,上岗前应重新进行考核。新系统设备投入运行前,必须对运行值班人员和专职维护人员进行该系统或设备的技术培训和技术考核。

⑤ 专责负责人和专职维护人员负责对监控系统或设备进行巡视、检查、测试和记录,发现异常情况及时处理,并负责监控系统或相关设备的维修。

⑥ 变电站应根据有关标准和规定的要求以及现场电气回路和监控系统的具体情况,编写现场运行规程和操作规程,经管辖部门和总工程师批准后,报网、省(市)公司调度部门备案。

⑦ 变电站应对监控系统按照变电站的管理要求建立运行分析制度,定期进行变电站计算机监控系统的运行分析,全面分析系统运行情况,并编入系统运行月报;根据系统运行实际需要进行专题分析,并编制专题分析报告。

10.1.3　设备管理

1. 缺陷管理

变电站计算机监控系统的缺陷管理按变电站设备缺陷管理制度执行。变电站计算机监控系统的缺陷分为三类,即紧急缺陷、重大缺陷和一般缺陷。

① 紧急缺陷是指设备发生异常状态,严重威胁安全运行,如不立即处理,就可能造成停电事故和设备损坏事故的缺陷。

② 重大缺陷是指对设备安全运行有一定威胁,但仍能坚持运行一段时间的缺陷。

③ 一般缺陷是指设备有异常现象,但目前不影响正常运行,如果长期运行会使设备逐步损坏或影响正常运行,继而发展为重大和紧急缺陷的缺陷。

紧急缺陷必须在 4h 之内赶到现场进行处理;重大缺陷必须在 8h 之内赶到现场进行处理;一般缺陷应在 72h 之内赶到现场进行处理。

缺陷管理的过程是:发现缺陷-记录缺陷-核定缺陷-汇报缺陷-处理缺陷-消除缺陷。变电站计算机监控系统运行部门应建立和维护监控系统缺陷档案,详细记录缺陷的现象、发生的原因、处理的过程和结果。对于一时无法消除的缺陷要加强监视,并根据具体情况缩短巡视和测试周期。

2. 设备评级

监控系统的评级依照评级标准分为一、二、三类,其中一、二类设备称为完好设备。完好设备总和与参加评级设备总和之比是设备完好率。设备完好率是设备评级管理中反映设备状况的重要指标。

设备评级的标准如下。

（1）一类设备

设备不存在缺陷；设备检修，预试、校验结果合格，记录齐全，未超过规定周期；设备整齐清洁，编号准确；资料齐全。

（2）二类设备

设备存在一般缺陷，暂不威胁设备安全运行；设备检修、预试、校验结果有偏差，但能继续运行；设备检修、预试、校验超过部颁标准规定的周期而未进行时；资料不全，但能反映主要数据为运行分析提供依据。

（3）三类设备

设备存在严重缺陷；设备检修、预试、校验结果不合格，不能继续运行；资料严重不齐全或未建立技术资料。

10.1.4 技术资料管理

1. 图纸资料的配置

变电站应建立变电站计算机监控系统设备技术档案，正式投运的设备应具有下列技术资料。

① 产品使用和维护说明书、图纸、出厂检验记录和合格证。

② 竣工原理图、竣工安装图和安装调试检验报告。

③ 历次定期检验的检验报告。

④ 设备运行维护记录（包括运行情况分析、故障记录、核检记录、缺陷处理和存在的问题等）。

⑤ 系统配置参数文档。

⑥ 保存与现场实际相符的安装接线图和二次回路接线图。

⑦ 500kV 变电站计算机监控系统使用的电量变送器、仪表技术监督信息反馈月报及季度仪表监督工作报表。

2. 基本规程资料

变电站应具备如下的基本规程资料。

① DL/T5103-1999，35～10kV 无人值班变电站设计规程。

② DL/T5149-2001，220～500kV 变电站计算机监控系统设计技术规程。

③ 由上级部门颁发的变电站计算机监控系统运行管理办法。

④ DL 516-93，电网调度自动化系统运行管理规程。

⑤ DL 410-91，电工测量变送器运行管理规程。

⑥ JJG（电力）01-94，电测量变送器检定规程。

⑦ DL/T 630 1997 交流采样远动终端技术条件。

⑧ GB/T13729—92 远动终端通用技术条件。

以上只是列出了变电站所应具备的部分规程资料，具体的规程资料还要参看变电站的具体情况。

3. 设备台账

设备台账是设备运行状况的原始资料和技术档案，它是反映设备运行过程中的有关情况记录。设备台账可根据设备单元的划分来建立，对每个单元设备作为一个基本的管理单位建立相应的设备台账进行管理。设备台账的内容如下。

① 监控系统的配置情况。

② 监控系统各设备型号规范、参数。

③ 监控系统更换、改造及变更情况记录。

④ 监控系统运行历年来检修、试验、校验等工作情况和有关数据报告。

⑤ 监控系统运行中积累的问题、缺陷和故障情况以及处理和消除情况。

⑥ 监控系统历年运行状况和定期评级记录。

⑦ 监控系统事故、障碍及专题运行分析报告。

4. 变电站监控系统记录簿

根据变电站技术管理的要求，变电站监控系统应建立以下记录。

① 运行工作及分析记录簿。

② 设备缺陷记录簿。

③ 设备修、试、校记录簿。

④ 设备巡视记录簿。

⑤ 设备事故、异常记录簿。

5. 图纸资料的保管及修改

新建、扩建、改造工程竣工原始图及竣工图 CAD 电子文档需交运行单位图纸管理部门。设计、施工、检修单位需要参考复制时，应向图纸管理部门办理借用手续。在校验、检修、维护工作中，发现图纸与实物不相符时，现场工作人员应做好相应记录，同时书面上报设计单位及时修改原图。修改后的图纸应及时印晒、分发，各使用单位应立即将修改前的对应图纸及时报废。变电站计算机监控系统因工作需要变更自动化回路原理接线图，必须事先要有设计部门的技术联系单及有关设计图纸、施工、检修、调试单位方可执行，严禁无图施工。

10.1.5 安全管理

变电站计算机监控系统的维护检修人员，在进行变电站计算机监控系统的运行维护、检修校验时必须严格遵守 DL408-91《电业安全工作规程（发电厂和变电站所电气部分）》和变电站现场有关工作安全的规定，确保人身、设备的安全以及设备的检验质量。

1. 测控装置及二次回路

测控装置的运行软件在运行期间原则上不允许作任何修改，如果因为大修和功能扩展需要必须修改时，应向上级调度申请，经批准后方可进行，进行过程中需做好详细记录。

防误操作逻辑闭锁软件的下载必须先经运行管理部门审核，结合间隔断路器停运或做好遥控出口隔离措施报相关管辖部门批准后方可进行，并要做好逻辑闭锁恢复正确性试验详细记录及相应的备份。测控装置中的遥控驱动回路出口严禁使用光电隔离。测控装置合闸同步检测的参数设定必须符合有关调度规程的规定，并通过定期检查和结合断路器检修一起做校验。

2. 站级监控系统

严禁在变电站计算机监控系统上使用与本系统无关的任何软件，以免造成系统运行异常，危及电网的安全。

变电站计算机监控系统的运行软件在运行期间原则上不允许作任何修改，如果必须进行维护或者升级扩展软件功能，那么首先要明确修改性质和范围，在确认修改工作不致造成系统误动作的前提下，编写详细的报告并经有关部门的批准，在实施适当防止误动作的安全措施后进行。经试运行后，确认其可靠性再复制到整个系统。

未经直接管辖的调度机构批准，严禁在变电站计算机监控系统中投用未经可靠性确认的功能扩展软件或其他功能软件，以免破坏系统运行稳定或造成系统误发控制命令使监控系统误动作事件发生。

在变电站计算机监控系统上进行断路器设备遥控操作，必须实行操作人和监护人的双重唱票确认的两名工作人员以上的操作，严禁一人独自操作。必须定期消除监控系统中状态误动、误报、信号错位等异常现象，确保电网事故时的准确记录。

3. 网络管理

① 严禁将变电站计算机监控系统的内部网络与公用的管理信息网络或其他非电力系统实时数据传输专用网络连接，以免系统受不明来源的攻击造成监控系统的误控或事故等。

② 严禁将变电站计算机监控系统与互联网相连。

③ 对于远方维护诊断的使用，必须经过相关部门的审批后方可进行，并做好使用情况的详细记录，当不需要远方维护诊断时，应将端口与通信线路断开连接。

④ 在扩建及技术改造工程中必须考虑测控装置、二次回路、监控系统及网络的安全，应采取措施以确保系统的安全运行。

4. 其他管理

① 值班人员不得在与网络相连的后台机上，进行与运行无关的工作。

② 值班人员必须按照权限对监控及五防系统进行操作和管理，不得越级操作。

③ 站内所有用户的口令（密码）、身份由站内计算机监控及五防系统的专职维护管理人员负责管理，管理员根据权限的适用范围，为站内所有使用者设置不同的口令，不得将口令透漏给他人，以防责任事故的发生。

④ 外来人员对后台机进行操作，需经值班人员许可。

⑤ 严禁任何人在计算机监控系统和五防系统后台机上复制、粘贴文件，以免带入病毒或运行其他影响系统运行的程序。特殊情况下，需复制文件或进行其他工作时，必须征得站内专职维护管理人员的同意后才能进行。

⑥ 在监控主机或主单元及其规约转换机上进行维护，在工作时要认清系统设备，保证工作时不影响其他设备的正常运行，防止全站系统瘫痪。

⑦ 严禁工作人员不按照工作任务与内容，修改系统各种数据库、程序和规约。

⑧ 继保工程师站是继保人员修改定值、调试保护及故障录波分析的后台机，值班人员不得进行操作、不得越权限工作。

⑨ 录波装置的录波数据一般从继保/录波工作站调用，不得从录波器转入软盘，防止病毒侵入录波器，破坏录波系统。

⑩ 严禁将强磁性物体靠近计算机。

10.2 变电站综合自动化系统的调试

变电站综合自动化装置调试的目的是检验其功能、特性等是否达到了设计有关规定的要求，检验综合自动化装置之间的连接以及装置和变电二次设备及回路间的连接是否正确，是否达到了设计及有关规定的要求；通过现场的模拟工作检验整套装置动作是否正确无误。这是确保综合自动化变电所的安全、可靠运行的一项重要手段，因此一定要认真、详细及按规定做好全部有关调试、检验工作。

10.2.1　调试目的、内容及调试前的准备工作

1. 调试目的

综合自动化装置调试的目的是检验其功能、特性指标等是否达到设计有关规定的要求，检验综合自动化装置之间的连接以及装置和变电二次设备及回路间的连接是否正确，是否达到了设计及有关规定的要求；通过现场的模拟工作检验整套装置动作是否正确、无误。综合自动化装置的调试是确保综合自动化变电所的安全、可靠运行的一项重要手段，因此一定要认真、详细及按规定做好相关的调试、检验工作。

2. 调试前的准备工作

综合自动化装置的调试过程与一、二次设备密切相关，尤其是与二次回路及继电保护装置密切相关，因此整个调试工作要在统一协调下有计划、有步骤地进行。因此，工作之前要做好充分的准备工作。除了组织计划外，仪表、器材、工具等要准备妥当，同时要制定调试方案，规划好记录表格等。调试人员要如实准确、详细地记录好各种调试的数据，工作之后填写有关调试报告。报告和记录既是分析、判断综自装置性能好坏，决定装置能否投入运行的重要根据，也是重要的原始资料。

3. 调试内容

综合自动化装置的调试内容如下。

① 以远动方面的四遥项目为主的基本功能及相关元件的检验和调试。

② 以继电保护及自动装置为主的检验调试。

前者也应当按照继电器检验的有关项目和要求进行检验、调试。因为它直接关系到自动化系统各项功能（主要是遥控、遥信功能）的正确实现，所以此项工作不可忽视。

综合自动化装置的调试内容一般有 6 个方面。

① 关于模拟量的准确性能的检验：主要指电测量变送器的检定、电测量变送器和非电测量变送器的现场对比校验以及交流采样装置的现场比对校验。

② RTU 装置或微机监控装置的功能与特性的检验：主要是远动方面的三遥及其他功能项目的检验调试。

③ 综自装置与现场一、二次设备连接后进行的变电所自动化系统的联调：主要是指检验自动化装置与变电所二次设备及回路之间连接是否正确，考核整个系统的功能与特性是否符合设计和有关规定的要求。

④ 保护装置的功能与特性的检验：主要指按照继电保护检验规程进行检验。

⑤ 站内保护、测控、RTU、小电流、消弧线圈、直流屏、电能表等装置的规约通信。

⑥ 后台监控系统的检验和调试。

10.2.2　电测量变送器的检测与调试

综合变电站有新安装的电测量变送器应按照 JJG（电力）01—1994《电测量变送器检定规程》的要求进行检定，并且规定电力主要检测点所使用的变送器以及其他有重要用途的变送器每年至少检定一次；其他用途的变送器每三年至少检定一次。安装完毕后在电测量变送器投入运行前，必须经过检定合格后方能投入运行。

根据相关规定要求，进行变送器误差等特性试验要利用电测量变送器检定装置。计多检

定试验是在一定的参比条件下进行的，而且还要测定在参比条件下，某一因素改变时对变送器准确等级的影响，这种检定条件只能在检定装置中实现。在工程实际中，一些变送器的检定不是在检定装置上进行检定，而是在现场条件下进行检定，这种检验方法实际上是一种现场比对校验。在检验的过程中，所检测的误差由多重形式构成，主要如下。

① 系统误差：在同一种测量的多次测量过程中，保持恒定或以可知方式变化的测量误差称为系统误差，表示测量结果中系统误差大小的程度称为正确度。

② 随机误差：在同一种测量的多次测量过程中，以不可预知方式变化的测量误差分量称为随机误差。在测量过程中表示随机误差大小的程度称为精密度，通常用标准偏差来表示。

③ 粗大误差：指明显超出规定条件下的预期的误差，它是统计的异常值。

④ 绝对误差 ΔX：它等于测量结果减去被测量的真值，即

$$\Delta X = X - X_0 \tag{10-1}$$

其中，X 为测量结果，是一次测量值，也可以是算术平均值；X_0 是被测量的真值。在检定的工作中，把标准的示值作为约定真值。

⑤ 相对误差 γ，等于绝对误差除以真值，即

$$\gamma = \Delta X \Big/ X_0 \tag{10-2}$$

⑥ 引用误差 γ_F，为绝对误差与基准值 X_F 的比值，即

$$\gamma_F = \Delta X \Big/ X_F \tag{10-3}$$

其中，基准值等于输出量程（单向输出变送器）或输出量程的一半（具有反向和对称输出的变送器）。

1. 电测量变送器的检测技术要求

（1）基本误差

电测量变送器的基本误差是指变送器在参比条件下工作时，在输出信号的较高标称值和较低标称值之间的任一点的误差应不超过以基准值百分数表示的基本误差的极限值。

（2）改变量

在变送器参比条件下，一个影响量按照规程的要求改变时，由该影响量引起的以等级指数的百分数表示的改变量不超过规程规定。

（3）工频耐压

工频电压是指测量线路与辅助线路对参考接地点的耐压。试验电压标准根据铭牌上标示的试验电压符号（五星符号），其中空心五角星表示试验电压 500V；中心带数字 n 的五角星表示试验电压为 n kV；中心数字为 0，表示不进行耐压试验。输入电压线路与电流线路之间，不同相别的输入电流线路之间的试验电压为 500V 或 2 倍标称电压。

（4）绝缘电阻

绝缘电阻不应低于 5 MΩ。

（5）纹波峰-峰值

电测量变送器主要用于遥测，对输出纹波含量有较高要求，其峰-峰值应不超过正向输出范围的 $2C\%$（C 是变送器的等级指数）。

2．电测量变送器的检定条件

① 预处理。预处理时，除施加辅助电源电压外，还应施加被测量。

② 参比条件。参比条件是规定的一组条件。在此条件下，变送器符合基本误差要求，参比条件可以用参比值表示，也可以用参比范围表示。变送器的检定装置提供了测量基本误差所规定的一组参比条件，而现场校验却无法获得这一组参比条件供变送器校验。

③ 影响量。影响量与变送器特性之间的关系密切，因变送器在工作条件下的误差是基本误差和改变量的总和，因此影响量引起的改变量应当符合等级要求。

3．电测量变送器的检定方法

（1）再校准

由于变送器输入电流的标称值通常等于电流互感器二次电流标称值，而在实际使用中有时测得的一次电流远小于标称值，因此，变送器输入电流也远小于标称值，使得变送器测量误差增大。为保证变送器的准确度，需对其变换比率调整，以使输出量仍保持在正常范围内。同样，在这种情况下的功率变送器通常也需进行再校准。

（2）输出测量仪表和采样电阻功耗的影响

检定变送器时，要求变送器所带输出负载的阻值等于正常工作时所带的实际负载的阻值，即为输出负载的参比值。如果输出量测量仪表或采样电阻功耗较小，与实际负载之差小于标称输出负载的 1/5 或输出测量仪表引起的附加误差小于基本误差限值的 1/5，则可不考虑它们的影响，否则应将测量仪表或电阻作为输出负载的一部分。但是当引起的附加误差大于基本极限值的 1/5 时，应该换功耗较小的测量仪表或减少采样的阻值。

（3）标准表接线系数

由于无功功率变送器的校验是通过改变标准有功功率表的接线方式来测量无功功率，而标准有功功率表不能直接读无功功率，只能通过换算得到被测量的无功功率数值。换算系数即为接线系数，它等于被测量的无功功率与功率表预期值的比值。

检定无功功率时，被检无功功率变送器输入标称值是已知的，标准功率表的标准值等于输入无功功率的标称值除以接线系数。在《检定规程》中将接线系数的倒数作为标准表接线系数，这样该系数乘以被检无功功率变送器的输入标称值就是标准功率表的标准值。标准表接线系数仅与标准表的接线方法有关，而与被检变送器的原理无关。

（4）基准值

基准值是计算变送器的误差时作为参比基准（分母）的值，对于单向输出变送器，基准值应是输出量程；对于具有反向和对称输出的变送器，基准值应是输出量的一半。

10.2.3　交流采样装置的调试

交流采样是指工频交流电量直接输入经过离散采样后，通过计算机数据处理、计算得到 U、I、P、Q 等测量值。

由于目前尚没有关于交流采样方式的电测量检定规程，因此，对交流采样的电测量检验一般是在现场进行测量对象的基本误差比对校验。虽然厂家有企业标准，国家也制定了《交流采样远动终端技术条件》，并在采样测试中给出了参比条件，但在现场中参比条件难以全部达到。同时产品提供的交流采样装置精度较高（一般均高于 0.2 级），现场携带的标准校验仪器的精确度难以达到通常检定条件所要求的被检定装置的准确等级，因此只能在现场条件下作比对校验。

1. **电流、电压测量的基本误差试验**

参照电流、电压变送器的现场校验接线，将交流试验电源和远动终端的交流工频量的输入回路连接，并将现场校验仪或标准表计串接（电流）或并接在（电压）试验回路中，进行通电预热 30min 后，做如下测试：依次加入 0、20、40、60、80、100V 交流电压或 0、1、2、3、4、5A 交流电流，在标准装置中读出 U_i、L_i，同时在 RTU 显示终端上读出显示值 U_x、I_x，则交流采样回路的基本误差 EU 和 EI 用下式求出

$$EU = \frac{U_i - U_x}{AF} \times 100\% \tag{10-4}$$

$$EI = \frac{I_i - I_x}{AF} \times 100\% \tag{10-5}$$

其中，AF 为交流采样输出的基准值。

2. **有功功率、无功功率测量的基本误差试验**

根据功率变送器的现场校验接线，将交流试验端的交流电量输入回路连接好，同时将现场校验仪接入试验回路进行预热 30min 后做如下试验。

保持输入线电压 100V，频率 $f = 50Hz$，在进行有功功率试验时，调节移相器使 $\cos\varphi$ 分别为 0.5、1、-0.5 的情况下，改变输入电流为 0、1、2、3、4、5A，记录现场校验仪或标准表中的读数 P_i 和 RTU 显示终端上的显示值 P_x。在进行无功功率试验时，调节移相器使 $\sin\varphi$ 分别为 0.5、1、-0.5 的情况下，改变输入电流为 0、1、2、3、4、5A，记录现场校验仪或标准表中的读数 Q_i 和 RTU 显示终端上的显示值 Q_x，然后按下式计算其基本误差

$$EP = \frac{P_i - P_x}{AF} \times 100\% \tag{10-6}$$

$$EQ = \frac{Q_i - Q_x}{AF} \times 100\% \tag{10-7}$$

3. **功率因数基本误差试验**

将交流试验电源和交流采样回路连接起来并接上标准功率因数表，进行 30min 预处理，之后做如下的测试：保持线电压 100V，$I_A = I_B = I_C = 5A$，$f = 50Hz$，改变相位角，使其分别为 $0°$、$\pm30°$、$\pm45°$、$\pm60°$、$\pm90°$，记录标准表中的读数 PF_i，同时记录下 RTU 显示终端上的显示值 PF_x，其基本误差按下式计算

$$E\cos\varphi = \frac{PF_i - PF_x}{AF} \times 100\% \tag{10-8}$$

4. **交流工频输入量的影响量试验**

交流采样的电测量装置没有专用检定装置和相应检定规程，因此在现场有必要做经常发生的部分交流工频输入量的影响量试验。影响量引起的改变量试验是对被试的影响测定其改变量，试验中其他影响应尽量在参比条件下且保持不变。现场常遇到的影响量有远动装置的电源电压引起的改变量和不平衡电流、功率因数的变化对三相有功和无功功率引起的改变量。

（1）自动装置的电源电压引起的改变量的试验

在自动装置的电源电压为额定值的条件下，测定交流工频输入量（电流、电压或功率）的输出值，记为 E_X，然后改变远动装置的电源电压额定值的 $\pm20\%$，测定上述相同试验点的输出值为 E_{XC}，则电源电压引起的改变量为

$$\frac{E_{xc} - E_x}{AF} \times 100\% \qquad (10\text{-}9)$$

计算结果应小于 50% 的采样准确等级。

（2）不平衡电流对三相有功和无功功率的改变量试验

按测量功率的方法接线，在三相电流、电压平衡的情况下，调整输入电流为标称值的一半，测定有功功率、无功功率的输出值，记为 E_x，然后断开任何一相电流，且电压保持平衡和对称，调整其他相电流，并保持输入有功和无功功率的数值不变，再记录新的输出有功或无功功率值，记为 E_{xc}，则不平衡电流引起的改变量为

$$\frac{E_{xc} - E_x}{AF} \times 100\% \qquad (10\text{-}10)$$

计算结果允许改变量以等级指数的百分数表示，应小于 100%。

（3）功率因数变化引起的功率改变量试验

在参比条件下测定有功功率、无功功率的输出值记为 E_x；改变功率因数 $\cos\varphi$，超前或滞后各选取一点，调节电流保护使有功或无功功率输入的初始值不变，测定输出值记为 E_{xc}，则功率因数变化引起的改变量如下所示

$$\frac{E_{xc} - E_x}{AF} \times 100\% \qquad (10\text{-}11)$$

5．测试设备及工具

测试过程中需要准备的设备及工具如下所示：三相交流标准测试电源一台；现场校验测试仪一台；各种连接线及搬手、钳子等工具一套。

6．各种测试记录和报告

记录格式如表 10-1 所示。

表 10-1　　　　　　　　　　　　　**记录测试表格**

遥测号	遥测名称	输入标准值	输出标准值	输出实际值	误差（%）	结论
实验用仪器、仪表型号规格：						
试验人员：						
审核人：						

10.2.4　变电站综合自动化系统的安装接线

1．设备开箱验收

所有的装置及其使用的元器件，应是国家定点生产，且经过有关上级组织鉴定的产品，应符合国家的现行技术标准。制造厂商的技术文件，包括设计、安装、使用的说明书、出厂的各种检验文件资料等应齐全、完整。所有设备、元器件的型号、规格应符合设计要求。附件与备件齐全，无任何损坏。

2．对屏、柜的安装要求

屏、柜安装应符合《电气装置安装工程施工及验收规程》的要求，要求如下。

① 设备安装用的紧固件，除地脚螺栓外，均应用镀锌制品。

② 基础型钢的安装，不直度和水平度的允许偏差为每米 1mm，全长不得超过 5mm。

③ 屏、柜安装的允许偏差为：垂直度，每米 1.5mm；水平度，相邻两屏顶部 2mm，成列屏顶部 5mm；不平度，相邻两盘边 1mm，成列盘面 5mm；屏间接缝的偏差 2mm。

3. 接地要求

屏、柜应设有专用接地铜排，铜排与各电器的接地连接应牢固、可靠。接地铜排与本屏应有支架绝缘支撑，成列屏之间接地铜排应可靠地相互连接，并在其中一端引接地线到接地。

4. 对屏上电器安装的要求

电器元件应符合设计要求，外观完整，排列整齐，固定牢靠，附件齐全。各电器元件应能单独拆装更换，且不影响其他电器元件及导线的固定。连接片、切换片应接触良好，且应有足够距离。投退或切换时不碰及相邻的连接片。发热元器件宜安装于屏的上部。端子排应固定牢固，绝缘良好，且便于更换和接线。

5. 其他要求

现场安装、调试时必须严格遵守《电业安全工作规程》、《现场安全工作规程》和其他有关规程、制度的要求。工作之前，必须认真阅读产品的安装使用说明书等技术资料并正确使用安装调试用的各种器具及材料。

6. 综合自动化装置的安装

综合自动化装置的各种屏、柜一般应布置在一起，以节约连接电缆，方便检修、调试和巡视。屏、柜位置应尽量远离高压源和有强电场产生的地方。综合自动化装置屏、柜按施工图布置安装并用螺栓固定于基础铁件上。屏上各继电器、元件应安装牢固。检查元件二次回路接线是否与设计施工图、厂家装配图一致，所有接头固定不应有松动现象。在自动化装置接入电源前，应检查电源电压是否符合要求，电源的接地线是否可靠，并注意相线、零线的位置是否正确。根据厂家安装使用说明书将各功能板插入到主机箱中，并注意检查插入位置与装配图是否一致。在将各功能板的座上插入各相应的扁平电缆插头和插座时，注意检查插入位置是否正确无误，接触是否牢靠。

7. 综合自动化装置的接线

在接线之前，应详细了解综合自动化装置的接线原理和设计施工图，严格按图施工。在安装过程中，对屏内二次回路、弱电回路的接线要求如下。

① 所有电气回路连接（螺栓连接、插接、焊接等）应牢固可靠。

② 电缆芯线和所配导线的端部均应标明其回路编号，编号正确，字迹清晰且不易褪色。

③ 配线整齐、清晰，导线绝缘良好，无损伤。

④ 屏内的导线中间不应有接头。

对屏内连接电缆安装的要求如下。

① 屏内的电缆应排列整齐，避免交叉，并应固定，且所接的端子板不受机械外力。

② 屏、柜内的电缆芯线应按垂直或水平有规律的配置，不得任意歪斜、交叉连接，且要留有备用芯。

③ 不同类型的信号线不能放在同一根电缆中；电源线、动力线等强电电缆不能与信号电缆贴近；屏蔽电缆的屏蔽层应遵从一点接地的原则，其接地施工应严格按设计要求进行，如无特殊说明，接地点一般设在信号源端。

10.2.5 综合自动化装置的现场调试

综合自动化装置现场调试之前，应按厂家提供的资料进行系统配置、参数设置，然后进行功能检验。

1. RTU 装置及总控单元的系统配置和参数设置

（1）系统配置

根据主站的要求，对变电所 RTU 的源站址和目的站址进行设置。在 RTU 装置中，对配备的各种插件的种类、数量以及插件的板号进行设置。然后按照说明书的要求进行每块插件的种类、板号、信息量的名称、遥测量的变化以及遥信防抖动时间、遥控保持时间等的配置。无论手动配置还是自动配置，都要按照使用说明书中规定方法进行。

（2）参数设置

在系统配置之后，应设置各个串行口的通信参数，包括每个串行口的通信方式、通信波特率、校验方式、通信规约，串行口对应的站号、遥控、遥测、遥信的个数，电能脉冲量个数及遥测发送表、遥信发送表、电能发送表以及填写遥控交叉表、每一个遥控点的遥控代号和遥控性质、遥控所对应的遥信的序号等。

由于各个不同厂家的 RTU 的硬件和软件结构设计不一样，因此其调试方法要求也不尽相同。基本上是通电前检查各插件安装位置正确与否；检查电源板是否正常，包括通信测试的检查、通信口检查；最后是其他插件、器件的检查及调整。

2. 综合自动化装置的调试

综合自动化装置一般由间隔层的测控单元、具有监控功能的站控级计算机系统以及通信网络所组成。由于从各设计单位和厂商所采取的硬、软件结构配置和实现的功能要求不同，因而综合自动化装置的集成方式也不相同。因此，一般应和厂商安装单位配合进行装置的现场安装调试，通常在测试系统的功能之前应完成如下一些工作。

（1）间隔层测控单元的检查测试

① 检查装置所提供的各种工作电源电压（5V、12V 等）是否正常。

② 检查各装置的地址设置是否符合设计要求，通信串口接线是否符合规范。

③ 检查键盘是否操作正常及显示器上的各种显示是否正确无误。

④ 设置并核对当前时钟。

⑤ 按运行单位提供的整定值进行设置存储并核对。

⑥ 其他功能的测试（数字输入/数字输出员测试，事件记录、测试，脉冲量测试和控制操作等）。

（2）当地后台监控系统的软、硬件配置与参数组态

① 系统的硬件安装调试，包括前置机或通信处理机、后台主控机、调制解调器及打印机、显示器、电源等各种外设及辅助设备。

② 系统的软件安装调试，应分别在前置机或通信处理机、后台机上安装调试各种软件（包括操作系统、系统软件和各种应用软件）。

③ 系统的参数组态和设置。根据变电所的主接线和系统的结构特点，进行各种系数和参数的设置，如电压、电流的一、二次系统、Y/△变换系数、温度补偿系数等。

④ 系统各间隔单元的编号设定，内部网络的组建和通信。

⑤ 在当地监控主机进行各监控量（遥测、遥信、遥控、保护定值等）的组态测试，制作各种需要的画面图形、表格，如一次接线图、各种报表、曲线等。

⑥ 在前置机（或通信处理机）上根据主站系统要求，设置调度通信规约、通信速率等。

（3）站内继电保护和自动装置的检查测试。

① 检查装置所提供的各种工作电源电压（5V、12V 等）是否正常。

② 检查各装置的地址设置是否符合设计要求，通信串口接线是否符合规范。

③ 检查键盘是否操作正常及显示器上的各种显示是否正确无误。

④ 设置并核对当前时钟。

⑤ 按运行单位提供的整定值进行设置存储并核对。

⑥ 其他功能的测试（开入、开出量检查）。

（4）站内其他智能装置的通信检查测试。

① 检查通信线接线是否符合设计要求，通信串口接线是否符合规范。

② 通信电缆是否单端接地，是否带屏蔽。

③ 规约通信接口是否符合设计要求。

④ 所传信息量是否符合设计要求。

3. 电气绝缘试验

在系统配置和参数设置完后，进行系统装置电气绝缘检查。

（1）绝缘电阻试验

试验要求如下。

① 试验回路为独立带电回路之间、回路与地、金属外壳之间。

② 试验时，对弱电回路应采取防护措施，如短接有关电路或拨出弱电回路的插板。

③ 试验时间（测量时间）不少于 5s。

（2）绝缘强度试验

在正常大气条件下，设备的被试部分应能承受表 10-2 规定的 50Hz 交流电压 1min（无击穿与闪络现象）。试验在非电气连接的两个独立回路之间、各带电回路与金属外壳之间进行。试验电压从 0 起始，在 5s 内逐渐升到规定值并保持 1min，随后迅速平滑地降到 0。在测试完毕断电后要用接地线对被测元件进行安全放电。

表 10-2 绝缘强度试验电压

额定绝缘电压 U_N(V)	试验电压有效值（V）
$U_N < 60$	500
$60 < U_N \leq 125$	1000
$125 < U_N \leq 250$	1500

4. 功能的检查试验

（1）基本试验设备

基本实验设备如下：模拟主站部分的设备（调制解调器、通信控制器、便携计算机、打印机等）；模拟量信号发生器、状态信号模拟器、数字量模拟器、遥控执行指示器及频率可调脉冲量输出模拟器各一套；5 位半数字万用表一块；三相标准功率表、标准功率因数表、标准频率表各一块；三相交流实验电源一台。

（2）遥信量（开入量）输入测试

首先将所有遥信输入端打开，则所有遥信量的状态均应为"分"，设置遥信取反除外。接通任一路遥信输入模拟开关，通过便携机键盘可以查看 RTU 对应的通信位变化与开关状态是否一致，重复 3~5 次均应正确无误。试验所有通信输入量并测遥信变位的响应时间。接通任一路遥信模拟开关，从计算机屏幕上观察对应的遥信变化，并记录下从模拟开关动作到遥信变位变化的时间。此值应低于装置说明书中的技术指标的规定，一般不大于 1s。

（3）遥控测试

利用便携机进行遥控操作，遥控指示器应有正确指示，重复若干次，均应正确无误。试验所有遥控输出量，做任一路遥控试验时，记录遥控命令从选择开始到返校成功和从执行开始到开关动作的遥控传输时间 t，此值应符合说明书中技术指标的规定值，一般应不大于 3s。

（4）脉冲量输入测试

启动脉冲模拟器，通过键盘查看 RTU 脉冲计数值，应与输入脉冲量一致。如无脉冲模拟器，可采用通信采集的办法，用一根导线将其一端连至电源 24V，另一端连续碰触脉冲量输入端，碰触次数应与计算机显示次数相符。

（5）遥测模拟量试验

交流采样的遥测量，其基本误差试验的接线比照测量交流采样遥测模拟量的基本误差。任选一路模拟量输入，调节模拟量发生器使之依次输出 -5、-4、-3、-2、-1、1、2、3、4、5V，并用 5 位半数字电压表测量 U_i，同时在 RTU 的显示器上分别显示出对应输出量 S_i，则模拟转换误差 E_i 如下式所示

$$E_i = \left| \frac{S_i}{K \times 2^n} - \frac{U_i}{\text{满意刻度}} \right| \times 100\% \qquad （10\text{-}12）$$

其中，K 为标度系数，n 模/数转换的二进制字长。当模/数转换范围为 ±5V 时，满刻度值应为 10V。总误差取 E_i 的最大值。

（6）事件顺序记录分辨率的测试

在状态信号模拟器的两路输出信号接自动化装置设备任意两路状态的输入端，在状态信号模拟器上设置时间定值，使该定值等于厂家说明书上规定的站内分辨率或小于 10ms 内的任一数值。启动状态信号模拟器，在显示器上应正确显示这两个状态的名称、状态及动作时间。两状态的动作时间差应符合上述站内分辨率的要求。重复上述试验 3 次。

（7）其他功能的检查与试验

除了进行上述 6 项主要功能的检查测试外，对变电站综合自动化系统还应进行一些当地功能的检查试验。这些功能随设计要求和厂商提供的技术性能的不同而各有所异，一般说来有如下功能需要检查。

① 键盘遥控操作。检测选择对象（选择动作的断路器）、控制性质（发控制分、合的指令）、校验返回（操作所操作对象的开关是否允许这种性质）的操作、确认执行（根据校验结果，作执行或撤销命令）等当地功能是否按上述过程执行。当遥控命令无校验或执行无结果时，系统应有超时自动撤销功能。检测遥控操作后操作内容（对象、性质等）、时间、结果等应自动登录，通过屏幕可调用查看和打印备查。

② 图形显示功能。图形显示系统应该包括一次接线图、系统配置和通信状态、负荷、电压的曲线、棒图，各种实时数据表格、定值参数表以及变电运行基本工况（含运行方式、主变挡位、温度和冷却装置的投切、变电站用电与直流系统基本参数等）。根据设计要求与厂商的技术说明，逐一检查上述图形显示是否正确无误、图表上实时数据是否正确、实时

数据刷新是否小于规定时间、画面切换是否灵活方便以及调用时间是否小于预定时间等技术指标。

③ 异常告警功能。按变电站综合自动化系统设计要求，各种事故、障碍和参数运行越限等应设有自动告警功能。报警应能手动和自动复归，各种报警应与画面显示关联。

④ 打印功能。检查系统是否可以定时自动打印预先设定的各种报表信息，如运行报表、整点记录；各种报表格式是否符合预定要求，数据是否正确；对各种事件记录、越限记录、各种遥信变位、系统故障等可按预先的设定即时打印；模拟系统的事故障碍检查即时打印是否启动，打印信息是否正确无误。

⑤ 系统安全措施。检查系统操作安全等级分类以及每一安全等级所赋予的特性，如操作员户名或代码、口令字、允许操作权限和操作范围等；通过操作检查这些安全措施是否符合设计和厂商技术要求，确定系统操作的安全可靠性。

⑥ 自检与自诊断功能检查。检测系统的各保护与测控单元的自检信息，定时巡检系统网络及各网络节点的通信运行状况，监视系统工作电源的工况，以及计算机、打印机、网络、串行扩展卡及各通信口的运行状况监视、诊断。

⑦ 系统远传通信功能。系统和主站监控系统通电后，接入预定的通道进行两端通信。在主站监控系统上核对遥测数据通信状态。检查通道的通信是否正常，两端的通信规约是否一致，系统的通信接口和 Modem 的主要技术指标是否工作正常。

10.3　变电站综合自动化系统的运行维护

变电站综合自动化系统是提高电能质量，保证电网安全、可靠、经济运行的重要手段，为使综合自动化系统稳定、可靠地运行，必须认真做好系统的运行、维护和管理等各项工作。维护要领如下。

1. 加强统一维护的技术管理

（1）完善技术规范书

统一制定检验规程和验收大纲。要制定综合自动化产品的检验规程和验收大纲，对间隔层设备、通信层设备、间隔层网络、站控层网络设备以及二次回路等的现场检验和验收等规定详细的检验项目、方法和具体指标，规范产品的检验和验收工作，确保投入运行的设备质量可靠、通信规约兼容、设备开放互联以及后台监控稳定。

（2）建立和完善统一的综合自动化设备档案管理系统

建立综合自动化系统维护档案管理系统，实现对变电站的竣工投产、产品厂家的相关规约、出现的问题等进行统计、查询，为及时处理问题提供信息。建立综合自动化维护专家系统和维修网络软件信息平台，介绍和报道综合自动化系统的维护经验、案例分析、发展动向、工作进展、评比检查、技术分析、工作要点、现有备品备件、厂家介绍等栏目。另外，可以直接用于设备档案的管理以及故障维护记录情况的上报等，构建一个和谐、有序、高效的综合自动化系统维护环境，为维护人员提供实时、在线的技术支持，提高故障的处理效率。

2. 做好运行维护基础工作

基础工作是搞好维护和检修的前提性、先行性的工作。它的主要内容包括规章制度、信息管理以及标准化、定额、计量、统计工作等。

结合本地区实际情况按《电力工业技术管理规定》要求，严格执行三项规程：《安全工作规程》、《运行管理规程》和《检修规程》。同时，还要建立健全与设备维护检修有关的制度。

设备台账、缺陷及检修记录等应准确、详细并保存齐全。这些信息资料对于正确分析事故原因，迅速排除故障，制订检修计划等方面很有益处。

3. 做好技术培训工作

对于一般维护检修人员来说，必须具备最基本的"三熟"与"三能"。"三熟"即熟悉设备的系统和基本原理；熟悉检修的工艺、质量和运行知识；熟悉本岗位的规章制度。"三能"即能熟练地进行本工种的修理工作和排除故障；能看懂图纸和绘制简单的加工图；能掌握一般的钳工工艺和常用材料性能。

由于无人值班变电站采用了一些新设备和新技术，因此，必须对检修人员进行知识更新和培训的教育。这项工作可遵循"结合实际、突出重点，灵活多样，讲求实效，全面安排，循序渐进"的原则，树立"学习是工作的一部分"这一新概念。

4. 正确分析判断异常问题

变电站综合自动化系统是一项涉及多种专业技术的复杂的系统工程，而且是高技术设备的组合，加之电力系统的连续性和安全性的要求，一旦自动化系统发生问题，必须及时迅速排除，使之尽快恢复正常运行。为此，在处理异常问题时要做到：①思路清晰；②找到关键点，缩小故障范围；③针对以上判定的故障范围进一步查找故障点。

10.4 变电站故障及处理

电气设备和电力系统在运行中不可避免地会发生一些故障和异常的现象。除了使用各种先进的技术和高性能的自动化设备，以提高系统运行的安全性和可靠性之外，还应进行事故的预想分析，提高突发事故的应变能力，一旦事故发生，应能迅速、正确地处理变电站出现的各种故障和异常，防止事故扩大，尽量减少损失。变电站综合自动化系统的故障处理原则如下。

① 因变电站微机监控程序出错、死机及其他异常情况产生的软故障的一般处理方法是"重启"。

- 若监控系统某一应用功能出现软故障，可重新启动该应用程序。例如：五防服务退出，完全关闭五防服务程序后，重新启动五防服务应用程序即可（不必重新启动整台计算机）。
- 若监控系统某台计算机完全死机（操作系统软件故障等情况），必须重新启动该台计算机并重新执行监控应用程序。
- 变电站监控网络在传输数据时由于数据阻塞造成通信死机，必须重新启动传输数据集线器或交换机。
- 任何情况下发现监控应用程序异常，都可在满足必需的监视、控制能力的前提下，重新启动异常计算机。

② 两台监控后台正常运行时以主/备机方式互为热备用。"当地监控 1"作为主机运行，应在切换柜中将操作开关置在"当地监控 1"，这样遥控操作定义在"当地监控 1"上，"当地监控 2"（备用机）上就不能进行遥控操作。当"当地监控 1"发生故障时，"当地监控 2"自动升为主机，同时应在切换柜中将操作开关置在"当地监控 2"。

③ 某测控单元通信网络发生故障时，监控后台不能对其进行操作，此时如有调度的操作命令，值班人员应到保护小间进行就地手动操作。同时立即汇报调度通知专业人员进行检查处理。

④ 微机监控系统中发生设备故障不能恢复时应将该设备从监控网络中退出，并汇报调度部门。

电力系统的连续性和安全性的要求以及无人值班站的运行要求，一旦自动化系统发生故障，需及时迅速排除，使之尽快恢复正常运行。变电站综合自动化系统是一个综合的系统，维护人员要准确及时地处理问题。解决系统出现的故障，首先，要能明确判断出故障原因；其次，才是消除故障，这就涉及人员技术素质问题。作为技术人员，应了解装置内部电路走向，如 RTU 主机板电路走向；了解它们的原理和联系；了解每一部分发生故障后给整个系统带来的后果，利用系统工程的相关性和综合性原理分析判断自动化系统的故障。此外还应熟悉各种芯片的功能以及相应各引脚的电平、波形等相关技术参数；再者就是工作人员的运行经验，当运行设备出现故障时，能否及时处理和消除，关系到系统的稳定性。当然，有些故障比较明显，仅从表面现象看就不难判断出故障所在。然而，作为集成度较高的 IED 设备，其故障原因大多数都不明显，这就需要掌握一些故障处理的方法和技术。IED 装置在运行过程中，会出现各种不同的故障，故障的检查和判定归纳起来一般有以下几种方法：测量法、排除法、替换法、跟踪法、理论分析法、综合法等。具体的故障处理方法及故障情况请参考相关书籍。

本 章 小 结

变电站综合自动化系统的管理分为运行管理、制度管理、设备管理、技术资料管理以及安全管理等。

自动化装置调试的目的是检验其功能、特性等是否达到设计和有关规定的要求，检验自动化装置之间的连接以及装置和变电站二次回路间的连接是否正确，是否达到设计和有关规定的要求；通过现场的模拟工作检验整套装置动作是否正确无误。自动化装置的调试内容主要包含 3 个方面：关于模拟量的准确性能的检验；RTU 装置或微机监控装置的功能和特性的检验；自动化装置与现场一、二次设备连接后进行的变电站自动化系统的联调。本章主要介绍变电站的管理、调试及维护等方面的内容。

习 题

1. 变电站综合自动化系统的管理都包含哪些方面？
2. 微机监控系统需要日常监视的内容有哪些？
3. 什么是五防系统，如何对其进行管理？
4. 变电站计算机监控系统的缺陷管理分为几类，分类标准是什么？
5. 变电站综合自动化系统的调试目的是什么？包括哪些调试内容？
6. 系统中的检测误差分为几类，分别是什么？
7. 如何进行有功功率、无功功率测量的基本误差实验？
8. 如何处理因变电站微机监控程序出错、死机及其他异常情况产生的软故障。

第 **11** 章 数字化变电站技术

数字化变电站概念的提出是基于光电技术、微电子技术、网络通信技术的发展，在应用方面直接表现为变电站二次系统的信息应用模式发生巨大的变化。数字化变电站主要指变电站二次系统的"数字化"，其内涵体现为以下几个方面。

① 反映电网运行情况的电气量信息实现数字化输出。

② IED 对于电力系统的信息实现统一建模。

③ IED 之间信息交互以网络通信方式实现。

④ 运行控制操作过程经网络通信方式以信息报文方式实现。

因此，数字化变电站技术意味着变电站自动化系统将迈入一个新的发展平台，促使二次系统信息应用模式发生根本性变化的原因是非常规互感器、IEC 61850 标准、网络通信技术、智能断路器技术等相关支撑技术的发展。

数字化变电站的技术将逐步引领未来变电站自动化系统技术发展的趋势，变电站自动化系统所涉及的监控、远动、继电保护、自动安全装置设备的可靠性、实时性、经济性将得以迅速提高。本章将介绍数字化变电站的发展趋势、主要技术特征、相关的智能化设备及相关的技术标准。

11.1 数字化变电站

变电站自动化技术的发展直接表现为变电站自动化系统结构的变迁，即经历了集中式和分层分布式两个阶段。新一代变电站的结构在增强了变电站自动化系统功能的同时，提高了系统的实时性、可靠性、可扩展性和灵活性，达到了节省系统投资以及简化维护的目的。数字化变电站的系统结构继承了分层分布式变电站结构的优点，同时，由于非常规互感器、高速以太网以及 IEC 61850 标准的实施，使得数字化变电站的系统结构又有了不同于常规变电站的革新性变化。

国内数字化变电站并没有一个严格而统一的定义，一般人们认为一次电气设备智能化、二次设备的网络化、运行管理的自动化为其主要特征，而采用电子式互感器、IEC 61850 通信标准、安全可靠的网络通信为其主要内容，通过变电站内信息高度共享、智能电子装置（IED）即插即用实现变电站自动化的保护、测控、运行监视、状态检修等功能。数字化变电站一般应该具备以下的技术特点。

1. 智能化的一次设备

智能化的一次设备主要包括电子式电流电压互感器、智能型断路器/隔离开关、智能型变压器，以及其他电气辅助设备等。一次设备与二次设备的接口由原来的继电器、电缆等模式转化为光电数字接口，且接口满足相关的标准，简化了常规继电器及控制回路的结构。数字程控器及数字公共信号网络取代传统的导线连接，能够被通用二次设备所访问。换言之，变电站二次回路中常规继电器及其逻辑回路被可编程序代替，常规的强电模拟信号和控制电缆被光电数字信号和光纤代替。此外，智能化的一次设备还能对设备本身进行完善的实时信息记录和检测，把其健康状态、运行模式等信息直接以数字信息提供。

2. 网络化的二次设备

变电站内常规的二次设备，如继电保护装置、防误闭锁装置、测量控制装置、远动装置、故障录波装置、电压无功控制、同期操作装置以及在线状态检测装置等不再以相互独立简单耦合的方式互联而均以标准的以太网方式平行连接，接口方式、接口标准高度统一，实现数据、资源的高度共享，这种接口标准就是 IEC 61850。IEC 61850 使网络构成更加简单高效，常规的功能装置在这里变成了逻辑的功能模块。此外，由于数据实时共享直接简化了原有的重复采集、重复处理和重复设计，从工程角度避免了二次开发，从维护角度简化了方法、减少了备品备件的数量。

3. 自动化的运行管理系统

常规变电站的自动化系统主要实现了系统运行管理的自动化，而设备管理基本上处于定期检修方式，造成大量的人力、物力浪费之外，还使很多精密设备检修不合理导致寿命的下降，更严重的是一些隐性故障不能及时发现和排除，从而带来事故的发生，而事故又往往会导致事态的进一步扩大，造成难以估量的损失。而数字化变电站的所有一次设备、二次设备均具备完善的自检和互检功能，能快速、准确地识别出设备的轻微异常，同时能够科学地根据设备的运行情况合理设计检修策略，实现"状态检修"达到设备管理自动化。

从以上可以看出，数字化变电站是变电站技术的发展方向，是坚强智能电网的建设基础和重要组成部分。随着 IEC 61850 变电站通信标准体系的颁布和实施，电子式互感器技术的推广和应用、信息的光纤网络化传输及智能断路器技术的发展，数字化变电站已经具备了推广应用的基础。

11.2 数字化变电站的体系结构和技术特征

11.2.1 数字化变电站的体系结构

数字化变电站在逻辑上采用 IEC 61850 规定过程层、间隔层和站控层三层结构。各层次内部及层次之间采用高速网络通信，3 个层次关系如图 11-1 所示。

在图 11-1 中，过程层主要是指智能化电气设备，其功能有三类：电气量参数检测、设备健康状态检测和操作控制执行与驱动；数字化变电站的间隔层设备在自动化方面比现在有很大的变化，主要体现在对象的统一建模、通信信息的分层、通信接口的抽象化和描述规范等技术的应用；数字化变电站的站控层除实现变电站与控制系统无缝通信外，基于信息共享的站控层还具有运行支持、协调功能；基于这样的一个三层结构的统一标准平台，数字化变电站的功能将不局限于传统的测控和保护功能，还可以涵盖计量、故障录波和测距、安稳装置、动态监测、电能质量监测、信息管理、仿真、遥视等不同的应用领域。那么将来对变电站内各自动化子系统进行功能优化和整合是很可能和必要的。

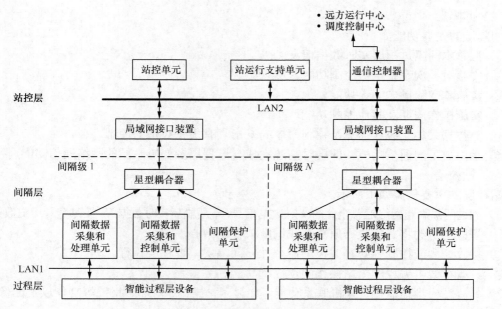

图 11-1 数字化变电站的架构体系

从物理上看，数字式变电站仍然是一次设备和二次设备（包括保护、测控、监控和通信设备等）两个层面。由于一次设备的智能化以及二次设备的网络化，数字式变电站一次设备和二次设备之间的结合更加紧密。下面分别对过程层、间隔层及站控层做一个简单的介绍。

（1）过程层

过程层是一次设备与二次设备的结合面，或者说过程层是指智能化电气设备的智能化部分。过程层的主要功能分三类：①电力运行的实时电气量检测；②运行设备的状态参数检测；③操作控制执行与驱动。

电力运行的实时电气量检测与传统的功能一样，主要是电流、电压、相位以及谐波分量的检测，其他电气量如有功、无功，电能量可通过间隔层的设备运算得出。与常规方式相比所不同的是传统的电磁式电流互感器、电压互感器被光电电流互感器、光电电压互感器取代；采集传统模拟量被直接采集数字量所取代，这样做的优点是抗干扰性能强，绝缘和抗饱和特性好，开关装置实现了小型化、紧凑化。

需要进行状态参数在线检测的设备主要有变压器、断路器开关、刀闸、母线、电容器、电抗器以及直流电源系统。在线检测的内容主要有温度、压力、密度、绝缘、机械特性以及工作状态等数据。

操作控制的执行与驱动包括变压器分接头调节控制、电容、电抗器投切控制、断路器刀闸合分控制以及直流电源充放电控制等。过程层的控制执行与驱动大部分是被动的，即按上层控制指令而动作，比如接到间隔层保护装置的跳闸指令、电压无功控制的投切命令、对断路开关的遥控开合命令等。在执行控制命令时具有智能性，能判别命令的真伪及其合理性，还能对即将进行的动作精度进行控制，能使断路器定相合闸，选相分闸，在选定的相角下实现断路器的开关和开断，要求操作时间限制在规定的参数内。又例如对真空开关的同步操作要求能做到开关触头在零电压时关合，在零电流时分断等。

（2）间隔层

间隔层的主要功能如下所示。

① 汇总本间隔过程层实时数据信息。

② 实施对一次设备保护控制功能。

③ 实施本间隔操作闭锁功能。

④ 实施操作同期及其他控制功能。

⑤ 对数据采集、统计运算及控制命令的发出具有优先级别的控制。

⑥ 承上启下的通信功能，即同时高速完成与过程层及变电站层的网络通信功能。

（3）站控层

站控层的主要任务如下所示。

① 通过两级高速网络汇总全站的实时数据信息，不断刷新实时数据库，按时登录历史数据库。

② 按既定协约将有关数据信息送往调度或控制中心。

③ 接收调度或控制中心有关控制命令并转间隔层、过程层执行。

④ 具有在线可编程的全站操作闭锁控制功能。

⑤ 具有站内当地监控、人机联系功能，如显示、操作、打印、报警等功能以及图像、声音等多媒体功能。

⑥ 具有对间隔层、过程层等设备的在线维护、在线组态、在线修改参数等功能。

⑦ 具有（或备有）变电站故障自动分析和操作培训功能。

IEC 61850 标准下的信息流，如图 11-2 所示。

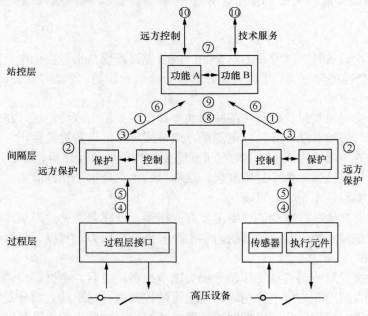

图 11-2　IEC 61850 标准的信息流

图中各标号所表示的含义如下。

① 间隔层和变电站层之间保护数据交换。

② 间隔层和远方保护之间保护数据交换。

③ 间隔层内数据交换。

④ 过程层和间隔层之间 TV 和 TA 暂态数据交换。

⑤ 过程层和间隔层之间控制数据交换。

⑥ 间隔层和变电站层之间控制数据交换。

⑦ 变电站层与远方工程师站数据交换。

⑧ 间隔层之间直接数据交换，尤其是像连闭锁这样的功能。

⑨ 变电站层内数据交换。

⑩ 变电站装置和远方控制中心之间的控制数据交换。

上述信息接口又可简单归结为如下 5 类。

① 过程层与间隔层之间的信息交换，过程层的各种智能传感器和执行器与间隔层的数据交换。

② 间隔层内部的信息交换。

③ 间隔层之间的通信。

④ 间隔层与变电站层的通信。

⑤ 变电站层的内部通信，在变电站层不同设备之间存在的信息流。

数字化变电站相关技术的应用对于变电站二次技术的发展影响是多方面的。在交流电气量的采集环节、变电站 IED 之间的信息交互模式、变电站信息冗余性的实现方式、变电站二次系统的可靠性、安全性、运行检修策略等，均将由于相关技术的应用而发生巨大的变化。这一系列变化意味着变电站二次系统技术将步入一个全新的发展阶段。数字化变电站技术的应用将主要在以下几个环节体现技术应用模式的变更。

① 一、二次系统实现有效的电气隔离。

② 信息交互采取对等通信模式。

③ 信息同步采取网络同步机制。

④ 系统的可观性、可控性提高。

⑤ 信息的安全性问题凸现。

新技术的应用可以实现一次、二次设备有效隔离。变电站内设备之间的信息通过连接光缆在以太网实现信息采集、交互、传输等，变电站设备运行状态的可观性大大加强，信息的冗余性、设备的可用率显著提高，变电站自动化系统安全性增加，设备的配置、变电站的占地面积明显减少，运行维护大大简化。

这种变化对于未来变电站自动化系统带来的变化将是革命性的，同时，将引起常规变电站体系下各种调度自动化应用系统的整合，实现依据单个装置的信息集成应用向依据信息的属性和需求的集成转化，提高信息应用的合理性、准确性、有效性和安全性。

11.2.2　数字化变电站的技术特征

数字化变电站采用标准、数字化的新型电流和电压互感器代替常规 TA 和 TV；将高电压、大电流直接变换为低电平信号或数字信号，利用高速以太网构成变电站数据采集及传输系统，实现基于 IEC 61850 标准的统一信息建模，并采用智能断路器控制等技术，使得变电站自动化技术在常规变电站自动化技术的基础上实现了巨大跨越，数字化变电站主要技术特征有如下的几个方面。

（1）数据采集数字化

作为数字化变电站技术应用的主要标志之一就是在电流、电压的采集环节采用非常规互感器，如光电式互感器或电子式互感器，实现了电气量数据采集环节的数字化应用，其特点如下。

① 实现一、二次系统电气上的有效隔离。

② 电气量动态测量范围大，测量精度高，为实现常规变电站装置冗余向信息冗余的转变，为实现信息集成化应用奠定了基础。

③ 对于低驱动功率的变电站二次系统设备可以直接实现数字化接口应用。

（2）系统分层分布化

根据 IEC 61850 标准的描述，变电站的一、二次设备可分为三层（过程层、站控层和间隔层）。过程层通常又称为设备层，主要是指变电站内的变压器和断路器、隔离开关及其辅助触点，电流、电压互感器等一次设备。变电站综合自动化系统主要指间隔层和站控层。间隔层一般按断路器间隔划分，具有测量、控制元件或继电保护元件。测量、控制元件负责该间隔的测量、监视、断路器的操作控制和闭锁，以及时间顺序记录等。保护元件负责该间隔线路、变压器等设备的保护、故障记录等。因此，间隔层由各种不同间隔的装置组成，这些装置直接通过局域网络或者串行总线与变电站层联系；也可由数据管理机或保护管理机分别管理各测量、监视元件和各保护元件，然后集中由数据管理机和保护管理机与变电站层通信。站控层包括监控主机、远动通信机等。变电站层设现场总线或局域网，实现各主机之间、监控主机与间隔层之间信息交换。

分层分布式系统按站内一次设备（变压器或线路等）实现面向对象的分布式配置，其主要特点如下。

① 不同电气设备均单独安装具有测量、控制和保护功能的元件。数字式保护和测控单元等任意元件出现故障，不会影响整个系统正常运行。

② 分布式系统实现多 CPU 工作模式，每个单独的装置都具有一定的数据处理能力，从而大大减轻了主控制单元的负担。

③ 系统自诊断能力强，能自动对系统内所有装置进行巡检，及时发现故障并加以隔离。

④ 系统扩充灵活、方便。

（3）系统结构紧凑化

紧凑型组合电器将断路器、隔离开关和接地刀闸、TA 和 TV 等组合在一个 SF_6 绝缘密封壳体内，实现了变电站布置的紧凑化。

（4）系统建模标准化

IEC 61850 标准为变电站自动化系统定义了统一、标准化信息和信息交换模型，主要意义如下。

• 实现智能设备的互操作性。采用了对象建模技术、抽象通信接口技术和设备自描述规范，在各 IED 之间实现了通信协议和通信接口一致性，具有互操作性。

• 实现变电站信息共享。对一、二次设备进行统一建模，变电站站内及变电站与控制中心之间实现了无缝通信体系，实现了信息共享。

• 支持系统协调工作。在各种运行支持系统之间实现信息共享，如一次设备运行状态检测系统等可以功能优化并与变电站的运行系统协调工作。

数字变电站应用的标志之一就是各个 IED 和各变电站的数据都是自我描述的并且重复使用数据类、简化数据维护、具有无缝的命名规则、对数据统一建模很容易集成到 Web 技术。

（5）信息应用集成化

常规变电站的监视、控制、保护、故障录波、量测与计量等几乎都是功能单一的相互独立的装置和系统。这种按功能划分的变电站自动化系统，硬件重复配置、信息不共享、TV 和 TA 负载重、二次接线复杂、整体可靠性差、投资成本大。面向对象技术将原来分散的二次装置进行合理的功能集成有利于简化二次系统结构，提高系统的可靠性和可用率。数字化电气量测技术和智能集成开关系统的开发和应用，可提供数据和信息的集中采集，统一传送，不同功能共享的模式。

集成型自动化系统就是将间隔层的控制、保护、故障录波、事件记录和运行支持系统的数据处理等功能集成在一个统一的多功能数字装置内。间隔内部和间隔间以及间隔同站级间的通信用少量的光纤总线实现，取消传统的硬线连接。

（6）检修状态化

设备检修体制是随着科学技术的进步而不断演变的，由事后检修/故障检修发展到预防性检修。预防性检修主要有两种模式。

① 以时间为依据的检修，预先设定检修工作内容与周期的定期检修，或称计划检修。

② 以可靠性为中心的状态检修。状态检修也叫预知性维修，以设备当前的工作状况为检修依据，通过状态监测手段，诊断设备健康状况，确定设备是否需要检修或最佳检修时机。状态检修的目标是减少设备停运时间，提高设备可靠性和可用系数，延长设备寿命，降低运行检修费用，改善设备运行性能，提高经济效益。

状态检修是建立在设备状态有效监测基础上，根据监测和分析诊断的结果安排检修时间和项目，主要包含设备状态监测、设备诊断、检修决策 3 个环节。状态监测是设备诊断的依据和状态检修的基础。检修决策就是结合在线监测与诊断的情况，综合设备和系统的技术应用要求确定具体的检修计划或策略。电力系统长期以来实行的以预防性计划检修为主的检修体制，主要依据检修规程来确定检修项目，存在设备缺陷较多的检修不足、设备状态较好的又检修过度的状况，在一定程度上导致检修的盲目性。定期检修模式实际上很难真正实现"应修必修，修必修好"的检修目标。

数字化变电站中电流、电压的采集，二次系统设备状况，操作命令的下达和执行，完全可通过光纤实现信息的有效监测，变电站内可以有效地获取电网的运行状态数据、各种 IED 故障和动作信息，监测操作及信号回路状态，设备状态特征量的采集上没有盲区，在此基础上可使常规的变电站设备"定期检修"变为"状态检修"。实现状态检修后，系统的可用率将大大提高，如图 11-3 所示。

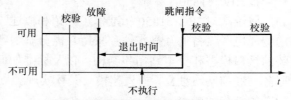

（a）没有自我诊断和监视的变电站：低可用率

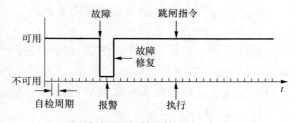

（b）具有自我诊断和监视的变电站：高可用率

图 11-3　变电站自动化系统可用率示意图

（7）设备操作智能化

高压断路器二次技术的发展趋势是用微电子、计算机技术和非常规互感器建立新的断路器二次系统，如 ABB 公司的 PASS，西门子公司的 HIS 等，其主要特点如下所示。

① 以微电子、计算机技术为基础的控制回路组成执行单元，代替常规机械结构的辅助开

关和辅助继电器。可按电压波形控制跳、合闸角度，精确控制跳、合闸过程的时间，减少暂态过电压幅值。

② 断路器设备的专用信息由装在断路器设备内基于计算机技术的控制单元直接处理，使断路器能独立地执行其当地功能，而不依赖于变电站层的控制系统。

③ 非常规互感器与微机型控制元件相配合，独立采集运行状态数据，可有效地判断断路器的工作状况。

④ 连续自我检测和监视断路器一次、二次系统设备，可检测设备缺陷和故障，在缺陷变为故障之前发出报警信号，为状态维修提供参考。

实现断路器的智能化必须在断路器内嵌入电压和电流变换器，并作为智能控制元件的输入，断路器系统的智能性由微机型控制单元、智能型接口装置和相应的控制软件来实现。保护和控制命令可以通过光纤网络而非常规变电站的二次回路系统，实现与断路器操作机构的数字化接口应用。

11.3 IEC 61850 标准

11.3.1 IEC 61850 标准概述

IEC 61850 标准分为系统部分（IEC 61850-1、2、3、4、5）、配置部分（IEC 61850-6）、数据模型、通信服务及映射部分（IEC 61850-7、8、9）、测试部分（IEC 61850-10）四大类，包括 10 部分内容。

1. IEC 61850-1

概论。对 IEC 61850 标准作了介绍和概述，主要介绍该标准的目的是实现不同厂家生产的智能电子设备的互操作性；采用功能分解、数据流和信息建模 3 种方法；提出了自动化系统的接口模型和变电站拓扑结构；以及标准如何适应通信技术迅速发展，提出了"采用应用服务与通信网络独立，抽象建模与具体实现独立"；描述了自动化系统概貌；最后介绍了系列标准的结构和内容。

2. IEC 61850-2

术语。对变电站自动化系统所用术语进行了定义，并给出了英文缩写。

3. IEC 61850-3

总体要求。规范了通信系统的可靠性（采用系统冗余、故障弱化原则、关键性功能自治等）、可用性（数据备份的自动恢复）、可维护性、安全性和数据完整性应符合相关标准以及总的网络要求（地理要求和装置数量要求）等质量要求。

4. IEC 61850-4

系统和项目管理。规范了变电站自动化系统工程要求，包括参数分类、文件等工程管理要求。定义了 IED 之间的通信及相关的系统要求，包括过程要求和专用支持工具要求。规范了质量保证要求，包括责任划分、试验设备、试验（系统测试、形式测试、一致性测试等）。

5. IEC 61850-5

功能通信要求和装置模型。规范了逻辑节点途径、逻辑通信链路、通信信息片 PICOM 的概念和定义。

6. IEC 61850-6

变电站中智能电子设备通信配置描述语言。规定了智能电子设备和通信系统的配置和参数、开关场结构以及它们之间关系的配置语言。

7. IEC 61850-7

变电站和馈线设备的通信结构，是变电站之间协调工作和通信的体系描述。IEC61850-7共包括 4 个部分：

① IEC 61850-7-1：原理和模型，介绍了变电站设备之间通信的交互原理和模型的概述以及相关的建模方法和与其他部分标准之间的关系。

② IEC 61850-7-2：变电站和馈线设备的基本通信结构通信服务接口（ACSI），包括抽象通信服务接口的描述、抽象通信服务的规范以及服务数据库的类型。

③ IEC 61850-7-3：公共数据类，定义了抽象公共数据级别和属性的定义。

④ IEC 61850-7-4：兼容逻辑节点类和数据类，规定了 IED 之间通信用的兼容逻辑节点名称和可能包含的所有数据服务。所定义的名称用于建立分层对象引用，供 IED 内部以及 IED之间通信使用。

8. IEC 61850-8

特殊通信服务映射（SCSM）。规定了抽象通信服务接口 ACSI 的对象和服务到制造报文规范 MMS 的映射（包括使用 MMS 映射的概念、对象和服务，实现 ACSI 映射的概念、对象和服务）；也规定了非实时信息到非 MMS 协议的映射。

9. IEC 61850-9

特殊通信服务映射（SCSM），主要介绍通过单向多路点对点串行通信链路的采样值映射。

10. IEC 61850-10

一致性测试。

11.3.2　IEC 61850 的几个重要术语

1. 功能（Function）

功能就是变电站自动化系统执行的任务，如继电保护、监视、控制等。一个功能由称作逻辑节点的子功能（Sub-Function）组成，它们之间相互交换数据。按照定义，只有逻辑节点之间才交换数据，因此，一个功能要同其他功能交换数据必须包含至少一个逻辑节点。

2. 逻辑节点 LN（Logical Node）

逻辑节点 LN 是用来交换数据的功能最小单元，一个逻辑节点 LN 表示一个物理设备内的某个功能，它执行一些特定的操作。逻辑节点之间通过逻辑连接交换数据，如图 11- 4 所示。一个逻辑节点 LN 就是一个用它的数据和方法定义的对象。与主设备相关的逻辑节点不是主设备本身，而是它的智能部分或者是在二次系统中的映射，如本地或远方的 I/O、智能传感器和传动装置等。

3. 逻辑设备 LD（Logical Device）

逻辑设备 LD 是一种虚拟设备，为了通信目的能够聚集相关的逻辑节点和数据。另外逻辑设备 LD 往往包含经常被访问和引用的信息的列表，如数据集（Data Set）。按照 IEC 61850标准定义，一个实际的物理设备 LD 可以根据实际应用的需要映射为一个或多个逻辑设备。有关逻辑设备的定义不是标准 IEC 61850 标准的范围，在实际应用中可以根据需求定义逻辑设备。

4. 通信信息片（PICOM）

通信信息片 PICOM 是对在两个逻辑节点之间通过确定的逻辑路径进行传输，且带有确定通信属性的交换数据的描述。一个物理设备即 IED 可完成多个功能，可分解为多个逻辑节点。各个逻辑节点间的通信可用上千个通信信息片 PICOM 来描述。PICOM 可分为 7 种报文类型，它们的属性范围由性能级构成。

5. 服务器（Server）

一个服务器用来表示一个设备外部可见的行为，在通信网络中一个服务器就是一个功能节点，它能够提供数据，或允许其他功能结点访问它的资源。在软件算法结构中，一个服务器可能是逻辑上的再分，它能够独立控制自己的操作。功能、逻辑节点和物理设备的关系如图 11-4 所示。

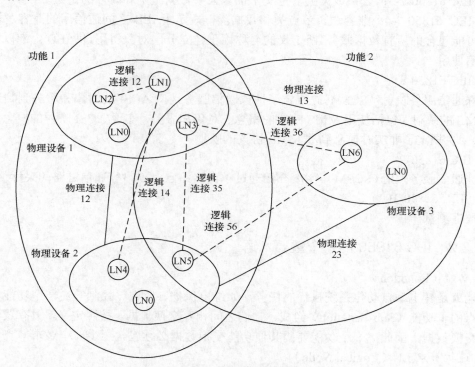

图 11-4　功能、逻辑节点和物理设备的关系

11.3.3　IEC 61850 的特点

1. 面向对象建模技术（UML）

UML 一经出现，就获得了工业界和学术界的广泛支持，称为可视化建模语言的工业标准。国际对象管理组织 OMG（Object Management Group）采纳 UML 作为基于面向对象的标准建模语言。UML 代表了面向对象的软件开发技术的发展方向具有重大的应用价值和经济价值。

由于 UML 具有标准性、系统性、可视化、自动化的优点，因此 IEC 决定采用 UML 作为 IEC 61850、IEC 61970 等标准的建模语言。电力系统是一个巨型互联系统，因此电力系统应用软件也变得越来越复杂。IEC 61850 标准和 IEC 61970 标准的出现，标志着 UML 成为电力系统建模的标准。UML 可以帮助人们对现实世界问题进行科学地抽象，进而建立简明准确的表示模型。这些模型成为标准后，电力系统的各种应用就不再依赖信息的内部表示，大家使用相同的标准语言，不同结构的系统集成将变得简单有效。

2. 面向通用对象的变电站事件模型（GOOSE）

在分布式的变电站自动化系统中，IED 共同协助完成。IEC 61850 功能的应用场合越来越多，例如间隔层设备之间的防误闭锁、分布式母线保护等，这些功能得以完成的重要前提条件是众多 IED 之间数据通信的可靠性和实时性。基于此，IEC 61850 标准中定义了通件 GSE（Generic Substation Event）模型，该模型提供了在全系统范围内快速可靠计算出数据值的功能。

GSE 分为两种不同的控制类和报文结构：一种是面向通用对象的变电站事件 GOOSE，支持由数据集（Data-Set）组织的公共数据交换；另一种是通用变电站状态事件 GSSE（Genertic Substation State Event），用于传输状态变位信息（双比特）。如果只从抽象通信服务模型控制块（Control Block）的属性和服务定义两方面比较，GOOSE 和 GSSE 差异不大，但实际上，两者的报文传输内容和实现机制截然不同。此外，还有一个容易混淆的概念，IEC 61850 标准制定的重要基础之一美国 UCA（Utility Communication Architecture）也定义了 GOOSE。GOOSE 的模型如图 11-5 所示。

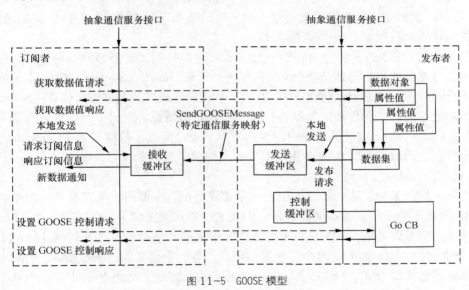

图 11-5 GOOSE 模型

3. 变电站配置语言（SCL）

在 IEC61850-6 中定义了变电站配置描述语言 SCL，主要基于可扩展标记语言 XML1.0SCL，用来描述与通信相关的 IED 配置和参数、通信系统配置、变电站系统结构及它们之间关系。主要目的是在不同厂家的 IED 配置工具和系统配置工具之间提供一种可兼容的方式，实现可共同使用的通信系统配置数据的交换。

SCL 模型可包含 5 个方面的对象：系统结构模型、IED 结构模型、通信系统结构模型、逻辑节点类定义模型、逻辑节点和一次系统功能关联模型。

SCL 的 UML 对象模型如图 11-6 所示。

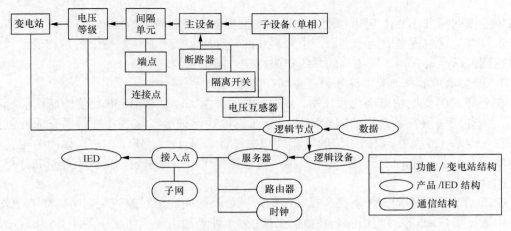

图 11-6 SCL 的 UML 对象模型

从图 11-6 中可以看出，对象模型主要包含 3 个基本的对象层。

- 变电站：描述了开关站设备（过程设备）及它们的连接、设备和功能的指定，是按照 IEC 61346 的功能结构进行构造的。
- 产品：代表所有 SAS 产品相关的对象，如 IED、逻辑节点等。
- 通信：包括通信相关的对象类型，如子网、接入点，并描述各 IED 之间的通信连接，间接地描述逻辑节点间客户/服务器的关系。

SCL 采用 IEC 61850 标准定义的公共设备和设备组件对象对 IED 进行描述，使 IED 的配置数据中具有完备的自我描述信息。SCL 包含 5 个元素：Header、Substation、IED、Lnode Type、Communication。其中 Header 包含 SCL 的版本号和修订号以及名称影射信息；Substation 包含变电站功能结构，主元件和电气结构；IED 包含逻辑装置、逻辑节点、数据对象和通信服务能力等；Lnode Type 定义了文件中出现的逻辑节点、类型、数据对象；Communication 定义了逻辑节点之间通过逻辑总线和 IED 接入点之间的联系方式。

4. 制造报文规范（MMS）

制造报文规范 MMS 是 OSI 应用层的一个协议标准，主要用于生产设备间的控制信息传送。MMS 规范了多个厂商设备间的通信，为制造设备入网提供了方便。IEC 61850 标准的一个重要基础是制造报文规范 MMS 的应用。MMS 中虚拟制造设备 VMD（Virtual Manufacturing Device）和映射（Mapping）是两个最重要的概念，有助于建立相应的模型。在 MMS 设计中的设备对象映射接口 OMI（Object Mapping Interface）就是一个通用接口模型。OMI 完成设备的具体对象及其属性与 MMS 抽象对象及其属性间的映射，它包括原语分析模块和执行模块两部分，并存在两个方向信息流与操作。

（1）MMS 应用进程到实设备

原语分析模块根据 MMS 应用进程发出的服务原语，选择 VMD 资源中对应的抽象对象及属性进行读、写或修改操作；通过对实设备的具体对象的映射，将 MMS 对象属性值的变化映射到实设备发出相应可接受与识别的命令，并对实设备进行相关的操作，以实现对实设备的控制。

（2）实设备到 MMS 应用进程

实设备到 MMS 应用进程将通过执行模块映射到对应 VMD 的状态变化中，VMD 将根据其状态启动响应 MMS 应用进程。

目前,以太网已成为实现 IEC 61850 标准的主流网络,采用基于 MMS+TCP/IP+Ethemet 实现变电站内、变电站与调度中心之间的网络通信协议已成为首选。MMS 通信系统如图 11-7 所示。

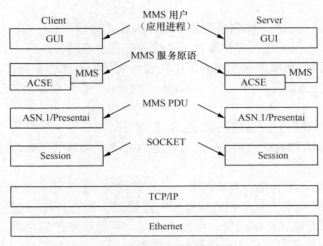

图 11-7 MMS 通信系统图

11.3.4 IEC 61850 标准的现状及发展规划

IEC 61850 标准经过多年的酝酿和讨论,吸收了面向对象建模、组件、软件总线、网络、分布式处理等领域的最新成果。采用 IEC 61850 标准是变电和配电自动化产品、电网监控和保护产品等的开发方向,IEC 61850 标准的应用按目前的发展状况和预计分为 3 个阶段。

(1)2003~2005 年是蕴育期。在蕴育期主要是对新标准的跟踪和研发。这期间的主要特征是全套标准正式颁布。

① 电力公司开始组织专家开展对标准的跟踪和消化研究,将 IEC 61850 标准和现有标准进行分析与比较,并论证新标准应用于国内电力系统的可行性和必要性。

② 主要的设备制造商和应用开发商积极开展对标准的研究,在标准的指导下,重新定义其产品架构,考虑建立其产品的基于统一建模的功能模型、数据模型以及通信模型,并建立 DEMO 系统。

③ 在相关的招标文件中,开始出现对新标准的支持要求。

④ 在保护及故障录波器信息处理系统中部分实现该标准。

⑤ 建设 IEC 61850 标准试点示范性应用工程,以验证标准的有效性。

⑥ 由独立的公司或机构开展对标准兼容性检测研究,出现标准兼容性检测产品。

(2)2006~2010 年为快速增长期,满足新标准的产品进入市场。新标准具有较高的技术门槛,需要研发、生产单位具有很强的系统架构设计、面向对象建模、数据库设计以及通信设计等能力。技术储备不够的企业将被淘汰出局,这期间的主要特征如下。

① 出现标准兼容性检测的权威机构。标准兼容性检测被提到前所未有的高度,所有产品都必须通过该检测才可进入市场。

② 电力系统自动化产品的"统一标准、统一模型、互联开放"的格局基本形成，新标准为电力公司和制造商均带来明显的经济效益。对电力公司而言，效益增加的主要原因是设备的可靠性、互联性、互操作性、互换性、可管理性等大大提高，更容易实施风险管理；对制造商而言，效益增加的主要原因是产品的生命周期增长，产品的模块化、可复用性、可维护性等大大提高，而产品的研发成本、生产成本、安装和维护成本大大降低，需要特别维护的专用规约大大减少。

③ 符合新标准的过程层、间隔层产品开始投入正式运行，基于 GOOSE 信息传输机制的测控单元将首先进入工程应用，保护测控一体化的产品也将逐步应用。

④ 有专门硬件网关和软件网关产品，以完成对大量旧有遗留系统的改造。

⑤ 随着电子式互感器技术的成熟，网络技术的发展，智能断路器的应用，数字化变电站自动化架构成为现实。

（3）2010 年后的成熟期。这期间的主要特征如下。

① IEC 61850 标准和 IEC 61970 标准成为电力自动化领域的基础标准，电力自动化产品的"即插即用"随处可见。

② 由于人类面临环境恶化以及能源危机等严重现实，使得可再生能源（如风力、太阳能潮汐等）得到广泛应用。电力生产和传输过程中需要更大量的 IED，这些装置具有成本较低、采用标准规约、内嵌智能和网络功能、可组合使用、可远程维护等功能。

③ IEC 61850 标准还有望成为通用网络通信平台的工业控制通信标准。

④ 更新一代的标准开始酝酿，以融入更新的技术和理念，进一步提高电力系统的可靠性、自动化和智能化水平。

IEC 61850 标准和其他规约一样，需要一个现场证明、改进、用户接受的过程。即使标准全部颁布，全面的实施也需要时间，这点从 IEC 60870-5 系列标准的发展即可证明；另一方面，科技的发展是加速度的，和当初制定 IEC 60870-5 系列标准不同的是，面向对象建模技术、设计模式技术、软件总线技术、通信技术、嵌入式系统技术、Web 技术、分布异构处理技术等都有了巨大发展，为新标准做了充足的技术储备。同时，电力市场化进程已呈不可逆转之势，对新标准有很高的呼声。因此，新标准实施的速度、深度、广度和效果将会大大超过 IEC 60870-5 系列标准。

11.4 数字化变电站的实现基础

数字化变电站应用技术的实现 IED 重点将体现在以下几个环节：①电气量采集系统的稳定性；②二次系统的冗余性；③IED 之间的互操作性；④交换技术的适用性；⑤网络通信的安全性；⑥试验方案的针对性；⑦建设目标的阶段性；⑧技术管理体制的适应性。下面将分别作简单介绍。

1. 采集系统的稳定性

数字化变电站技术的重要特征在于一次系统电气量的传递实现了数字化应用，一、二次系统在电气回路实现有效隔离，二次系统的设备可以直接采用经合并单元 MU 输出低电平数字信号。非常规互感器包含光电传感器和光纤二次回路部分，由模拟电路和数字部分组成。模拟电路主要有光源、光电转换电路以及双光路预处理电路；数字部分则主要是将模拟信号进行自动采集分析，完成双光路运算并进行数据管理。由于光电器件对温度尤为敏感，如温度改变 LED 发光的中心波长就会发生变化。电磁兼容也是光电传感器和光纤二次回路应用中必须注意的问题。光电传感器及其二次回路通信网路的可靠性、稳定性需要在具体实际中得到进一步的检验。

非常规互感器目前在实际工程应用中基本处于示范性探索阶段，关键技术在于光学传感材料、传感头的组装技术，微弱信号检测，温度对精度的影响，振动对精度的影响，长期稳定性等。

2. 二次系统的冗余性

二次系统的冗余性对于电网安全运行是十分关键的基础，数字化变电站二次系统的冗余性主要体现在合并单元的冗余性、网络拓扑结构的冗余性、控制系统的冗余性等方面。

（1）合并单元的冗余性

非常规互感器定义了一个新的器件（合并单元），合成来自二次转换器的电流及电压数据，将 7 个以上的电流互感器（3 个测量，3 个保护，1 个备用）和 5 个以上的电压互感器（3 个测量、保护，1 个母线，1 个备用）合并为一个单元组，并将输出的瞬时数字信号填入到同一个数据帧中。数字输出的光电式互感器与变电站监控、计量和保护装置的通信通过合并单元实现，将接收到的互感器信号转换为标准输出，同时接收同步信号，给二次设备提供一组时间一致的电压、电流值。在这种应用模式中合并单元客观上可能成为电气量信息处理的"瓶颈"，需要研究新的双重化配置方案的实现方式。

（2）以太网的冗余性

数字化变电站内的信息交互全部通过以太网实现，因此，不同的以太网构成实现方案将直接关系到整个二次系统信息传输、处理的有效性，或者说二次系统的冗余性将在很大程度上取决于变电站网络通信的架构。

（3）控制系统的冗余性

控制系统的冗余性主要是基于高压系统的保护/测控单元的配置方案，一般高压系统保护按双重化配置，测控单元按单重化配置。在数字化变电站系统中，由于具备采用保护/测控一体化应用的条件，因此，附加带来的好处就是测控单元的双重化应用。这样，自动化系统的冗余度将大大提高，设备之间的联闭锁可以实现冗余配置与应用，变电站二次控制系统就有可能实现冗余配置方案。

3. 设备的互操作性

IEC 61850 标准中引入了抽象通信服务接口 ACSI。ACSI 使得变电站自动化功能完全独立于具体的网络协议，网络技术中的最新成果可以被很快应用于变电站中。另一方面 ACSI 隐藏了物理的 IED，变电站功能可以被灵活地分配到多个 IED 中。对于不支持 IEC61850 标准的 IED，可以开发 ACSI 网关装置以接入这些设备。在数字化变电站技术发展过程中实现与常规变电站自动化技术的兼容具有极其重要的实用价值，可以为有效地实现数字化变电站技术阶段性发展提供可靠的基础。

IED 的互操作性可以最大限度地保护用户原来的软硬件投资，实现不同厂家产品集成。实现设备间的互操作性甚至互换性是制定 IEC 61850 标准的重要驱动力。为保证互操作性，需要开展两类试验与测试：一致性测试和应用试验。

一致性测试可以分为静态一致性测试和动态一致性测试，测试的基本流程图如图 11-8 所示。

静态一致性审核的目的是验证产品的一致性声明是否与标准及引用标准的相关规定具有一致性。静态一致性审核包括如下内容。

① 审核模型实现一致性声明。

② 审核服务实现一致性声明。

③ 审核服务实现额外信息一致性声明。

④ 审核设备安装和运行的技术手册。

动态一致性测试的目的是验证产品的通信行为是否与产品的一致性声明具有一致性,对产品的动态一致性测试需要设计测试方案、构造测试用例以及搭建测试环境。

一致性测试应按以下步骤实施。

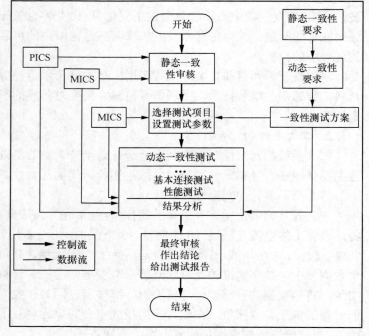

图 11-8 一致性测试流程示意图

① 选取检测样本,在认证中心进行规约的一致性检测。

② 通过一致性检测的样本,在用户侧进行互操作性检测。

③ 通过一致性及互操作性检测的检测样本在有条件的情况下,再进行性能测试与鲁棒测试。

④ 在实际工程中投入试运行,对程序的稳定性作运行考验。对发现的问题进行整改,对涉及协议本身的问题,需再次进行一致性及互操作性检测。

⑤ 经过一段时间的运行,确认已遍历了实际应用的所有功能后,可以认为该软件可以在现场推广使用,认证工作至此结束。制造厂家锁定程序版本,报用户和检测认证中心,版本管理纳入用户管理管道。

对一致性测试结果的评价以静态一致性审核和动态一致性测试为基础,不仅是对通信和接口环节的行为验证,还包括产品适应非正常情况能力的验证。

对测试结果的评价可以分为如下三类。

① 通过。该结论表明针对测试用例的测试项目,所观测的产品检验结果符合一致性要求,并且没有出现异常情况。

② 失败。该结论表明针对测试用例的测试项目,所观测的产品检验结果至少有一项不符合一致性要求,或者出现了异常情况。

③ 无结论。该结论表明所观测的产品检验结果既不能断定为通过,也不能断定为失败。这种情况往往是由所依据的标准或产品本身或测试过程本身所造成的。

4. 交换技术的适用性

数字化变电站信息的传输基于以太网实现,这样,交换机就成为实现信息传输的关键环节,由于变电站自动化系统对于信息的实时性要求要高于一般意义上的应用,同时信息交换又是基本局限在相当有限的物理空间,或者说数字化变电站对于交换机应用具有比较明显的应用特征。因此，研究交换技术的基本原理、数字化变电站信息的特征，数字化变电站对于交换机技术的基本要求，对于数字化变电站的技术实现方案具有十分重要的意义。

数字化变电站技术的应用对于交换机的要求基本体现为以下几个方面。

（1）优先传输功能。支持 IEEE802.lp 标准，该标准是对网络的各种应用及信息流进行优先级分类。GOOSE 应用和时间要求高的信息流优先进行传输，同时也照顾低优先级的应用和信息流。同时 GOOSE 可以根据信息重要性定义不同信息的优先级别。

（2）有效分区功能。支持 IEEE 802.lq，即 VLAN 协议，VLAN 有 3 种基本的划分方式：①根据端口划分；②根据 MAC 地址划分；③根据网络层划分。这样，可以根据应用有效分配变电站内的网络负载，同时，可以实现有效的安全隔离功能。

（3）网络重构功能。支持 IEEE 802.ld 的生成树协议，该协议是链路管理协议，就是消除网络拓扑中任意两点之间可能存在的重复路径，将两点之间存在的多条路经划分为"通信路径"和"备份链路"。数据的转发在"通信路径"上进行，而"备份链路"只用于链路的侦听，一旦发现"通信路径"失效时，会自动地将通信切换到"备份链路"上。这样，可以支持环形网络结构的网络重构功能实现。

（4）异常告警功能。数字化变电站的交换机通过以太网端口实现与变电站 IED 的连接，一旦发生某端口 IED 网络接口传输速率不匹配等现象，应及时予以报警，同时，进行有效"隔离"，避免因个别端口设备问题影响整个网络通信。

（5）自由镜像功能。数字化变电站信息基于网络方式传输，因此，为了实现对于变电站运行、操作过程的有效判断，必须能实现对于网络上的采样信息、GOOSE、报文信息、MMS信息完整记录。同时，鉴于对于信息组合应用的需求，需要通过自由镜像机制实现端口信息的完整保存，对于端口镜像的组合定义可以通过灵活组态功能实现。

（6）时钟同步功能。数字化变电站采取网络同步方式，间隔层采用 SNTP 标准，过程层采用 IEEE1588 标准，交换机作为 IED 连接的汇集点，应具备实现对于所连接的 IED 实现同步功能。

5. 网络通信的安全性

随着计算机技术、通信技术和网络技术的发展，电网调度中心、电厂、用户等之间进行的数据交换也越来越多，现代化电力系统在考虑基础电力设施的安全性和可靠性外，越来越需要加强对于信息安全性的考虑。电力生产自动化水平的提高导致大量采用远方控制手段，因此对电力控制系统和数据网络的安全性、可靠性、实时性提出了新的严峻挑战。

随着变电站无人值守技术的发展和电力系统"减人增效"，出现了越来越多的集控站应用模式，变电站远程操作控制技术的应用是一种必然的发展趋势。尽管电力系统初看起来是属于相对封闭的"孤立"系统，但是，实际上电力系统由于相关系统和网络的安全漏洞还是非常容易遭受网络攻击，影响因素主要有以下几个方面。

（1）控制系统和通信规约

目前电力系统的实时运行系统很少采取加密或安全认证，许多控制系统不具备入侵识别能力，控制系统数据传输标准化的发展，使得数据传输的规范性、一致性问题得到了有效的解决，数据通信规约的公开化增加了遭受网络攻击的风险，由于信息传输标准化引入的规约公开性，使得电力系统的信息传输易受攻击，信息传输的安全性问题就凸现出来。

（2）远程数据访问模式

随着控制系统远程应用功能技术的发展，越来越多的 RTU、控制系统、变电站、发电厂开放了各种直接、间接的远程应用功能，而与各种控制系统的远程连结很少采取加密措施，也不具备电子安全认证能力。此外，系统供应商会在电力用户不知情的情况下安装远程进入功能。

（3）专用软件操作系统

变电站自动化或调度自动化系统通常采用专用的操作系统，对于新系统的用户接口基本上是基于 Windows 或 Unix 系统。因此，会将安全漏洞暴露给攻击者。尤其，对于大量采用 Windows 操作系统的应用软件，其安全漏洞是非常明显的。而其他实时操作系统如 Unix 系统、QNX、RTX 或 VxWorks 系统也没有安全内核。

（4）变电站自动化系统实施流程

网络安全流程并没有体现在变电站自动化系统的出厂验收和现场安装上，现有的 IT 系统安全流程没有体现变电站自动化的独特性，也没有可以有效地防范变电站自动化系统安全，确保变电站自动化性能的措施。

控制系统本身并不安全，系统设计和研发时并没有安全内核设计，很少采用密码技术、认证技术、入侵检测技术等。同时，在控制系统中增加上述安全措施可能会引起系统性能下降，如增加对于实时系统来讲不可接受的时间延时，系统的硬件如内存、数据处理能力可能无法支持加密技术的实施，系统的数据通信带宽可能无法支持链路层的加密技术实现。对于控制系统而言缺乏在控制处理层实时安全地实施操作系统。

数字化变电站技术的发展体现了信息技术在变电站自动化领域的发展趋势，信息安全防范机制的有效实施将对于数字化变电站工程化应用具有极其巨大的影响。因此，必须根据数字化变电站分布式特点和对等通信的信息交互机制，研究信息安全防护机制，确保电网安全运行建立在可靠的信息安全机制基础上。

6. 各种试验方案的针对性

数字化变电站合并单元、传感器单元作为底层基本处理单元，使变电站自动化系统出现了一种全新的数字通信装置，简化了二次设备装置的结构。光电式互感器送出的是数字信号，可以直接为数字装置所用，而省去了这些装置的数字信号变换电路，简化了自动化装置的硬件结构，消除了测量数据传输过程中的系统误差。

传统的电流互感器和电压互感器都是基于变压器电磁耦合原理，其二次绕组输出均为模拟量电流或电压信号。模拟量信号再经由二次回路输入微机保护装置后经 A/D 转换转变为数字信号供保护装置计算处理。而非常规互感器由于直接输出了数字式信号供保护装置处理，去除了许多中间环节。因此，非常规互感器的应用在继电保护现场试验方面必然会带来根本性的变化。

电磁式互感器的误差随二次回路的负荷变化而变化，非常规互感器传送不受负载的影响，由负载引起的信号畸变等问题也将成为历史，系统误差仅存在于传感头自身。光导纤维的应用摆脱了电磁兼容的难题；尤其是利用光技术来传输能量技术的应用，从根本上实现了一次设备和二次系统之间电气隔离。采用就地数字化信号技术后，一次变换设备的负载不再是设计中需要考虑的因素。应用非常规互感器后可将就地数字化技术应用到所有一次设备上，二次辅助设备的大大简化将进一步推进分布式布置方案。

非常规互感器直接采用光缆传输信号，无需校验电流或电压互感器的极性。极性仅仅由安装位置决定，不存在绝缘电阻的问题。数据的传输均带有标记，无需进行二次回路接线检查。由于取消了电信道信号传输，整个二次光缆传输回路是完全绝缘的，没有接地的要求。

采用非常规互感器后，合并单元是分别输出信号给不同的装置的，只要合并单元处接口数量足够，即可满足使用需求，完全没有在容量要求限制。非常规互感器不存在 TA 饱和及断线的考虑，减少了现场针对 TA 保护和断线的试验项目。

各种非常规互感器对现场试验的主要影响是：采用光学或磁感应原理来获得一次电流或电压的波形，然后通过光纤输出符合 IEC 61850 标准的数字信号。对于现场继电保护试验人员来说，相当于二次回路已经不复存在，只需测量数字信号的正确与否即可，从而大大减少了现场试验工作量。然而，对于非常规互感器来说，又新增加了一些新的试验项目，因此需要重新设置部分新的试验项目以及采用一些新的试验设备。

7. 技术管理的适应性

数字化变电站相关应用技术体现了现代信息技术、网络技术、微电子技术在变电站自动化应用领域的突破，在传感器、断路器等方面实现了一次、二次系统应用技术的融合。技术的进步与发展必然对于以往电网运行基础的管理模式带来冲击。数字化变电站内信息的采集、处理、集成和应用突破了以往专业管理以装置为划分界面的模式；断路器与隔离开关组合在一起，没有明显的断开点；变电站二次系统以 IEC 61850 标准为支撑，设备之间的闭锁环节通过软件配置以网络化传输实现，如联闭锁、断路器失灵保护等；保护和控制单元与被控设备之间的隔离完全通过软件实现，没有连接片作为断开标志；变电站二次系统各个环节如 IED、网络通信情况等可以得到有效监视，因此，二次系统的设备检修将可实施状态检修，大大提高系统的可用率。

整个变电站二次系统的运行操作、管理模式将随着新技术的应用发生巨大的变化，可以预计数字化变电站应用技术的发展将在以下几个环节给目前电网运行的技术管理体制带来巨大的冲击。

① 继电保护与自动化专业分工。

② 二次系统的设计、试验、运行标准规定。

③ 二次系统的检修管理体制。

④ 电网运行的安全评估保障机制。

显然，以往的安全运行规定的基本原则与新技术应用的特征产生了明显的冲突，因此，电网运行管理涉及安全评估、考核方面的相应规定应在不降低运行安全性的前提下，针对新技术应用的特征，进行必要的调整、补充或为数字化变电站技术的发展提供符合新技术特征的安全考核、评估、保障机制。

鉴于数字化变电站的工程化应用还有许多问题需要解决，因此，针对技术的成熟程度制定数字化变电站建设目标将有利于在实用化的基础上推进技术进步与发展。数字化变电站技术的发展和应用，将引起电网运行技术、管理体制的一系列变化，新技术的应用将推动管理观念、体制的变革，合理的技术管理体系有助于为新技术的发展提供支撑。

11.5 数字化变电站自动化系统功能的发展

变电站是智能电网的关键环节。智能电网的发展要求电网应该具有能够自治和自愈的能力，可以维持自身稳定运行，评估薄弱环节和应对紧急的状态；具有防御外部破坏的能力，当电网遭遇各种外部自然力、人为、恐怖主义、战争等因素破坏时能自动、快速对电网状态的变化做出响应，保持电网仍能正常运行。随着电网规模的不断扩大以及数量越来越多的网内设备特别是新型设备的投入，设备的特性会越来越复杂，处理速度会越来越慢。在调度中心应用系统越多，集中维护任务越重、风险越大。解决问题的出路就是提高变电站自动化水平并逐步实现智能化，使变电站可以根据需要支持电网实时自动控制、智能调节、在线分析决策、协同互动等高级应用功能到分级自治、风险分散的效果。因此全面提高变电站的自动化和智能化水平，还需要发展以下的几个方面。

1. 全景信息采集及统一建模技术

智能变电站全景信息应包括从电源（含可再生能源）、电力设备、负荷、线路至微电网的全景信息。运行数据的类型应包括实时稳态数据、暂态数据和动态数据，还应包括信息模型、设备监测和视频等数据。智能变电站应该作为智能电网信息的源端，数据应从源端实现标准化，减少重复工作。

为实现上述目标，全景信息采集及统一建模技术的研究就极为重要。该研究方向主要指智能变电站基础信息的数字化、标准、一体化实现及相关技术研究，实现广域信息同步实时采集，统一模型，统一时标，统一规范，统一接口，统一语义，为实现智能电网能量流、信息流、业务流一体化奠定基础。智能化信息采集系统与装置的研究，利用基于同步综合数据采集的新型测控模式，实现各类信息的一体化采集。此外，还包括标准信息模型及交换技术研究，信息存储、维护与管理技术研究，信息分析和应用集成技术研究，信息安全关键技术与装备研究等。另外，智能变电站应具备实时建模能力，能实时监测辖区运行状态，辨识设备和网络模型，从而为控制中心提供决策依据。

2. 发展广域动态实时监控系统

当前，我国电网已步入特高压、交直流互联、大容量远距离输电阶段，动态稳定问题日益突出，间歇性分布式电源（如太阳能、风能）等新能源的接入、多级电磁环网、多落点直流输电等都将导致电网调度管理越来越复杂，对调度人员的应变能力要求越来越高，迫切需要提升现有的调度自动化水平，使其能在电网出现异常行为时辅助调度员快速处理事故，尽快恢复电网的正常运行。广域动态实时监控系统可以有效地解决以上的问题。以往变电站和调度的 SCADA 系统采集的数据为稳态数据。广域动态实时监控系统是通过安装在不同地理位置上的相量测量单元（PIU）测量数据的，即需要同步采集电网中不同电气点的动态过程数据，并通过高速通道上传主站，实现广域范围内电网的动态同步监视，其最基本的技术特征是广域、实时、动态、同步以及数据的高速传输。

广域动态实时监控系统涉及的关键技术是多方面的，如相量测量单元（PMU）的性能问题、数据存储（动态信息库）稳定性问题、动态参数的算法选择、对动态数据的干扰信号的过滤问题、远距离的同步测量技术、快速通信稳定性问题、各地区电网特性不同对参数设置的影响问题等。这些问题都需要深入系统地进行研究，并在实际电网试点运行中发现问题、解决问题。广域范围内电网的动态同步监视可以克服传统数据采集与监控系统只能监视稳定状态的局限，将调度监控范围从稳态扩展到动态，为低频振荡、机组失磁、频率扰动等电网实时动态行为的监视提供较好的技术手段，并为进一步实现大电网的协调控制与辅助决策功能提供数据基础。

广域动态实时监控系统，综合应用稳态、动态和暂态数据，为调度人员提供了高质量的系统实时动态信息和辅助决策信息，帮助运行人员提高电网分析准确性，从而提高电网监视和运行水平，提高输电能力和电网运行的可靠性，也为智能电网提供了安全稳定分析与控制的技术。并可将电网调度运行决策从预案型提升到预警型和决策型，以满足未来互联大电网安全稳定运行的需要。

广域动态实时监控系统提供的基础数据，有利于加强互联电网预防和紧急控制的研究，提高变电站的自治能力，如广域过负荷控制、广域预防电压崩溃控制和广域系统稳定控制。这些控制模块的研究成功和投入运行，多数都需安装在变电站内，它们对输入信号的检测和控制任务的执行都是在变电站内进行的，成为变电站自动化系统的一部分，必将增加变电站自动化系统软、硬件的复杂性，更需要数据共享，以便在不同层次上协调控制，因此要加强基于变电站统一数据平台的研究。加强广域协同控制保护原理和实现方式的研究，必将促进变电站保护和控制集成技术的新发展。

3.　智能告警及分析决策系统

变电站需要向调度报告的信息很多，一般可分为断路器正常遥信变位报告、设备运行异常告警、设备故障告警三类。

① 断路器正常遥信变位报告是由检修操作或运行方式改变需进行断路器操作引起的断路器遥信变位，反映了电网设备运行状态的变化。

② 设备运行异常告警是电网设备运行异常时发出的告警，比如线路潮流越限告警、主变压器功率越限和油温越限告警、母线电压越限告警、断路器运行异常告警、通信系统异常告警等。

③ 变电站设备或线路发生故障告警。

随着电网规模的扩大，电网结构也变得越来越复杂，运行方式多变，呈现给调度员的告警信息越来越多。正常情况下在很短时间之内 SCADA 上传给调度员的报警信息，少则几十条，多则上百条。如果电网发生故障，上传的事件就更多，几秒之内有可能达到上百条报警信息。若故障复杂或自动装置不正常，几秒之内将有几百甚至上千条报警信息涌入调度控制中心。大量的相关报警信息不分主次地迅速发送到电网调度中心主站系统，并以"海量"且快速变化的形式提供给调度运行人员，真正重要的报警信息被大量的噪声和无用信息所淹没，使调度运行人员无所适从，不能起到告警应有的作用。这说明现有报警系统远远不能满足调度人员的需求，为了确保调度自动化系统正常运行，及时发现系统的故障和潜在危险情况并尽快处理，就要求有一种对策能够对大量复杂冗余的报警进行分层次智能化地处理，突出故障信息，减少干扰信息，提示潜在危险信息和系统的故障点，使工作人员能清晰地察觉电网中所有重要且存在一定风险的问题，而对一些不重要的报警信息，简单观察或者直接滤除便可，从而减少调度人员的工作量，提高调度人员的工作效率。

为此，变电站需要建立智能告警决策系统，实现对故障告警信息的分类和信号过滤，提供事故的原因信息和故障定位信息，自动报告变电站异常状况，并提出故障处理指导意见，提供最少的事件信息列表，解决调度中心在事故时告警过多的问题，这样可显著提高调度员对事故的反应和处理速度。智能告警系统的关键技术及需要实现的功能如下。

① 告警信息的过滤。按时序采集上来的实时报警信息，包含有噪声信息，哪些需要过滤掉，哪些不需要过滤，以何种方式过滤，都是智能告警系统的技术关键。为实现信息过滤，首先必须对全部的告警信息查找其内在规律，分辨真假，对于确认有用的信息要标注其重要程度。

② 分析告警信息的优先级。将有用的报警信息赋予高的优先级，对于优先级高的信息立即报告。

③ 延时告警。对于具有自恢复功能的设备产生的报警信息，延时等待一段时间看是否可以恢复。例如保护通信通道中断后，等待一段时间看通道是否可以恢复。

④ 组合告警。将报警信息与历史信息组合，推理出故障对系统的影响程度。

4. 建立故障信息综合分析决策系统

故障信息的综合分析决策系统应该成为智能变电站综合自动化系统中重要的子系统之一。该系统在故障情况下，对继电保护装置动作记录、事件顺序记录、故障录波等数据进行综合分析并将综合分析结果以可视化界面展示。

故障信息的综合分析决策系统将故障关联数据分类、整理，形成一次完整的故障信息，为继电保护专业人员提供故障时刻信息的综合展示。变电站故障信息综合分析辅助决策系统设计了集中展示的功能，让用户可以在同一界面中查看某次故障的所有综合信息。综合稳态数据、暂态数据和动态数据，可对故障过程进行全景事故反演。变电站故障信息分析辅助决策专家系统，是一个具有专门知识与经验的程序系统，根据某个领域的专家提供的知识和经验进行推理和判断，模拟专家的决策过程，以解决那些需要专家决策的复杂问题。

5. 柔性交流输电技术的研究和应用

柔性交流输电技术（FACTS）主要是指应用电力电子技术、现代控制技术，实现对交流输电系统参数（如电压、相角、阻抗、潮流等）和网络结构快速灵活的控制，以期实现输送功率的合理分配，降低功率损耗和发电成本，提高输配电系统的稳定性、可靠性、可控性，以及运行性能和电能质量，其中"柔性"是指对电压、电流的可控性。

FACTS 作为电力系统的一项新型综合技术，近年来发展非常迅速，目前已在电力系统中获得不同程度的应用。也有的 FACTS 装置正处于深入研究或试运行试验阶段。

FACTS 在电力系统中的应用，使控制输电网络的参数成为可能，从而可优化系统的功率传输，故障时可减少损失，增加系统稳定性，必将大大提高电力系统的自动化水平，提高变电站的控制和管理水平，改善电能质量等运行品质，并进一步提高变电站智能化水平。

概括来说，应用 FACTS 技术的重要作用和意义体现在以下几方面。

（1）可充分利用现有的输电线路的能力和资源

现行电力系统由稳定条件限定的输送功率的极限偏低，输电线路的能力远未被充分利用，而采用 FACTS 技术，理论上可使输电线路的输送功率极限大大提高，甚至接近导线的热稳极限，从而提高输电线电源的利用率。

（2）提高电网和输电线路的安全稳定性、可靠性和运行经济性

FACTS 技术的应用将有助于抑制功率振荡，提高系统的安全稳定水平；有助于控制电网中的潮流大小和方向，实现潮流的合理流动和电网的经济运行；有助于限制电网和设备故障的影响范围，减小事故。恢复时间及停电损失。

（3）优化整个电网的运行状况

在电网中采用 FACTS 有助于建立全网统一的实时控制中心，实现全系统的优化控制，以提高全系统运行的安全性和经济性。

随着智能电网建设步伐的推进，柔性交流输电技术必然成为智能电网发展的重要技术组成部分，它不但可以使电网变得更可靠坚强，同时还能满足电网智能化的需求，实现对电网潮流、电能质量的灵活控制。

6. 可再生能源接入技术的研究

可再生能源包括风能、太阳能、水力、生物质能、潮汐能等，它们都是可循环利用的清洁能源。预计到 2020 年，可再生能源占装机容量比例将从目前的约 10%，上升至 30%~40%。所有这些可再生能源都是间歇性的，受气象变化及生物活动的影响大，能量波动明显。不同的可再生能源，其发电出力的特性也不同。这些清洁可再生能源若直接接入电网，将对电力系统运行的安全性、稳定性、可靠性以及电能质量等方面造成冲击和影响，需要对电力系统的备用容量提出更高要求。如何解决能量波动问题，是间歇性电源发展和应用面临的主要挑战。智能化变电站作为间歇性电源并入智能电网的接口，必须考虑并发展对应的柔性并网技术，实现对间歇性电源的功率预测、实时监视、灵活控制，以减轻间歇性电源对电网的冲击和影响。以实现节能、环保、高效、可靠、稳定的现代化电网的建设目标。

总之，建设智能变电站不是一朝一夕之事，要研究的问题和涉及的领域很多，需要在建设过程中不断研究、摸索，不断前进，而且随着相关技术的不断发展，智能变电站应具备的功能也会不断发展和提高。

本 章 小 结

数字化变电站是由智能化一次设备（电子式互感器、智能化开关等）和网络化二次设备分层（过程层、间隔层、站控层）构建，建立在 IEC 61850 通信规范基础上，能够实现变电站内智能电气设备间信息共享和互操作的现代化变电站。

数字化变电站的主要优点有如下：各种功能共用统一的信息平台，避免设备重复投入；测量精度高、无饱和、无 CT 二次开路；二次接线简单；光纤取代电缆，电磁兼容性能优越；信息传输通道都可自检，可靠性高；管理自动化。

数字化变电站的主要特点如下：变电站传输和处理的信息全数字化；过程层设备智能化；统一的信息模型：数据模型、功能模型；统一的通信协议，数据无缝交换；具有高质量的数据信息；各种设备和功能共享统一的信息平台。

习 题

1. 什么是数字化变电站？
2. 数字化变电站的特点有哪些？
3. IEC 61850 标准包括哪些内容？与以往的标准相比，IEC 61850 有哪些特点？
4. 简述数字化变电站的体系结构。
5. 数字化变电站的实现基础是什么？
6. 什么是柔性交流输电技术及其特点？
7. 简述数字化变电站的发展方向。
8. 数字化变电中过程层主要实现的功能有哪些？
9. 试画出 IEC 61850 信息流的示意图。

参 考 文 献

[1] 丁书文. 变电站综合自动化原理及应用[M]. 北京：中国电力出版社，2010.

[2] 路文梅，李铁玲. 变电站综合自动化技术[M]. 北京：中国电力出版社，2007.

[3] 《变电站综合自动化原理与运行》编写组. 变电站综合自动化原理与运行[M]. 北京：中国电力出版社，2008.

[4] 张全元. 变电站综合自动化现场技术问答[M]. 北京：中国电力出版社，2008.

[5] 唐涛，诸伟楠，杨仪松等. 发电厂与变电站自动化技术及其应用[M]. 北京：中国电力出版社，2005.

[6] 黄益庄. 智能变电站自动化系统原理与应用技术[M]. 北京：中国电力出版社，2012.

[7] 高翔. 数字化变电站应用技术[M]. 北京：中国电力出版社，2008.

[8] 王远璋. 变电站综合自动化现场技术与运行维护[M]. 北京：中国电力出版社，2004.

[9] 张晓春. 变电站综合自动化[M]. 北京：高等教育出版社，2006.

[10] 张艳霞，姜惠兰. 电力系统保护与控制[M]. 北京：清华大学出版社，2005.

[11] 孟祥忠，王玉彬，张秀娟. 变电站微机监控与保护技术[M]. 北京：中国电力出版社，2003.

[12] 栗云江. 变电站综合自动化技术问答[M]. 北京：化学工业出版社，2009.

[13] 王显平. 变电站综合自动化系统运行技术[M]. 北京：中国电力出版社，2012.

[14] 景敏慧. 变电站电气二次回路及抗干扰[M]. 北京：中国电力出版社，2010.

[15] 布兰德（Brand，K. P.）. 变电站自动化[M]. 北京：中国电力出版社，2009.